AutoCAD 2020 中文版从入门到精通

（微课视频版）

叶国华　路　璐　编著

电子工业出版社
Publishing House of Electronics Industry
北京·BEIJING

内 容 简 介

本书针对 AutoCAD 认证考试最新大纲编写，重点介绍 AutoCAD 2020 中文版的新功能及各种基本操作方法和技巧。本书的最大特点是，在大量利用图解方法进行知识点讲解的同时，巧妙地融入工程设计应用案例，使读者能够在工程实践中掌握 AutoCAD 2020 的操作方法和技巧。

全书共 13 章，分别为 AutoCAD 2020 入门，简单二维绘制命令，绘图参数设置，简单二维编辑命令，复杂二维编辑命令，高级绘图和编辑命令，文字与表格，尺寸标注，快速绘图工具，三维造型基础知识，基本三维造型绘制，三维对象编辑，三维实体编辑。

本书内容翔实、图文并茂、语言简洁、思路清晰、实例丰富，既可以作为初学者的入门与提高教材，也可作为 AutoCAD 认证考试辅导与自学教材。

本书除利用传统的纸面讲解外，随书还配送了多功能电子教学资源。具体内容如下：

1. 78 段、长达 960 分钟多媒体教学视频（动画演示），边看视频边学习，轻松学习效率高。
2. AutoCAD 绘图技巧大全、快捷命令速查手册、疑难问题汇总、设计常用图块等辅助学习资料，极大地方便读者学习。
3. 2 套大型图纸设计方案，可以拓展视野，提高实战能力。
4. 全书实例的源文件和素材，方便按照书中实例进行操作时直接调用。
5. AutoCAD 认证考试大纲和真题题库。

未经许可，不得以任何方式复制或抄袭本书之部分或全部内容。
版权所有，侵权必究。

图书在版编目（CIP）数据

AutoCAD 2020 中文版从入门到精通：微课视频版/叶国华，路璐编著. —北京：电子工业出版社，2019.9
ISBN 978-7-121-37408-1

Ⅰ. ①A… Ⅱ. ①叶… ②路… Ⅲ. ①AutoCAD 软件 Ⅳ. ①TP391.72

中国版本图书馆 CIP 数据核字（2019）第 204871 号

责任编辑：王艳萍
印　　刷：三河市双峰印刷装订有限公司
装　　订：三河市双峰印刷装订有限公司
出版发行：电子工业出版社
　　　　　北京市海淀区万寿路 173 信箱　邮编 100036
开　　本：787×1 092　1/16　印张：24.5　字数：627.2 千字
版　　次：2019 年 9 月第 1 版
印　　次：2019 年 9 月第 1 次印刷
定　　价：78.00 元

凡所购买电子工业出版社图书有缺损问题，请向购买书店调换。若书店售缺，请与本社发行部联系，联系及邮购电话：(010) 88254888，88258888。
质量投诉请发邮件至 zlts@phei.com.cn，盗版侵权举报请发邮件至 dbqq@phei.com.cn。
本书咨询联系方式：(010) 88254574，wangyp@phei.com.cn。

前　　言

　　AutoCAD 是美国 Autodesk 公司推出的集二维绘图、三维设计、参数化设计、协同设计及通用数据库管理和互联网通信功能为一体的计算机辅助绘图软件包。AutoCAD 自 1982 年推出以来，从初期的 1.0 版本，经多次版本更新和性能完善，在机械、电气、建筑、室内装潢、家具、园林和市政工程等工程设计领域得到了广泛的应用，而且在地理、气象、航海等特殊图形绘制领域，甚至在乐谱、灯光和广告等领域也得到了广泛的应用，目前已成为计算机 CAD 系统中应用最为广泛的图形设计软件之一。同时，AutoCAD 也是一个开放性的工程设计开发平台，其开放性的源代码可以供各个行业进行广泛的二次开发，目前国内一些著名的二次开发软件，如 CAXA 系列、天正系列等无不是在 AutoCAD 基础上进行本土化开发的产品。本书以 AutoCAD 2020 版本为基础讲解其应用方法和技巧。

一、编写目的

　　鉴于 AutoCAD 强大的功能和深厚的工程应用底蕴，我们力图为初学者、自学者或想参加 AutoCAD 认证考试的读者开发一套全方位介绍 AutoCAD 在各个行业应用实际情况的书籍。在具体编写过程中，我们不求事无巨细地将 AutoCAD 的知识点全面讲解清楚，而是针对本专业或本行业需要，参考 AutoCAD 认证考试最新大纲，以 AutoCAD 大体知识脉络为线索，以"实例"为抓手，由浅入深，从易到难，帮助读者掌握利用 AutoCAD 进行本行业工程设计的基本技能和技巧，并希望能够为广大读者的学习起到良好的引导作用，为广大读者学习 AutoCAD 提供一条简洁有效的捷径。

二、本书特点

1. 专业性强，经验丰富

　　本书的审稿者是 Autodesk 中国认证考试中心（ACAA）的首席技术专家，全面负责 AutoCAD 认证考试大纲的制定和考试题库的建设。编者均为在高校多年从事计算机图形教学研究的一线人员，具有丰富的教学实践经验，能够准确地把握学生的心理与实际需求。编者总结多年的设计经验和教学的心得体会，结合 AutoCAD 认证考试最新大纲要求编写了此书，具有很强的专业性和针对性。

2. 涵盖面广，"剪裁"得当

　　本书是一本展现 AutoCAD 2020 在工程设计应用领域功能全貌，并与自学结合的指导书。所谓功能全貌，不是面面俱到地讲解 AutoCAD 的所有知识，而是根据认证考试大纲，将设计中必须掌握的知识点讲解清楚。根据这一原则，本书依次介绍了 AutoCAD 2020 入门，简单二维绘制命令，绘图参数设置，简单二维编辑命令，复杂二维编辑命令，高级绘图和编辑命令，文字与表格，尺寸标注，快速绘图工具，三维造型基础知识，基本三维造型绘制，三维对象编辑，三维实体编辑。为了在有限的篇幅内提高知识集中程度，作者对所讲述的知识点进行了精心剪裁，确保各知识点为实际设计中用得到、读者学得会的内容。

3．实例丰富，步步为营

作为 AutoCAD 软件在工程设计领域应用的图书，我们力求避免空洞的介绍和描述，每个知识点都根据工程设计实例，通过实例操作加深读者对知识点内容的理解，并在实例操作过程中牢固地掌握软件功能。实例的种类也非常丰富，既有针对知识点讲解的小实例，也有将几个知识点或全章知识点结合起来的综合实例，还有用于练习提高的上机实例。各种类型的实例交错讲解，以达到巩固读者理解的目标。

4．工程案例潜移默化

AutoCAD 是一个侧重应用的工程软件，所以最后的落脚点还是工程应用。为了体现这一点，本书采用的处理方法是：在读者基本掌握各个知识点后，通过手压阀装配平面图与三维造型设计的典型案例的练习来体验软件在工程设计实践中的应用，对读者的工程设计能力进行最后的"淬火"处理，培养读者的工程设计能力，同时使全书的内容紧凑严谨。

5．技巧总结，点石成金

除了一般技巧说明性的内容，本书在每章均设计了"名师点拨"的环节，针对本章内容所涉及的知识给出笔者多年操作应用的经验总结和关键操作技巧提示，帮助读者对本章知识的学习效果进行提升。

6．认证实题训练，模拟考试环境

由于本书作者全面负责 AutoCAD 认证考试大纲的制定和考试题库建设，具有得天独厚的条件，所以本书每章最后都设计了一个模拟考试环节，所有的模拟试题都来自 AutoCAD 认证考试题库，具有完全真实性和针对性，特别适合参加 AutoCAD 认证考试的人员作为辅导教材。

三、本书电子资源

1．78 段、长达 960 分钟多媒体教学视频（动画演示）

为了方便读者学习，本书电子资源针对大多数实例，专门制作了 78 段多媒体图像和语音视频录像（动画演示），读者可以先看视频，像看电影一样轻松愉悦地学习本书内容。

2．AutoCAD 绘图技巧大全、快捷命令速查手册等辅助学习资料

本书电子资源中赠送了 AutoCAD 绘图技巧大全、快捷命令速查手册、常用工具按钮速查手册和疑难问题汇总等多种电子文档，方便读者使用。

3．设计常用图块

为了方便读者，本书电子资源中赠送了 390 个设计常用图块，读者可根据需要直接使用或稍加修改后使用，可大大提高绘图效率。

4．2 套大型图纸设计方案

为了帮助读者拓展视野，本书电子资源中特意赠送了 2 套设计图纸集、图纸源文件等。

5．全书实例的源文件和素材

本书电子资源中附带了很多实例，包含实例和练习实例的源文件与素材，读者可以安装 AutoCAD 2020 软件后打开并使用它们。

6．AutoCAD 认证考试官方资源

本书电子资源赠送 AutoCAD 2020 工程师认证考试大纲（2 部）和 AutoCAD 认证考试练习题（256 道），帮助读者更有针对性地学习和通过相关认证考试。

以上资源，读者可登录华信教育资源网（www.hxedu.com.cn）免费注册后进行下载，也可关注微信公众号"华信教育资源网"，回复"37408"获得。

四、本书服务

在学习本书前，请先在电脑中安装 AutoCAD 2020 软件，读者可在 Autodesk 官网 http://www.autodesk.com.cn/下载其试用版本，也可在当地电脑城、软件经销商处购买软件使用。读者可以加入本书学习指导 QQ 群 487450640，群中会提供软件安装教程。安装完成后，即可按照书上的实例进行操作练习。

五、关于作者

本书由昆明理工大学国土资源工程学院叶国华博士和昆明理工大学公共安全与应急管理学院路璐老师编著，Autodesk 中国认证管理中心首席专家胡仁喜博士进行了审稿，并对本书的写作提供了重要指导，对他们的付出表示真诚的感谢。

编　者

目 录

第1章 AutoCAD 2020 入门 ……… 1
  1.1 操作环境简介 ……………… 1
    1.1.1 操作界面 ……………… 2
    1.1.2 操作实例——设置十字光标大小 …………… 6
    1.1.3 绘图系统 ……………… 6
    1.1.4 操作实例——修改绘图区颜色 ……………… 7
  1.2 文件管理 …………………… 9
    1.2.1 新建文件 ……………… 9
    1.2.2 快速新建文件 ………… 9
    1.2.3 保存文件 ……………… 10
  1.3 显示图形 …………………… 10
    1.3.1 实时缩放 ……………… 10
    1.3.2 实时平移 ……………… 11
  1.4 基本输入操作 ……………… 11
    1.4.1 命令输入方式 ………… 11
    1.4.2 命令的重复、撤销和重做 …………………… 12
  1.5 名师点拨——图形管理技巧 … 13
  1.6 上机实验 …………………… 13
  1.7 模拟考试 …………………… 14

第2章 简单二维绘制命令 …… 16
  2.1 直线类命令 ………………… 16
    2.1.1 直线 …………………… 16
    2.1.2 操作实例——绘制五角星 …………………… 17
    2.1.3 数据的输入方法 ……… 18
    2.1.4 操作实例——用动态输入法绘制五角星 …… 19
    2.1.5 构造线 ………………… 21
    2.1.6 操作实例——绘制建筑轴线 …………………… 22
  2.2 点类命令 …………………… 22
    2.2.1 点 ……………………… 23
    2.2.2 定数等分 ……………… 24
    2.2.3 操作实例——绘制地毯 …………………… 24
  2.3 圆类命令 …………………… 26
    2.3.1 圆 ……………………… 27
    2.3.2 操作实例——绘制连环圆 …………………… 27
    2.3.3 圆弧 …………………… 28
    2.3.4 操作实例——绘制梅花 …………………… 29
    2.3.5 圆环 …………………… 31
    2.3.6 椭圆与椭圆弧 ………… 31
    2.3.7 操作实例——绘制洗脸盆 …………………… 32
  2.4 平面图形类命令 …………… 33
    2.4.1 矩形 …………………… 33
    2.4.2 操作实例——绘制抽油烟机 ………………… 35
    2.4.3 多边形 ………………… 35
  2.5 综合演练——汽车简易造型 … 36
  2.6 名师点拨——简单二维绘图技巧 …………………… 37
  2.7 上机实验 …………………… 38
  2.8 模拟考试 …………………… 39

第3章 绘图参数设置 …………… 40
  3.1 图层 ………………………… 40
    3.1.1 图层的设置 …………… 41
    3.1.2 颜色的设置 …………… 43
    3.1.3 线型的设置 …………… 43
  3.2 对象捕捉 …………………… 44
    3.2.1 特殊位置点捕捉 ……… 44
    3.2.2 操作实例——绘制开槽盘头螺钉 …………… 45

3.2.3 对象捕捉设置 ……… 48
3.2.4 操作实例——绘制铆钉 ……… 49
3.3 自动追踪 ……… 52
　3.3.1 对象捕捉追踪 ……… 52
　3.3.2 极轴追踪 ……… 53
3.4 动态输入 ……… 54
3.5 综合演练——绘制水龙头 … 54
3.6 名师点拨——二维绘图设置技巧 ……… 55
3.7 上机实验 ……… 56
3.8 模拟考试 ……… 57

第4章 简单二维编辑命令 ……… 58
4.1 "选择""删除"命令 ……… 58
　4.1.1 "选择"命令 ……… 59
　4.1.2 "删除"命令 ……… 60
4.2 复制类命令 ……… 60
　4.2.1 "复制"命令 ……… 60
　4.2.2 操作实例——绘制电冰箱 ……… 61
　4.2.3 "镜像"命令 ……… 62
　4.2.4 操作实例——绘制门 … 63
　4.2.5 "偏移"命令 ……… 64
　4.2.6 操作实例——绘制挡圈 ……… 65
　4.2.7 "阵列"命令 ……… 65
　4.2.8 操作实例——绘制齿圈 ……… 66
4.3 图案填充 ……… 68
　4.3.1 基本概念 ……… 68
　4.3.2 图案填充的操作 ……… 69
　4.3.3 编辑填充的图案 ……… 71
　4.3.4 操作实例——绘制胶垫 ……… 71
4.4 面域 ……… 73
　4.4.1 创建面域 ……… 73
　4.4.2 布尔运算 ……… 74
　4.4.3 操作实例——绘制法兰 ……… 74

4.5 综合演练——绘制高压油管接头 ……… 76
4.6 上机实验 ……… 80
4.7 模拟考试 ……… 80

第5章 复杂二维编辑命令 ……… 82
5.1 改变几何特性类命令 ……… 82
　5.1.1 "修剪"命令 ……… 82
　5.1.2 操作实例——绘制胶木球 ……… 84
　5.1.3 "延伸"命令 ……… 86
　5.1.4 操作实例——绘制间歇轮 ……… 86
　5.1.5 "圆角"命令 ……… 88
　5.1.6 操作实例——绘制挂轮架 ……… 89
　5.1.7 "倒角"命令 ……… 92
　5.1.8 操作实例——绘制销轴 ……… 93
　5.1.9 "拉伸"命令 ……… 95
　5.1.10 操作实例——绘制管式混合器 ……… 96
　5.1.11 "拉长"命令 ……… 97
　5.1.12 操作实例——绘制手表 ……… 97
　5.1.13 "打断"命令 ……… 100
　5.1.14 操作实例——绘制M10螺母 ……… 100
　5.1.15 "分解"命令 ……… 103
　5.1.16 操作实例——绘制圆头平键 ……… 103
5.2 改变位置类命令 ……… 105
　5.2.1 "移动"命令 ……… 105
　5.2.2 操作实例——绘制扳手 ……… 105
　5.2.3 "旋转"命令 ……… 107
　5.2.4 操作实例——绘制压紧螺母 ……… 107
　5.2.5 "缩放"命令 ……… 110
　5.2.6 操作实例——绘制垫片 ……… 111

5.3 综合演练——绘制手压阀阀体 ············ 112
 5.3.1 配置绘图环境 ············ 113
 5.3.2 绘制主视图 ············ 113
 5.3.3 绘制左视图 ············ 120
 5.3.4 绘制俯视图 ············ 124
5.4 名师点拨——绘图学一学 ············ 127
5.5 名师点拨——巧讲绘图 ············ 127
5.6 上机实验 ············ 128
5.7 模拟考试 ············ 128

第6章 高级绘图和编辑命令 ············ 129
6.1 多段线 ············ 129
 6.1.1 绘制多段线 ············ 130
 6.1.2 操作实例——绘制电磁管密封圈 ············ 130
 6.1.3 编辑多段线 ············ 132
6.2 样条曲线 ············ 133
 6.2.1 绘制样条曲线 ············ 133
 6.2.2 操作实例——绘制阀杆 ············ 134
6.3 多线 ············ 136
 6.3.1 定义多线样式 ············ 136
 6.3.2 绘制多线 ············ 136
 6.3.3 操作实例——绘制滚轮 ············ 137
 6.3.4 编辑多线 ············ 140
 6.3.5 操作实例——绘制别墅墙体 ············ 140
6.4 对象编辑 ············ 144
 6.4.1 钳夹功能 ············ 144
 6.4.2 特性匹配 ············ 144
 6.4.3 修改对象属性 ············ 145
 6.4.4 操作实例——绘制彩色蜡烛 ············ 145
6.5 综合演练——绘制手把 ············ 146
 6.5.1 绘制主视图 ············ 147
 6.5.2 绘制断面图 ············ 151
 6.5.3 绘制左视图 ············ 152
6.6 名师点拨——如何画曲线 ············ 154

6.7 上机实验 ············ 154
6.8 模拟考试 ············ 155

第7章 文字与表格 ············ 156
7.1 文本标注 ············ 156
 7.1.1 文本样式 ············ 156
 7.1.2 多行文本标注 ············ 158
 7.1.3 操作实例——标注高压油管接头剖切符号 ············ 159
7.2 表格 ············ 162
 7.2.1 定义表格样式 ············ 163
 7.2.2 创建表格 ············ 164
 7.2.3 表格文字编辑 ············ 166
7.3 综合演练——绘制A3样板图 ············ 166
7.4 名师点拨——细说文本 ············ 169
7.5 上机实验 ············ 170
7.6 模拟考试 ············ 170

第8章 尺寸标注 ············ 172
8.1 尺寸样式 ············ 172
 8.1.1 新建或修改尺寸样式 ············ 173
 8.1.2 线 ············ 174
 8.1.3 符号和箭头 ············ 175
 8.1.4 文字 ············ 176
 8.1.5 主单位 ············ 177
 8.1.6 公差 ············ 179
8.2 尺寸标注方法 ············ 180
 8.2.1 线性标注 ············ 180
 8.2.2 半径与直径标注 ············ 181
 8.2.3 操作实例——标注垫片线性尺寸 ············ 181
 8.2.4 基线标注 ············ 183
 8.2.5 连续标注 ············ 184
 8.2.6 操作实例——标注阀杆尺寸 ············ 184
 8.2.7 角度尺寸标注 ············ 186
 8.2.8 操作实例——标注压紧螺母尺寸 ············ 186
 8.2.9 对齐标注 ············ 189

- 8.2.10 操作实例——标注手把尺寸……189
- 8.2.11 几何公差标注……194
- 8.3 引线标注……195
  - 8.3.1 一般引线标注……195
  - 8.3.2 操作实例——标注内六角螺钉……197
  - 8.3.3 快速引线标注……198
  - 8.3.4 操作实例——绘制底座……199
  - 8.3.5 多重引线标注……204
- 8.4 综合演练——绘制并标注出油阀座……205
- 8.5 名师点拨——跟我学标注……212
- 8.6 上机实验……213
- 8.7 模拟考试……213

第9章 快速绘图工具……215
- 9.1 图块……216
  - 9.1.1 定义图块……216
  - 9.1.2 图块的存盘……217
  - 9.1.3 操作实例——定义并保存"螺栓"图块……218
  - 9.1.4 图块的插入……219
  - 9.1.5 操作实例——标注阀盖表面粗糙度……221
  - 9.1.6 动态块……223
  - 9.1.7 操作实例——用动态块功能标注阀体表面粗糙度……223
- 9.2 图块属性……224
  - 9.2.1 定义图块属性……225
  - 9.2.2 操作实例——用属性功能标注阀体表面粗糙度……226
  - 9.2.3 修改属性的定义……227
  - 9.2.4 图块属性的编辑……227
  - 9.2.5 操作实例——标注手压阀阀体……229
- 9.3 设计中心……236
- 9.4 工具选项板……238
  - 9.4.1 打开工具选项板……238
  - 9.4.2 新建工具选项板……238
  - 9.4.3 操作实例——从设计中心创建选项板……239
- 9.5 综合演练——绘制手压阀装配平面图……240
  - 9.5.1 配置绘图环境……240
  - 9.5.2 创建图块……241
  - 9.5.3 装配零件图……241
  - 9.5.4 操作实例——标注手压阀装配平面图……254
- 9.6 名师点拨——绘图细节……256
- 9.7 上机实验……256
- 9.8 模拟考试……257

第10章 三维造型基础知识……258
- 10.1 三维坐标系统……258
  - 10.1.1 右手法则与坐标系……259
  - 10.1.2 创建坐标系……259
  - 10.1.3 设置坐标系……261
  - 10.1.4 动态坐标系……262
- 10.2 观察模式……262
  - 10.2.1 动态观察……263
  - 10.2.2 视图控制器……264
- 10.3 显示形式……265
  - 10.3.1 消隐……265
  - 10.3.2 视觉样式……265
  - 10.3.3 视觉样式管理器……267
- 10.4 渲染实体……268
  - 10.4.1 材质……268
  - 10.4.2 贴图……270
  - 10.4.3 光源……271
  - 10.4.4 渲染环境……272
  - 10.4.5 渲染……272
- 10.5 名师点拨——透视立体模型……273
- 10.6 上机实验……274
- 10.7 模拟考试……274

第11章 基本三维造型绘制……275
- 11.1 绘制基本三维网格……275
  - 11.1.1 绘制网格长方体……275

11.1.2	操作实例——绘制三阶魔方	276
11.1.3	绘制网格球体	277
11.1.4	操作实例——绘制球型灯	277
11.2	绘制三维网格	278
11.2.1	直纹网格	278
11.2.2	平移网格	278
11.2.3	旋转网格	279
11.2.4	操作实例——绘制三极管	279
11.2.5	边界网格	280
11.2.6	操作实例——绘制牙膏壳	281
11.3	创建基本三维实体	282
11.3.1	螺旋	283
11.3.2	长方体	283
11.3.3	操作实例——绘制凸形平块	284
11.3.4	球体	286
11.3.5	圆柱体	286
11.3.6	操作实例——绘制石桌	287
11.4	由二维图形生成三维造型	288
11.4.1	拉伸	288
11.4.2	操作实例——绘制胶垫	289
11.4.3	旋转	290
11.4.4	操作实例——绘制阀杆	290
11.4.5	扫掠	291
11.4.6	操作实例——绘制压紧螺母	293
11.4.7	放样	295
11.4.8	拖动	297
11.5	绘制三维曲面	297
11.5.1	平面曲面	297
11.5.2	操作实例——绘制花瓶	298
11.5.3	偏移曲面	299
11.5.4	过渡曲面	299
11.5.5	圆角曲面	300
11.5.6	网络曲面	301
11.5.7	修补曲面	301
11.6	综合演练——绘制高跟鞋	302
11.6.1	绘制鞋面	302
11.6.2	绘制鞋跟	306
11.6.3	绘制鞋底	309
11.7	名师点拨——拖动功能的限制	311
11.8	上机实验	311
11.9	模拟考试	311
第12章	**三维对象编辑**	**313**
12.1	实体三维操作	313
12.1.1	倒角	313
12.1.2	操作实例——绘制销轴	314
12.1.3	圆角	316
12.1.4	操作实例——绘制手把	316
12.2	三维编辑功能	321
12.2.1	三维镜像	321
12.2.2	操作实例——绘制支座	322
12.2.3	三维阵列	324
12.2.4	操作实例——绘制底座	324
12.2.5	对齐对象	326
12.2.6	三维移动	326
12.2.7	操作实例——绘制角架	326
12.2.8	三维旋转	329
12.3	剖切视图	329
12.3.1	剖切	329
12.3.2	操作实例——绘制胶木球	330
12.4	综合演练——绘制手压阀阀体	332
12.4.1	创建基本形体	332
12.4.2	创建细节特征	335

12.4.3 创建螺纹 ········· 341
12.5 名师点拨——三维编辑跟我学 ········· 346
12.6 上机实验 ········· 346
12.7 模拟考试 ········· 347

第13章 三维实体编辑 ········· 348
13.1 实体编辑 ········· 348
  13.1.1 抽壳 ········· 348
  13.1.2 操作实例——绘制凸台双槽竖槽孔块 ········· 349
  13.1.3 复制边 ········· 352
  13.1.4 拉伸面 ········· 352
  13.1.5 操作实例——绘制顶针 ········· 353
  13.1.6 复制面 ········· 354
  13.1.7 操作实例——绘制圆平榫 ········· 355
  13.1.8 着色面 ········· 358
  13.1.9 删除面 ········· 359
  13.1.10 移动面 ········· 359
  13.1.11 倾斜面 ········· 360
  13.1.12 操作实例——绘制机座 ········· 360
  13.1.13 分割 ········· 362
  13.1.14 夹点编辑 ········· 362
13.2 三维装配 ········· 363
13.3 综合演练——手压阀三维装配图 ········· 364
  13.3.1 配置绘图环境 ········· 364
  13.3.2 装配泵体 ········· 364
  13.3.3 装配阀杆 ········· 365
  13.3.4 装配密封垫 ········· 366
  13.3.5 装配压紧螺母 ········· 367
  13.3.6 装配弹簧 ········· 368
  13.3.7 装配胶垫 ········· 370
  13.3.8 装配底座 ········· 371
  13.3.9 装配手把 ········· 372
  13.3.10 装配销轴 ········· 373
  13.3.11 装配销 ········· 374
  13.3.12 装配胶木球 ········· 375
13.4 名师点拨——渲染妙用 ········· 376
13.5 上机实验 ········· 377
13.6 模拟考试 ········· 377

模拟考试答案 ········· 378

第 1 章　AutoCAD 2020 入门

本章学习 AutoCAD 2020 绘图的基本知识，了解如何设置图形的系统参数，熟悉创建新的图形文件、打开已有文件的方法等，为进入系统学习做准备。

内容要点

- 操作环境简介
- 文件管理
- 显示图形
- 基本输入操作

案例效果

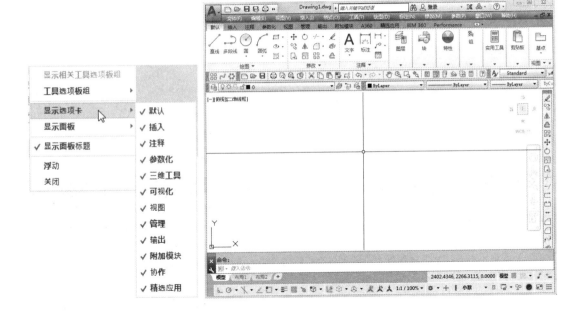

1.1　操作环境简介

操作环境是指和本软件相关的操作界面、绘图系统设置等一些涉及软件的最基本的界面和参数。本节将进行简要介绍。

【预习重点】

- 安装软件，熟悉软件界面。
- 观察光标大小与绘图区颜色。

1.1.1 操作界面

AutoCAD 操作界面是 AutoCAD 显示、编辑图形的区域，如图 1-1 所示，包括菜单栏、标题栏、功能区、绘图区、十字光标、导航栏、坐标系图标、命令行窗口、状态栏、布局标签和快速访问工具栏等。

> **注意：**
> 很多读者对软件的下载和安装方法感到非常棘手，可以关注本书前言中的相关信息，作者将提供及时的在线帮助和支持。

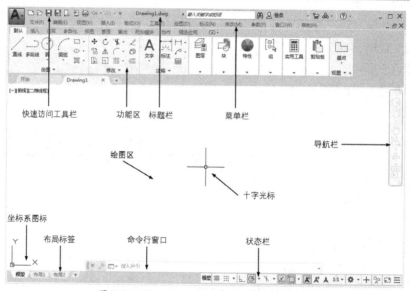

图 1-1 AutoCAD 2020 中文版的操作界面

> **注意：**
> （1）安装 AutoCAD 2020 后，在绘图区中右击，打开快捷菜单，如图 1-2 所示，选择"选项"命令，打开"选项"对话框，选择"显示"选项卡，将"窗口元素"选项组中的"颜色主题"设置为"明"，如图 1-3 所示，单击"确定"按钮，退出对话框。
> （2）本书中界面均采用软件原图，不再另行修改大小写、正斜体等。

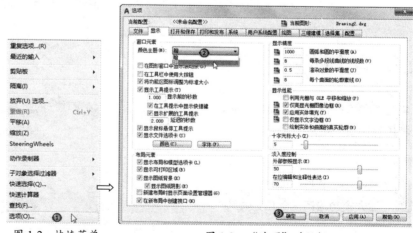

图 1-2 快捷菜单　　　　图 1-3 "选项"对话框

1. 标题栏

AutoCAD 2020 中文版操作界面的最上端是标题栏。在标题栏中显示了系统当前正在运行的应用程序和用户正在使用的图形文件，首次启动系统，将新建名称为"Drawing1.dwg"的图形文件，如图 1-1 所示。

2. 菜单栏

在 AutoCAD 快速访问工具栏中单击"显示菜单栏"按钮，可以调出菜单栏，菜单栏显示界面如图 1-4 所示。同其他 Windows 程序一样，AutoCAD 的菜单也是下拉形式的，并在菜单中包含子菜单。

图 1-4　菜单栏显示界面

3. 工具栏

工具栏是一组按钮工具的集合，AutoCAD 2020 提供了几十种工具栏，选择菜单栏中的"工具"→"工具栏"→"AutoCAD"中的命令，调出所需要的工具栏，如图 1-5 所示。单击某一个未在界面中显示的工具栏的名称，系统将自动在界面中打开该工具栏；反之，则关闭工具栏。

图 1-5　调出工具栏

4. 快速访问工具栏和交互信息工具栏

（1）快速访问工具栏。该工具栏包括"新建""打开""保存""另存为""从 Web 和 Mobile 中打开""保存到 Web 和 Mobile""打印""放弃""重做"等几个常用的工具。

（2）交互信息工具栏。该工具栏包括"搜索""Autodesk A360""Autodesk App Store""保持连接""单击此处访问帮助"等几个常用的数据交互访问工具按钮。

5. 功能区

在默认情况下，功能区包括"默认""插入""精选应用"等十几种选项卡，如图 1-6 所示。我们可以单击功能区选项后面的 按钮控制功能的展开与收缩。

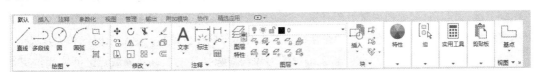

图 1-6　在默认情况下出现的选项卡

设置选项卡：在面板中任意位置右击，打开如图 1-7 所示的快捷菜单。单击某一个未在功能区显示的选项卡名，则系统自动在功能区打开该选项卡；反之，关闭选项卡（调出面板的方法与调出选项板的方法类似，这里不再赘述）。

6. 命令行窗口

命令行窗口是输入命令和显示命令提示的区域，默认命令行窗口布置在绘图区下方，由若干文本行构成。对命令行窗口，有以下几点需要说明。

（1）默认情况下命令行窗口在绘图区的下方。

（2）对当前命令行窗口中输入的内容，可以按 F2 键用文本编辑的方法进行编辑，如图 1-8 所示。AutoCAD 文本窗口和命令行窗口相似，可以显示当前 AutoCAD 进程中命令的输入和执行过程。

图 1-7　快捷菜单

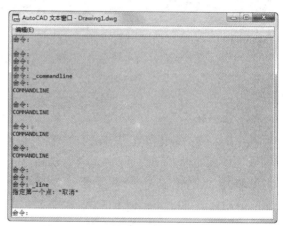

图 1-8　文本窗口

7. 状态栏

状态栏显示在屏幕的底部，如图 1-9 所示。

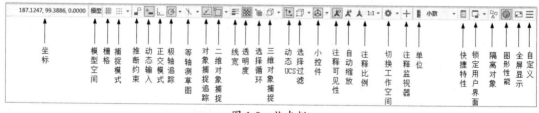

图 1-9　状态栏

（1）坐标：显示工作区鼠标放置点的坐标。

（2）模型空间：在模型空间与布局空间之间进行转换。

（3）栅格：栅格是覆盖整个坐标系（UCS）XY 平面的直线或点组成的矩形图案。使用栅格类似于在图形下放置一张坐标纸，利用栅格可以对齐对象并直观显示对象之间的距离。

（4）捕捉模式：对象捕捉对于在对象上指定精确位置非常重要。不论何时提示输入点，都可以指定对象捕捉。在默认情况下，当光标移到对象的对象捕捉位置时，将显示标记和工具提示。

（5）推断约束：自动在正在创建或编辑的对象与对象捕捉的关联对象或点之间应用约束。

（6）动态输入：在光标附近显示出一个提示框（称之为"工具提示"），工具提示中显示出对应的命令提示和光标的当前坐标值。

(7) 正交模式：将光标限制在水平或垂直方向上移动，以便于精确地创建和修改对象。当创建或移动对象时，可以使用"正交"模式将光标限制在相对于用户坐标系（UCS）的水平或垂直方向上。

(8) 极轴追踪：使用极轴追踪，光标将按指定角度进行移动。创建或修改对象时，可以使用"极轴追踪"来显示由指定的极轴角度所定义的临时对齐路径。

(9) 等轴测草图：通过设定"等轴测捕捉/栅格"，可以很容易地沿三个等轴测平面之一对齐对象。尽管等轴测图形看似三维图形，但它实际上是由二维图形表示的。因此不能期望提取三维距离和面积、从不同视点显示对象或自动消除隐藏线。

(10) 对象捕捉追踪：使用对象捕捉追踪，可以沿着基于对象捕捉点的对齐路径进行追踪。已获取的点将显示一个小加号（+），一次最多可以获取 7 个追踪点。获取点之后，在绘图路径上移动光标，将显示相对于获取点的水平、垂直或极轴对齐路径。例如，可以基于对象端点、中点或者对象的交点，沿着某个路径选择一点。

(11) 二维对象捕捉：使用执行对象捕捉设置（也称为"对象捕捉"），可以在对象上的精确位置指定捕捉点。选择多个选项后，将应用选定的捕捉模式，以返回距离靶框中心最近的点。按 Tab 键可在这些选项之间循环。

(12) 线宽：分别显示对象所在图层中设置的不同宽度，而不是统一线宽。

(13) 透明度：使用该命令，调整绘图对象显示的明暗程度。

(14) 选择循环：当一个对象与其他对象彼此接近或重叠时，准确地选择某一个对象是很困难的，使用选择循环命令，单击鼠标左键，弹出"选择集"列表框，里面列出了鼠标单击点周围的图形，然后在列表中选择所需的对象。

(15) 三维对象捕捉：三维中的对象捕捉与在二维中工作的方式类似，不同之处在于在三维中可以投影对象捕捉。

(16) 动态 UCS：在创建对象时使 UCS 的 XY 平面自动与实体模型上的平面临时对齐。

(17) 选择过滤：根据对象特性或对象类型对选择集进行过滤。按下图标后，只选择满足指定条件的对象，其他对象将被排除在选择集之外。

(18) 小控件：帮助用户沿三维轴或平面移动、旋转或缩放一组对象。

(19) 注释可见性：当图标亮显时，表示显示所有比例的注释性对象；当图标变暗时，表示仅显示当前比例的注释性对象。

(20) 自动缩放：注释比例进行更改时，自动将比例添加到注释对象。

(21) 注释比例：单击注释比例右下角小三角符号弹出注释比例列表，可以根据需要选择适当的注释比例。

(22) 切换工作空间：进行工作空间转换。

(23) 注释监视器：打开仅用于所有事件或模型文档事件的注释监视器。

(24) 单位：指定线性和角度单位的格式和小数位数。

(25) 快捷特性：控制快捷特性面板的使用与禁用。

(26) 锁定用户界面：按下该按钮，锁定工具栏、面板和可固定窗口的位置和大小。

(27) 隔离对象：当选择隔离对象时，在当前视图中显示选定对象，所有其他对象都暂时隐藏；当选择隐藏对象时，在当前视图中暂时隐藏选定对象，所有其他对象都可见。

（28）图形性能：设定图形卡的驱动程序及设置硬件加速的选项。

（29）全屏显示：该选项可以清除 Windows 窗口中的标题栏、功能区和选项板等界面元素，使 AutoCAD 的绘图窗口全屏显示。

（30）自定义：状态栏可以提供重要信息，而无须中断工作流。使用系统变量 MODEMACRO 可将应用程序所能识别的大多数数据显示在状态栏中。使用该系统变量的计算、判断和编辑功能，可以完全按照用户的要求构造状态栏。

8. 光标大小

在绘图区中，有一个作用类似于光标的"十"字线，其交点坐标反映了光标在当前坐标系中的位置。在 AutoCAD 中，将该"十"字线称为十字光标，如图 1-1 所示。

导航栏和布局标签等的相关说明，由于在实际的操作过程中用到的比较少，因此这里我们不再详述，感兴趣的读者可自行查阅相关的资料。

1.1.2 操作实例——设置十字光标大小

（1）选择菜单栏中的"工具"→"选项"命令，打开"选项"对话框。

（2）选择"显示"选项卡，在"十字光标大小"文本框中直接输入数值，或拖动文本框后面的滑块，即可对十字光标的大小进行调整，如图 1-10 所示。例如将十字光标的大小设置为 100%，单击"确定"按钮，返回绘图状态，可以看到十字光标充满了整个绘图区。

 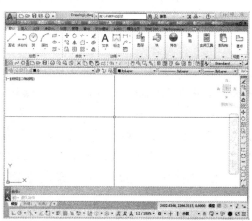

图 1-10 设置十字光标

此外，还可以通过设置系统变量 CURSORSIZE 的值，修改其大小。

1.1.3 绘图系统

一般来讲，使用 AutoCAD 2020 的默认配置就可以绘图，但为了方便使用用户的定点设备或打印机，以及提高绘图的效率，推荐用户在作图前进行必要的配置。

【执行方式】

- 命令行：PREFERENCES。
- 菜单栏：选择菜单栏中的"工具"→"选项"命令。
- 快捷菜单：在绘图区右击，系统打开快捷菜单，如图 1-11 所示，选择"选项"命令。

【操作步骤】

选择"选项"命令后，系统打开"选项"对话框。用户可以在该对话框中设置有关选项，对绘图系统进行配置。下面就其中主要的两个选项卡加以说明，其他配置选项在后面用到时再做具体说明。

（1）系统配置。"选项"对话框中的第 5 个选项卡为"系统"选项卡，如图 1-12 所示。该选项卡用来设置 AutoCAD 系统的相关特性。其中，"常规选项"选项组确定是否选择系统配置的基本选项。

图 1-11　快捷菜单

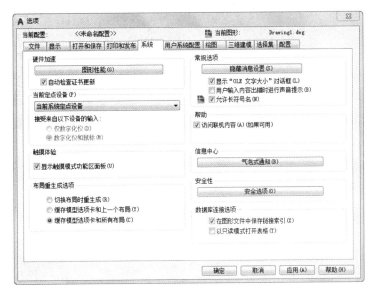

图 1-12　"系统"选项卡

（2）显示配置。"选项"对话框中的第 2 个选项卡为"显示"选项卡，该选项卡用于控制 AutoCAD 系统的外观，可设定滚动条、文件选项卡等显示与否，设置绘图区颜色、十字光标大小、AutoCAD 的版面布局设置、各实体的显示精度等。

高手支招：
设置实体显示精度时请务必注意，精度越高（显示质量越高），计算机计算的时间越长。建议不要将精度设置得太高，将显示质量设定在一个合理的程度即可。

1.1.4　操作实例——修改绘图区颜色

修改绘图区颜色

在默认情况下，AutoCAD 的绘图区是黑色背景、白色线条，如图 1-13 所示，但是通常我们在绘图时习惯将绘图区设置为白色。

（1）选择菜单栏中的"工具"→"选项"命令，打开"选项"对话框，选择如图 1-14 所示的"显示"选项卡，在"窗口元素"选项组中，将"颜色主题"设置为"明"，然后单击"窗口元素"选项组中的"颜色"按钮，打开如图 1-15 所示的"图形窗口颜色"对话框。

（2）在"界面元素"下拉列表框中选择"统一背景"选项，在"颜色"下拉列表框中选择"白"色，然后单击"应用并关闭"按钮，此时 AutoCAD 的绘图区就变换了背景色，通常按视觉习惯选择白色为窗口颜色，设置后的界面如图 1-16 所示。

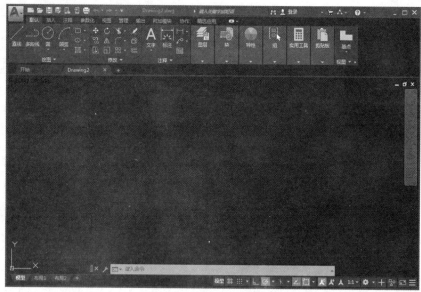

图 1-13 默认的绘图区

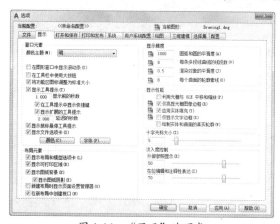

图 1-14 "显示"选项卡

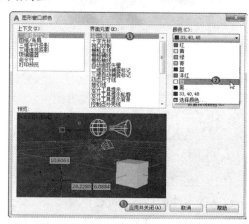

图 1-15 "图形窗口颜色"对话框

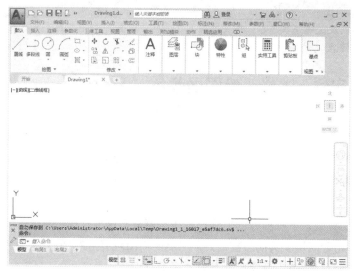

图 1-16 修改后的绘图区

1.2 文件管理

本节介绍有关文件管理的一些基本操作方法，包括新建文件、保存文件等，这些都是应用 AutoCAD 2020 最基础的操作。

【预习重点】
- 了解有几种文件管理命令。
- 练习新建和保存文件的方法。

1.2.1 新建文件

【执行方式】
- 命令行：NEW。
- 菜单栏：选择菜单栏中的"文件"→"新建"命令。
- 主菜单：选择"主菜单"下的"新建"命令。
- 工具栏：单击"标准"工具栏中的"新建"按钮 。
- 快捷键：Ctrl+N。

【操作步骤】

执行上述操作后，系统打开如图 1-17 所示的"选择样板"对话框，选择一种样板即可新建文件。

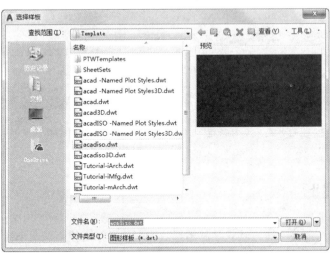

图 1-17 "选择样板"对话框

1.2.2 快速新建文件

如果用户不愿意每次新建文件时都选择样板文件，可以在系统中预先设置默认的样板文件，从而快速创建图形，该功能是创建新图形最快捷的方法。

【执行方式】
- 命令行：QNEW。

1.2.3 保存文件

【执行方式】

- 命令名：QSAVE（或 SAVE）。
- 菜单栏：选择菜单栏中的"文件"→"保存"命令。
- 主菜单：选择"主菜单"下的"保存"命令。
- 工具栏：单击"标准"工具栏中的"保存"按钮 。
- 快捷键：Ctrl+S。

执行上述操作后，若文件已命名，则系统自动保存文件；若文件未命名（即为默认名 Drawing1.dwg），则系统打开"图形另存为"对话框，如图 1-18 所示，用户可以重新命名并保存文件。在"保存于"下拉列表框中指定保存文件的路径，在"文件类型"下拉列表框中指定保存文件的类型。

另外还有"另存为"和"退出"等命令，它们的操作方式类似，若用户对图形所做的修改尚未保存，则会打开如图 1-19 所示的系统提示对话框。单击"是"按钮，系统将保存文件，然后退出；单击"否"按钮，系统将不保存文件。若用户对图形所做的修改已经保存，则直接退出。

图 1-18 "图形另存为"对话框

图 1-19 系统提示对话框

1.3 显示图形

恰当地显示图形的最一般方法就是利用缩放和平移命令。使用这两个命令可以在绘图区域放大或缩小图像显示，或者改变观察位置。

【预习重点】

- 了解有几种图形显示命令。
- 练习缩放、平移图形。

1.3.1 实时缩放

实时缩放即可以通过垂直向上或向下移动光标来放大或缩小图形。利用实时平移，可通过单击和移动光标重新放置图形。在实时缩放状态下，可以通过垂直向上或向下移动光标来放大或缩小图形。

【执行方式】
- 命令行：ZOOM。
- 菜单栏：选择菜单栏中的"视图"→"缩放"→"实时"命令。
- 工具栏：单击"标准"工具栏中的"实时缩放"按钮 ±ᵩ。
- 功能区：单击"视图"选项卡"导航"面板中"范围"下拉菜单中的"实时"按钮 ±ᵩ。

【操作步骤】

按住"实时缩放"按钮垂直向上或向下移动，从图形的中心向顶端垂直地移动光标就可以将图形放大一倍，向底部垂直地移动光标就可以将图形缩小 1/2。

1.3.2 实时平移

【执行方式】
- 命令行：PAN。
- 菜单栏：选择菜单栏中的"视图"→"平移"→"实时"命令。
- 工具栏：单击"标准"工具栏中的"实时平移"按钮 ✋。
- 功能区：单击"视图"选项卡"导航"面板中的"平移"按钮 ✋。

执行上述命令后，用鼠标单击"实时平移"按钮，然后移动手形光标即可平移图形。当移动到图形的边沿时，光标就变成三角形。

1.4 基本输入操作

绘制图形的要点在于快和准，即图形尺寸的绘制要准确并节省绘图时间。本节主要介绍不同命令的操作方法，读者在后面章节中学习绘图命令时，应尽可能掌握多种方法，从中找出适合自己且快速的方法。

【预习重点】
- 了解基本输入方法。

1.4.1 命令输入方式

AutoCAD 交互绘图必须输入必要的指令和参数。有多种 AutoCAD 命令输入方式，下面以绘制直线为例，介绍命令输入方式。

（1）在命令行输入命令。命令字符可不区分大小写，例如，命令"LINE"。执行命令时，在命令行提示中经常会出现命令选项。在命令行输入绘制直线命令"LINE"后，命令行提示与操作如下：

```
命令：LINE↙
指定第一个点：（在绘图区指定一点或输入一个点的坐标）
指定下一点或 [放弃(U)]：
```

命令行中不带括号的提示为默认选项（如"指定下一点或"），因此可以直接输入直线的起点坐标或在绘图区指定一点，如果要选择其他选项，则应该首先输入该选项的标识字符与"放弃"选项的标识字符"U"，然后按系统提示输入数据即可。在命令选项的后面有时还带有尖括号，尖括号内的数值为默认数值。

（2）在命令行输入命令缩写，例如，L（LINE）、C（CIRCLE）、A（ARC）、Z（ZOOM）、R（REDRAW）、M（MOVE）、CO（COPY）、PL（PLINE）、E（ERASE）等。

（3）选择"绘图"菜单栏中对应的命令，在命令行窗口中可以看到对应的命令说明及命令名。

（4）单击"绘图"工具栏中对应的按钮，在命令行窗口中也可以看到对应的命令说明及命令名。

（5）在绘图区打开快捷菜单。如果在前面刚使用过要输入的命令，可以在绘图区右击，打开快捷菜单，在"最近的输入"子菜单中选择需要的命令，如图1-20所示。"最近的输入"子菜单中存储最近使用的命令，如果经常重复使用某个命令，这种方法就比较快捷。

（6）在绘图区右击。如果用户要重复使用上次使用的命令，可以直接在绘图区右击，打开快捷菜单，选择"重复"命令，系统立即重复执行上次使用的命令，这种方法适用于重复执行某个命令。

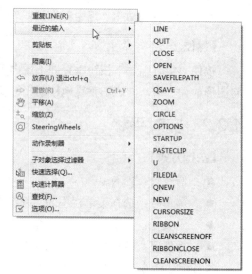

图1-20　绘图区快捷菜单

1.4.2　命令的重复、撤销和重做

1. 命令的重复

按Enter键，可重复调用上一个命令，不管上一个命令是完成了还是被取消了。

2. 命令的撤销

在命令执行的任何时刻都可以取消或终止命令。

【执行方式】

- 命令行：UNDO。
- 菜单栏：选择菜单栏中的"编辑"→"放弃"命令。
- 工具栏：单击"标准"工具栏中的"放弃"按钮 ⇐ ▾ 或单击快速访问工具栏中的"放弃"按钮 ⇐ ▾ 。
- 快捷键：Esc。

3. 命令的重做

已被撤销的命令要恢复重做，可以恢复撤销的最后一个命令。

【执行方式】

- 命令行：REDO（快捷命令：RE）。

- 菜单栏：选择菜单栏中的"编辑"→"重做"命令。
- 工具栏：单击"标准"工具栏中的"重做"按钮 或单击快速访问工具栏中的"重做"按钮 。
- 快捷键：Ctrl+Y。

AutoCAD 2020 可以一次执行多重放弃和重做操作。单击快速访问工具栏中的"放弃"按钮  或"重做"按钮 后面的小三角形，可以选择要放弃或重做的操作，如图 1-21 所示。

图 1-21　多重放弃选项

1.5　名师点拨——图形管理技巧

1. 如何将自动保存的图形复原

AutoCAD 将自动保存的图形存放到"AUTO.SV$"或"AUTO?.SV$"文件中，找到该文件并将其命名为图形文件即可在 AutoCAD 中打开。

一般该文件存放在 Windows 的临时目录中，如"C:\Windows\Temp"。

2. 怎样从备份文件中恢复图形

（1）使文件显示其扩展名。打开"我的电脑"窗口，选择"工具"→"文件夹选项"命令，弹出"文件夹选项"对话框，在"查看"选项卡的"高级设置"选项组中，取消选中"隐藏已知文件的扩展名"复选框。

（2）显示所有文件。打开"我的电脑"窗口，选择"工具"→"文件夹选项"命令，弹出"文件夹选项"对话框，在"查看"选项卡的"高级设置"选项组中，选中"隐藏文件和文件夹"下的"显示所有文件和文件夹"单选按钮。

（3）找到备份文件。打开"我的电脑"窗口，选择"工具"→"文件夹选项"命令，弹出"文件夹选项"对话框，在"查看"选项卡的"已注册的文件类型"选项组中，选择"临时图形文件"，查找到文件，将其重命名为".dwg"格式，最后用打开其他 CAD 文件的方法将其打开即可。

3. 打开旧图遇到异常错误而中断退出怎么办

新建一个图形文件，把旧图以图块形式插入即可。

4. 如何设置自动保存功能

在命令行中输入"SAVETIME"命令，将变量设成一个较小的值，如 10 分钟。AutoCAD 默认的自动保存时间为 120 分钟。

1.6　上机实验

【练习1】熟悉操作界面。

【练习2】利用"平移"和"缩放"命令，查看如图 1-22 所示零件图细节。

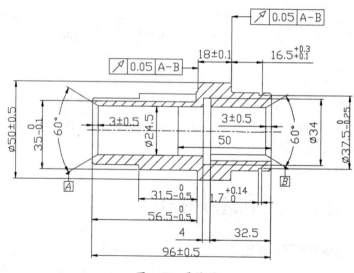

图 1-22 零件图

1.7 模拟考试

(1) 打开 AutoCAD 后，只有一个菜单，如何恢复默认状态？（　　）

A. 用"MENU"命令加载 acad.cui　　B. 用"CUI"命令打开 AutoCAD 经典空间

C. 用"MENU"命令加载 custom.cui　　D. 重新安装

(2) 在图形修复管理器中，以下哪个文件是由系统自动创建的自动保存文件？（　　）

A. drawing1_1_1_6865.svs$　　B. drawing1_1_68656.svs$

C. drawing1_recovery.dwg　　D. drawing1_1_1_6865.bak

(3) 在"自定义用户界面"对话框中，如何将现有工具栏复制到功能区面板？（　　）

A. 选择要复制到面板的工具栏，右击，在弹出的快捷菜单中选择"新建面板"命令

B. 选择面板，右击，在弹出的快捷菜单中选择"复制到功能区面板"命令

C. 选择要复制到面板的工具栏，右击，在弹出的快捷菜单中选择"复制到功能区面板"命令

D. 选择要复制到面板的工具栏，右击，在弹出的快捷菜单中选择"新建弹出"命令

(4) 图形修复管理器中显示的在程序或系统失败后可能需要修复的图形不包含（　　）。

A. 程序失败时保存的已修复的图形文件（DWG 和 DWS）

B. 自动保存的文件，也称为"自动保存"文件（SV$）

C. 核查日志（ADT）

D. 原始图形文件（DWG 和 DWS）

(5) 如果想要改变绘图区域的背景颜色，应该如何做？（　　）。

A. 在"选项"对话框"显示"选项卡的"窗口元素"选项组中单击"颜色"按钮，在弹出的对话框中进行修改

B. 在 Windows 的"显示属性"对话框的"外观"选项卡中单击"高级"按钮，在弹出的

对话框中进行修改

　　C. 修改 SETCOLOR 变量的值

　　D. 在"特性"面板的"常规"选项组中修改"颜色"值

（6）下面哪个选项可以将图形进行动态放大？（　　）

　　A. ZOOM/(D)　　　B. ZOOM/(W)　　　C. ZOOM/(E)　　　D. ZOOM/(A)

（7）取世界坐标系的点（70,20）作为用户坐标系的原点，则用户坐标系的点（-20,30）的世界坐标为（　　）。

　　A.（50,50）　　　B.（90,-10）　　　C.（-20,30）　　　D.（70,20）

（8）绘制直线，起点坐标为（57,79），线段长度为173，与 X 轴正向的夹角为71°。将线段5等分，从起点开始的第一个等分点的坐标为（　　）。

　　A. $X = 113.3233, Y = 242.5747$　　　　B. $X = 79.7336, Y = 145.0233$

　　C. $X = 90.7940, Y = 177.1448$　　　　D. $X = 68.2647, Y = 111.7149$

（9）打开本书电子资源"源文件\第 1 章\模拟考试\圆柱齿轮.dwg"文件，利用"缩放"与"平移"命令查看如图 1-23 所示的齿轮图形细节。

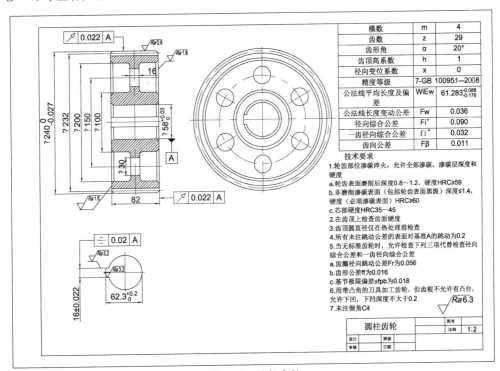

图 1-23　圆柱齿轮

第 2 章 简单二维绘制命令

本章学习简单二维绘图的基本知识。了解直线类、圆类、平面图形类、点类命令,将读者带入绘图知识的殿堂。

内容要点

- 直线类命令
- 点类命令
- 圆类命令
- 平面图形类命令

案例效果

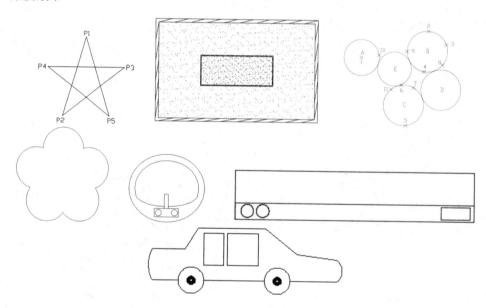

2.1 直线类命令

直线类命令包括直线段和构造线命令。这两个命令是 AutoCAD 中最简单的绘图命令。

【预习重点】

- 了解有几种直线类命令。
- 了解直线、构造线的绘制方法。

2.1.1 直线

【执行方式】

- 命令行:LINE(快捷命令:L)。

- 菜单栏：选择菜单栏中的"绘图"→"直线"命令。
- 工具栏：单击"绘图"工具栏中的"直线"按钮。
- 功能区：单击"默认"选项卡"绘图"面板中的"直线"按钮（如图 2-1 所示）。

【操作步骤】

命令行提示与操作如下：

```
命令：LINE↙
指定第一个点：(输入直线段的起点坐标或在绘图区单击指定点)
指定下一点或 [放弃(U)]：(输入直线段的端点坐标，或利用光标指定一定角度后，直接输入直线的长度)
指定下一点或 [放弃(U)]：(输入下一条直线段的端点，或输入选项"U"表示放弃前面的输入；右击或按 Enter 键，结束命令)
指定下一点或 [闭合(C)/放弃(U)]：(输入下一条直线段的端点，或输入选项"C"使图形闭合，结束命令)
```

【选项说明】

（1）若采用按 Enter 键响应"指定第一个点"提示，系统会把上次绘制图线的终点作为本次图线的起始点。

（2）在"指定下一点或"提示下，用户可以指定多个端点，从而绘出多条直线段。但是，每一段直线都是一个独立的对象，可以进行单独的编辑操作。

（3）绘制两条以上直线段后，若采用输入选项"C"响应"指定下一点或"提示，系统会自动连接起始点和最后一个端点，从而绘出封闭的图形。

（4）若采用输入选项"U"响应提示，则删除最近一次绘制的直线段。

（5）若设置正交方式（单击状态栏中的"正交模式"按钮），只能绘制水平线段或垂直线段。

（6）若设置动态数据输入方式（单击状态栏中的"动态输入"按钮），则可以动态输入坐标或长度值，如图 2-2 所示，效果与非动态数据输入方式类似。除了特别需要，以后不再强调，而只按非动态数据输入方式输入相关数据。

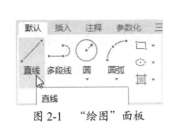

图 2-1　"绘图"面板

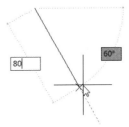

图 2-2　动态输入

2.1.2　操作实例——绘制五角星

绘制五角星

本实例主要练习使用"直线"命令绘制五角星，绘制流程如图 2-3 所示。

图 2-3　绘制五角星

单击状态栏中的"动态输入"按钮，关闭动态输入，单击"默认"选项卡"绘图"面板中的"直线"按钮，命令行提示与操作如下：

```
命令：_line
指定第一个点：120,120✓（即顶点P1的位置，✓表示按下Enter键）
指定下一点或[放弃(U)]：@80<252✓（P2点）
指定下一点或[放弃(U)]：159.091,90.870✓（P3点，也可以输入相对坐标"@80<36"）
指定下一点或[闭合(C)/放弃(U)]：@80,0✓（错误的P4点）
指定下一点或[闭合(C)/放弃(U)]：U✓（取消对P4点的输入）
指定下一点或[闭合(C)/放弃(U)]：@-80,0✓（P4点）
指定下一点或[闭合(C)/放弃(U)]：144.721,43.916✓（P5点，也可以输入相对坐标"@80<-36"）
指定下一点或[闭合(C)/放弃(U)]：C✓
```

> 注意：
> （1）一般每个命令有四种执行方式，这里只给出了命令行执行方式，其他三种执行方式的操作方法与命令行执行方式相同。
> （2）坐标中的逗号必须在英文状态下输入，否则会出错。

2.1.3 数据的输入方法

在AutoCAD中，点的坐标可以用直角坐标、极坐标、球面坐标和柱面坐标表示，每种坐标又分别具有两种坐标输入方式：绝对坐标和相对坐标。其中，直角坐标和极坐标最为常用，下面主要介绍它们的输入方法。

（1）直角坐标法：用点的 X、Y 坐标值表示的坐标。

例如，在命令行中输入点的坐标提示下，输入"15,18"，则表示输入一个 X、Y 的坐标值分别为15、18的点，此为绝对坐标输入方式，表示该点的坐标是相对于当前坐标原点的坐标值，如图2-4（a）所示。如果输入"@10,20"，则为相对坐标输入方式，表示该点的坐标是相对于前一点的坐标值，如图2-4（b）所示。

（2）极坐标法：用长度和角度表示的坐标，只能用来表示二维点的坐标。

在绝对坐标输入方式下，表示为"长度<角度"，如"25<50"，其中长度为该点到坐标原点的距离，角度为该点至原点的连线与 X 轴正向的夹角，如图2-4（c）所示。

在相对坐标输入方式下，表示为"@长度<角度"，如"@25<45"，其中长度为该点到前一点的距离，角度为该点至前一点的连线与 X 轴正向的夹角，如图2-4（d）所示。

(a)

(b)

(c)

(d)

图2-4 数据输入方法

（3）动态数据输入。

单击状态栏上的"动态输入"按钮，系统打开动态输入功能，可以在屏幕上动态地输入某些参数数据。例如，绘制直线时，在光标附近，会动态地显示"指定第一个点"及后面的坐标框，当前坐标框中显示的是光标所在位置，可以输入数据，两个数据之间以逗号隔开，如图2-5所示。指定第一点后，系统动态地显示直线的角度，同时要求输入线段长度值，如图2-6所示，其输入效果与"@长度<角度"方式相同。

图 2-5 动态输入坐标值

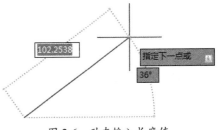
图 2-6 动态输入长度值

下面分别讲述点与距离值的输入方法。

① 点的输入。

在绘图过程中常需要输入点的位置，AutoCAD 提供如下几种输入点的方式。

- 直接在命令行窗口中输入点的坐标。笛卡尔坐标有两种输入方式："X,Y"（点的绝对坐标值，如"100,50"）和"@X,Y"（相对于上一点的相对坐标值，如"@50,-30"）。坐标值是相对于当前用户坐标系的。

极坐标的输入方式为"长度<角度"（其中，长度为点到坐标原点的距离，角度为原点至该点连线与 X 轴的正向夹角，如"20<45"）或"@长度<角度"（相对于上一点的相对极坐标，如"@50<-30"）。

> **提示：**
> 第二个点和后续点的坐标默认设置为相对极坐标，不需要输入"@"符号。如果需要使用绝对坐标，请使用"#"前缀符号。例如，要将对象移到原点，请在提示输入第二个点时，输入"#0,0"。

- 移动光标单击，在屏幕上直接取点。
- 用目标捕捉方式捕捉屏幕上已有图形的特殊点（如端点、中点、中心点、插入点、交点、切点、垂足点等）。
- 直接输入距离：先用光标拖曳出橡筋线确定方向，然后用键盘输入距离。这样有利于准确控制对象的长度等参数。

② 距离值的输入。

在 AutoCAD 命令中，有时需要提供高度、宽度、半径、长度等距离值。AutoCAD 提供两种输入距离值的方式：一种是用键盘在命令行窗口中直接输入数值；另一种是在屏幕上拾取两点，以两点的距离值定出所需数值。

用动态输入法绘制五角星

2.1.4 操作实例——用动态输入法绘制五角星

本实例主要练习执行"直线"命令后，在动态输入功能下绘制五角星，绘制流程如图 2-7 所示。

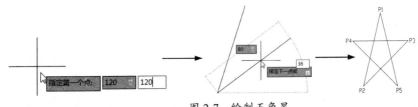
图 2-7 绘制五角星

（1）系统默认打开动态输入，如果没有打开动态输入，单击状态栏中的"动态输入"按钮，打开动态输入。单击"默认"选项卡"绘图"面板中的"直线"按钮，在动态输入框中输入第一点坐标为（120,120），如图 2-8 所示，按 Enter 键确认 P1 点。

（2）拖动鼠标，然后在动态输入框中输入长度为 80，按 Tab 键切换到角度输入框，输入角度为 108°，如图 2-9 所示，按 Enter 键确认 P2 点。

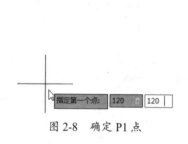

图 2-8　确定 P1 点

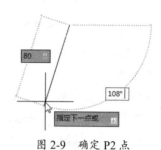

图 2-9　确定 P2 点

（3）拖动鼠标，然后在动态输入框中输入长度为 80，按 Tab 键切换到角度输入框，输入角度为 36°，如图 2-10 所示，按 Enter 键确认 P3 点，也可以输入绝对坐标（#159.091,90.87），如图 2-11 所示，按 Enter 键确认 P3 点。

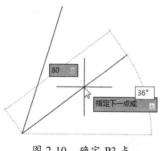

图 2-10　确定 P3 点

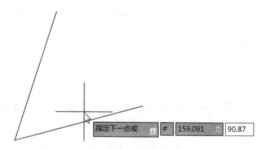

图 2-11　确定 P3 点（绝对坐标方式）

（4）拖动鼠标，然后在动态输入框中输入长度为 80，按 Tab 键切换到角度输入框，输入角度为 180°，如图 2-12 所示，按 Enter 键确认 P4 点。

（5）拖动鼠标，然后在动态输入框中输入长度为 80，按 Tab 键切换到角度输入框，输入角度为 36°，如图 2-13 所示，按 Enter 键确认 P5 点；也可以输入绝对坐标（#144.721,43.916），如图 2-14 所示，按 Enter 键确认 P5 点。

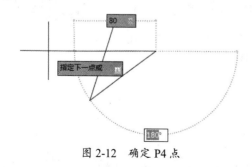

图 2-12　确定 P4 点

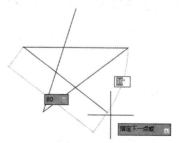

图 2-13　确定 P5 点

（6）拖动鼠标，直接指定 P1 点，如图 2-15 所示，也可以输入长度为 80，按 Tab 键切换到角度输入框，输入角度为 108°，则完成绘制。

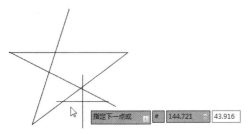
图 2-14 确定 P5 点（绝对坐标方式）

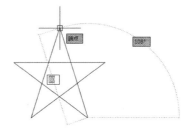
图 2-15 完成绘制

> 提示：
> 本书后面实例，如果没有特别提示，均表示在非动态输入模式下输入数据。

2.1.5 构造线

【执行方式】

- 命令行：XLINE（快捷命令：XL）。
- 菜单栏：选择菜单栏中的"绘图"→"构造线"命令。
- 工具栏：单击"绘图"工具栏中的"构造线"按钮 。
- 功能区：单击"默认"选项卡"绘图"面板中的"构造线"按钮 。

【操作步骤】

命令行提示与操作如下：

```
命令：XLINE↙
指定点或[水平(H)/垂直(V)/角度(A)/二等分(B)/偏移(O)]：（给出指定点1）
指定通过点：（给定通过点2，绘制一条双向无限长直线）
指定通过点：（继续给定点，继续绘制直线，如图2-16（a）所示，按Enter键结束）
```

【选项说明】

（1）执行选项中有"指定点""水平""垂直""角度""二等分""偏移"6种方式可绘制构造线，分别如图2-16（a）～图2-16（f）所示。

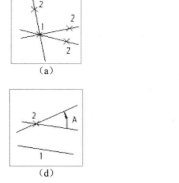
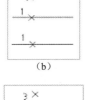

图 2-16 绘制构造线

（2）构造线模拟手工作图中的辅助作图线，用特殊的线型显示，在图形输出时可不输出。应用构造线作为辅助线绘制三视图是构造线的最主要用途，构造线的应用保证了三视图之间"主、俯视图长对正，主、左视图高平齐，俯、左视图宽相等"的对应关系。

2.1.6 操作实例——绘制建筑轴线

绘制建筑筑轴线

利用构造线命令，绘制建筑轴线，结果如图 2-17 所示。

（1）单击"默认"选项卡"绘图"面板中的"构造线"按钮，绘制一条水平构造线和一条竖直构造线，如图 2-18 所示。命令行提示与操作如下：

```
命令：_xline
指定点或 [水平(H)/垂直(V)/角度(A)/二等分(B)/偏移(O)]：H↙
指定通过点：(任意指定一点)
指定通过点：↙
命令：_xline
指定点或 [水平(H)/垂直(V)/角度(A)/二等分(B)/偏移(O)]：V↙
指定通过点：(适当指定一点)
指定通过点：↙
```

（2）单击"默认"选项卡"绘图"面板中的"构造线"按钮，将水平构造线向上侧偏移，偏移距离分别为 2750、3000、3300，如图 2-19 所示。命令行提示与操作如下：

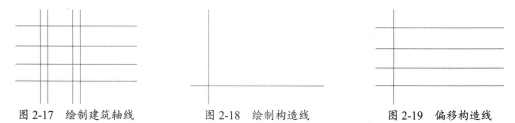

图 2-17 绘制建筑轴线　　　图 2-18 绘制构造线　　　图 2-19 偏移构造线

```
命令：_xline
指定点或 [水平(H)/垂直(V)/角度(A)/二等分(B)/偏移(O)]：O↙
指定偏移距离或 [通过(T)] <1500.0000>：2750↙
选择直线对象：(选择水平构造线)
指定向哪侧偏移：(在直线的上方选取一点)
命令：_xline
指定点或 [水平(H)/垂直(V)/角度(A)/二等分(B)/偏移(O)]：O↙
指定偏移距离或 [通过(T)] <1500.0000>：3000↙
选择直线对象：(选择偏移后的水平构造线)
指定向哪侧偏移：(在直线的上方选取一点)
命令：_xline
指定点或 [水平(H)/垂直(V)/角度(A)/二等分(B)/偏移(O)]：O↙
指定偏移距离或 [通过(T)] <1500.0000>：3300↙
选择直线对象：(选择第二次偏移后的水平构造线)
指定向哪侧偏移：(在直线的上方选取一点)
```

（3）单击"默认"选项卡"绘图"面板中的"构造线"按钮，竖直构造线向右侧偏移，偏移距离分别为 1250、4200 和 1250，如图 2-17 所示。

2.2 点类命令

点在 AutoCAD 中有多种不同的表示方式，用户可以根据需要进行设置，也可以设置等分点和测量点。

【预习重点】

- 了解点类命令的应用。

- 练习点类命令的基本操作。

2.2.1 点

【执行方式】

- 命令行：POINT（快捷命令：PO）。
- 菜单栏：选择菜单栏中的"绘图"→"点"命令。
- 工具栏：单击"绘图"工具栏中的"点"按钮。
- 功能区：单击"默认"选项卡中"绘图"面板中的"多点"按钮。

【操作步骤】

命令行提示与操作如下：

```
命令:_point
当前点模式: PDMODE=0  PDSIZE=0.0000
指定点:（指定点所在的位置）
```

【选项说明】

（1）通过菜单栏方法操作时（"点"的子菜单如图 2-20 所示），"单点"命令表示只输入一个点，"多点"命令表示可输入多个点。

（2）可以单击状态栏中的"对象捕捉"按钮，设置点捕捉模式，帮助用户选择点。

（3）点在图形中的表示样式共有 20 种。可通过"DDPTYPE"命令或选择菜单栏中的"格式"→"点样式"命令，通过打开的"点样式"对话框来设置，如图 2-21 所示。

图 2-20 "点"的子菜单

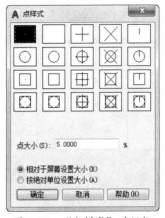

图 2-21 "点样式"对话框

利用钳夹功能可以快速方便地编辑对象。AutoCAD 在图形对象上定义了一些特殊点，称为夹点，使用夹点编辑对象，要先选择一个夹点作为基点，称为基准夹点，然后选择一种编辑操作。可以用空格键、Enter 键或键盘上的快捷键循环选择这些功能。

2.2.2 定数等分

【执行方式】

- 命令行：DIVIDE（快捷命令：DIV）。
- 菜单栏：选择菜单栏中的"绘图"→"点"→"定数等分"命令。
- 功能区：单击"默认"选项卡"绘图"面板中的"定数等分"按钮。

【操作步骤】

命令行提示与操作如下：

命令：DIVIDE↙
选择要定数等分的对象：（选择要等分的实体）
输入线段数目或 [块(B)]：（指定实体的等分数）

【选项说明】

（1）在等分点处，按当前点样式设置画出等分点。

（2）在提示选择"块(B)"选项时，表示在等分点处插入指定的块（对块知识的具体讲解见后面章节）。

另外"默认"选项卡"绘图"面板中还有"定距等分"按钮，它的操作方法与"定数等分"按钮类似，这里不再赘述。

2.2.3 操作实例——绘制地毯

绘制如图 2-22 所示的地毯。操作步骤如下：

（1）单击快速访问工具栏中的"新建"按钮，新建一个空白图形文件。

（2）单击"默认"选项卡"绘图"面板中的"直线"按钮，绘制封闭的直线，结果如图 2-23 所示。命令行提示与操作如下：

命令：_line
指定第一个点：0,0↙
指定下一点或 [放弃(U)]：@1900,0↙
指定下一点或 [放弃(U)]：@0,-1200↙
指定下一点或 [放弃(U)]：@-1900,0↙
指定下一点或 [放弃(U)]：@0, 1200↙

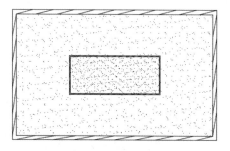

图 2-22 绘制地毯

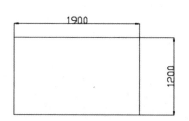

图 2-23 绘制封闭直线

(3)单击"默认"选项卡"绘图"面板中的"直线"按钮，绘制内部封闭的直线，结果如图 2-24 所示。命令行提示与操作如下：

命令：_line
指定第一个点：35,-35↙
指定下一点或 [放弃(U)]：@1830,0↙
指定下一点或 [放弃(U)]：@0,-1130↙
指定下一点或 [放弃(U)]：@-1830,0↙
指定下一点或 [放弃(U)]：@0, 1130↙

(4)单击"默认"选项卡"绘图"面板中的"直线"按钮，绘制直线，直线的起点坐标为（500,-425），其中水平直线的长度为 900，竖直直线的长度为 350，如图 2-25 所示。命令行提示与操作如下：

命令：_line
指定第一个点:500,-425↙
指定下一点或 [放弃(U)]：@900,0↙ （长度为 900 的水平直线）
指定下一点或 [放弃(U)]：@0,-350↙ （长度为 350 的竖直直线）
指定下一点或 [放弃(U)]：@-900,0↙ （长度为 900 的水平直线）
指定下一点或 [放弃(U)]：@0, 350↙ （长度为 350 的竖直直线）

图 2-24　绘制直线

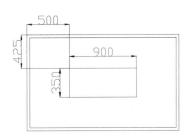

图 2-25　绘制直线

(5)单击"默认"选项卡"绘图"面板中的"直线"按钮，直线的起点坐标为（510,-435），绘制的水平直线的长度为 880，竖直直线的长度为 330，如图 2-26 所示。命令行提示与操作如下：

命令：_line
指定第一个点:500, -435↙
指定下一点或 [放弃(U)]：@880,0↙ （长度为 880 的水平直线）
指定下一点或 [放弃(U)]：@0,-330↙ （长度为 330 的竖直直线）
指定下一点或 [放弃(U)]：@-880,0↙ （长度为 880 的水平直线）
指定下一点或 [放弃(U)]：@0, 330↙ （长度为 330 的竖直直线）

(6)单击"默认"选项卡"实用工具"面板中的"点样式"按钮，打开"点样式"对话框，选择"×"样式，如图 2-27 所示。

(7)单击"默认"选项卡"绘图"面板中的"定数等分"按钮，将 4 条水平直线依次进行等分，等分数为 10。命令行提示与操作如下：

命令：_divide
选择要定数等分的对象：（选择长度为 1900 的上侧水平直线）
输入线段数目或 [块(B)]：10↙
命令：_divide
选择要定数等分的对象：（选择长度为 1830 的上侧水平直线）
输入线段数目或 [块(B)]：10↙
命令：_divide
选择要定数等分的对象：（选择长度为 1900 的下侧水平直线）

```
输入线段数目或 [块(B)]: 10✓
命令: _divide
选择要定数等分的对象:（选择长度为1830的下侧水平直线）
输入线段数目或 [块(B)]: 10✓
```

图 2-26　绘制直线　　　　　　图 2-27　设置点样式

（8）单击"默认"选项卡"绘图"面板中的"直线"按钮 ∕，连接等分点，绘制斜线，如图 2-28 所示。

（9）选择所有等分点，按键盘上的 Delete 键删除，如图 2-29 所示。

（10）使用相同的方法绘制另一侧的直线，直线的等分数为 5，最终结果如图 2-30 所示。

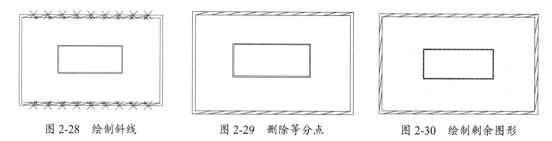

图 2-28　绘制斜线　　　　图 2-29　删除等分点　　　　图 2-30　绘制剩余图形

（11）单击"默认"选项卡中"绘图"面板中的"多点"按钮∵，绘制点（不必跟实例完全一样），结果如图 2-22 所示，最终完成地毯图形的绘制。命令行提示与操作如下：

```
命令: _point
当前点模式: PDMODE=0  PDSIZE=0.0000
指定点:（指定点所在的位置）
```

2.3　圆类命令

圆类命令主要包括"圆""圆弧""圆环""椭圆""椭圆弧"命令，这几个命令是 AutoCAD 中最简单的曲线命令。

【预习重点】

- 了解圆类命令的应用。
- 练习圆类命令操作。

2.3.1 圆

【执行方式】

- 命令行：CIRCLE（快捷命令：C）。
- 菜单栏：选择菜单栏中的"绘图"→"圆"命令。
- 工具栏：单击"绘图"工具栏中的"圆"按钮 。
- 功能区：选择"默认"选项卡"绘图"面板中的"圆"下拉菜单。

【操作步骤】

命令行提示与操作如下：

```
命令：CIRCLE✓
指定圆的圆心或 [三点(3P)/两点(2P)/切点、切点、半径(T)]：（指定圆心）
指定圆的半径或 [直径(D)]：（直接输入半径值或在绘图区单击指定半径长度）
指定圆的直径 <默认值>：（输入直径值或在绘图区单击指定直径长度）
```

【选项说明】

（1）三点(3P)：通过指定圆周上三点绘制圆。

（2）两点(2P)：通过指定直径的两端点绘制圆。

（3）切点、切点、半径(T)：通过先指定两个相切对象，再给出半径的方法绘制圆。如图 2-31 所示给出了以"切点、切点、半径"方式绘制圆的各种情形（加粗的圆为最后绘制的圆）。

　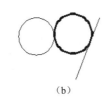　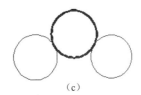　
　(a)　　　　　　　　(b)　　　　　　　　(c)　　　　　　　　(d)

图 2-31　圆与另外两个对象相切

（4）在功能区中多了一种通过"相切、相切、相切"绘制的方法。

2.3.2 操作实例——绘制连环圆

绘制如图 2-32 所示连环圆图形。

【操作步骤】

命令行提示与操作如下：

```
命令：CIRCLE✓
指定圆的圆心或 [三点(3P)/两点(2P)/切点、切点、半径(T)]：150,160✓（点1）
指定圆的半径或 [直径(D)]：40 ✓（绘制出圆A）
命令：CIRCLE✓
指定圆的圆心或 [三点(3P)/两点(2P)/切点、切点、半径(T)]：3P ✓（以三点方式绘制圆，或在动态输入模式下，按下"↓"键，打开动态菜单，如图2-33所示，选择"三点(3P)"选项）
指定圆上的第一点：300,220✓（点2）
指定圆上的第二点：340,190✓（点3）
指定圆上的第三点：290,130 ✓（点4）（绘制出圆B）
命令：CIRCLE✓
指定圆的圆心或 [三点(3P)/两点(2P)/切点、切点、半径(T)]：2P ✓（指定两点绘制圆方式）
指定圆直径的第一个端点：250,10✓（点5）
```

指定圆直径的第二个端点：240,100↙（点6）（绘制出圆C）
命令：CIRCLE↙
指定圆的圆心或 [三点(3P)/两点(2P)/切点、切点、半径(T)]：T↙（以"切点、切点、半径"方式绘制中间的圆，并自动打开"切点"捕捉功能）
指定对象与圆的第一个切点：（在点7附近选中圆C）
指定对象与圆的第二个切点：（在点8附近选中圆B）
指定圆的半径 <45.2769>:45↙（绘制出圆D）
命令：_circle （选择菜单栏"绘图"→"圆"→"相切、相切、相切"命令）
指定圆的圆心或 [三点(3P)/两点(2P)/切点、切点、半径(T)]：_3p
指定圆上的第一个点：_tan 到 （单击状态栏上的"对象捕捉"按钮，关于"对象捕捉"功能，将在后面具体介绍）（点9）
指定圆上的第二个点：_tan 到 （点10）
指定圆上的第三个点：_tan 到 （点11）（绘制出圆E）

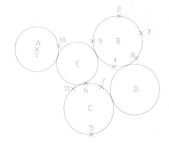

图 2-32 连环圆

图 2-33 动态菜单

2.3.3 圆弧

【执行方式】

- 命令行：ARC（快捷命令：A）。
- 菜单栏：选择菜单栏中的"绘图"→"圆弧"命令。
- 工具栏：单击"绘图"工具栏中的"圆弧"按钮。
- 功能区：选择"默认"选项卡"绘图"面板中的"圆弧"下拉菜单（如图2-34所示）。

【操作步骤】

命令行提示与操作如下：

命令：ARC↙
指定圆弧的起点或 [圆心(C)]：（指定起点）
指定圆弧的第二个点或 [圆心(C)/端点(E)]：（指定第二个点）
指定圆弧的端点：（指定末端点）

【选项说明】

（1）用命令行方式绘制圆弧时，可以根据系统提示选择不同的选项，具体功能与利用菜单栏中的"绘图"→"圆弧"中子菜单提供的11种方式相似。这11种方式绘制的圆弧分别如图2-35（a）～图2-35（k）所示。

（2）需要强调的是"连续"方式，绘制的圆弧与上一线段圆弧相切。连续绘制圆弧段，只提供端点即可。

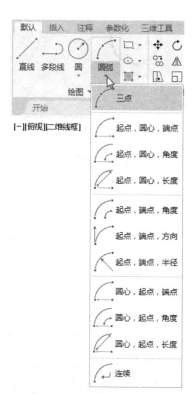

图 2-34 "圆弧"下拉菜单

高手支招：

绘制圆弧时，注意圆弧的曲率是遵循逆时针方向的，所以在选择指定圆弧两个端点和半径模式时，需要注意端点的指定顺序，否则有可能导致圆弧的凹凸形状与预期相反。

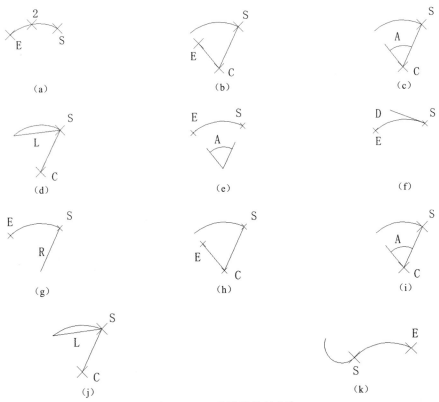

图 2-35 11 种圆弧绘制方法

2.3.4 操作实例——绘制梅花

本实例利用"圆弧"命令的几种绘制方式绘制梅花，如图 2-36 所示。

（1）绘制第一段圆弧。单击"默认"选项卡"绘图"面板中的"圆弧"按钮，绘制圆弧，命令行提示与操作如下：

```
命令：_arc
指定圆弧的起点或 [圆心(C)]：140,110↙
指定圆弧的第二个点或 [圆心(C)/端点(E)]：E↙
指定圆弧的端点：@40<180↙
指定圆弧的中心点(按住 Ctrl 键以切换方向)或[角度(A)/方向(D)/半径(R)]：r↙
指定圆弧的半径(按住 Ctrl 键以切换方向)：20↙
```

结果如图 2-37 所示。

提示：

AutoCAD 不区分字母的大小写，在命令行中输入命令时，可以随意输入大写字母或小写字母，其结果都是一样的。

（2）绘制第二段圆弧。单击"默认"选项卡"绘图"面板中的"圆弧"按钮，命令行提示与操作如下：

```
命令：_arc
```

```
指定圆弧的起点或 [圆心(C)]:（选择如图 2-37 所示的圆弧端点 1）
指定圆弧的第二个点或 [圆心(C)/端点(E)]: E↙
指定圆弧的端点: @40<252↙
指定圆弧的中心点(按住 Ctrl 键以切换方向) 或 [角度(A)/方向(D)/半径(R)]: A↙
指定夹角(按住 Ctrl 键以切换方向): 180↙
```

结果如图 2-38 所示。

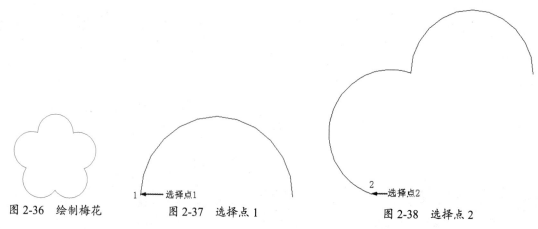

图 2-36　绘制梅花　　　图 2-37　选择点 1　　　图 2-38　选择点 2

（3）绘制第三段圆弧。单击"默认"选项卡"绘图"面板中的"圆弧"按钮 ，绘制圆弧，命令行提示与操作如下：

```
命令: _arc
指定圆弧的起点或 [圆心(C)]:（选择如图 2-38 所示的圆弧端点 2）
指定圆弧的第二个点或 [圆心(C)/端点(E)]: C↙
指定圆弧的圆心: @20<324↙
指定圆弧的端点(按住 Ctrl 键以切换方向)或 [角度(A)/弦长(L)]: A↙
指定夹角(按住 Ctrl 键以切换方向): 180↙
```

结果如图 2-39 所示。

（4）绘制第四段圆弧。单击"默认"选项卡"绘图"面板中的"圆弧"按钮 ，绘制圆弧，命令行提示与操作如下：

```
命令: _arc
指定圆弧的起点或 [圆心(C)]:（选择如图 2-39 所示的圆弧端点 3）
指定圆弧的第二个点或 [圆心(C)/端点(E)]: C↙
指定圆弧的圆心: @20<36↙
指定圆弧的端点(按住 Ctrl 键以切换方向)或 [角度(A)/弦长(L)]: L↙
指定弦长(按住 Ctrl 键以切换方向): 40↙
```

结果如图 2-40 所示。

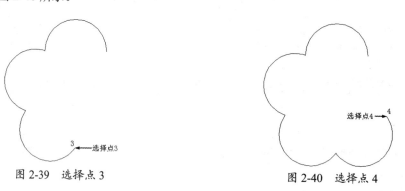

图 2-39　选择点 3　　　　　　图 2-40　选择点 4

(5) 绘制第五段圆弧。单击"默认"选项卡"绘图"面板中的"圆弧"按钮 ⌒ ，绘制圆弧，命令行提示与操作如下：

```
命令: _arc
指定圆弧的起点或 [圆心(C)]: (选择如图 2-40 所示的圆弧端点 4)
指定圆弧的第二个点或 [圆心(C)/端点(E)]: E↙
指定圆弧的端点: (选择圆弧起点 1)
指定圆弧的中心点(按住 Ctrl 键以切换方向)或 [角度(A)/方向(D)/半径(R)]: D↙
指定圆弧起点的相切方向(按住 Ctrl 键以切换方向): @20<20↙
```

最终结果如图 2-36 所示。

2.3.5 圆环

【执行方式】

- 命令行：DONUT（快捷命令：DO）。
- 菜单栏：选择菜单栏中的"绘图"→"圆环"命令。
- 功能区：单击"默认"选项卡"绘图"面板中的"圆环"按钮 ◎ 。

【操作步骤】

命令行提示与操作如下：

```
命令: DONUT↙
指定圆环的内径<默认值>: (指定圆环内径)
指定圆环的外径 <默认值>: (指定圆环外径)
指定圆环的中心点或 <退出>: (指定圆环的中心点)
指定圆环的中心点或 <退出>: (继续指定圆环的中心点，则继续绘制相同内外径的圆环。按下 Enter 键、空格键或右击结束命令)
```

2.3.6 椭圆与椭圆弧

【执行方式】

- 命令行：ELLIPSE（快捷命令：EL）。
- 菜单栏：选择菜单栏中的"绘图"→"椭圆"→"圆弧"命令。
- 工具栏：单击"绘图"工具栏中的"椭圆"按钮 ⊙ 或"椭圆弧"按钮 ⊙ 。
- 功能区：选择"默认"选项卡"绘图"面板中的"椭圆"下拉菜单（如图 2-41 所示）。

【操作步骤】

命令行提示与操作如下：

```
命令: ELLIPSE↙
指定椭圆的轴端点或 [圆弧(A)/中心点(C)]: (指定轴端点 1，如图 2-42（a）所示)
指定轴的另一个端点: (指定轴端点 2，如图 2-42（a）所示)
指定另一条半轴长度或 [旋转(R)]:
```

【选项说明】

（1）指定椭圆的轴端点：根据两个端点定义椭圆的第一条轴，第一条轴的角度确定了整个椭圆的角度。第一条轴既可定义椭圆的长轴，也可定义其短轴。椭圆按图 2-42（a）中显示的 1—2—3—4 顺序绘制。

（2）圆弧(A)：用于创建一段椭圆弧，与单击"绘图"工具栏中的"椭圆弧"按钮 ⊙ 功能相同。其中第一条轴的角度确定了椭圆弧的角度。第一条轴既可定义椭圆弧长轴，也可定义其短轴。选择该选项，系统命令行中继续提示与操作如下。

指定椭圆弧的轴端点或 [中心点(C)]：(指定端点或输入"C")
指定轴的另一个端点：(指定另一个端点)
指定另一条半轴长度或 [旋转(R)]：(指定另一条半轴长度或输入"R")
指定起点角度或 [参数(P)]：(指定起始角度或输入"P")
指定端点角度或 [参数(P)/夹角(I)]：

其中各选项含义如下。

① 起点角度：指定椭圆弧端点的两种方式之一，光标与椭圆中心点连线的夹角为椭圆端点位置的角度，如图 2-42（b）所示。

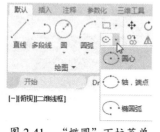

图 2-41 "椭圆"下拉菜单

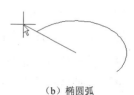

(a) 椭圆　　　　　(b) 椭圆弧

图 2-42 椭圆和椭圆弧

② 参数(P)：指定椭圆弧端点的另一种方式，该方式同样指定椭圆弧端点的角度，但通过以下参数方程式创建椭圆弧。

$$p(u)=c+a\times\cos(u)+b\times\sin(u)$$

其中，c 是椭圆的中心点，a 和 b 分别是椭圆的长轴和短轴，u 为光标与椭圆中心点连线的夹角。

③ 夹角(I)：定义从起点角度开始的包含角度。

④ 中心点(C)：通过指定的中心点创建椭圆。

⑤ 旋转(R)：通过绕第一条轴旋转圆来创建椭圆，相当于将一个圆绕椭圆轴翻转一个角度后的投影视图。

高手支招：
用椭圆命令生成的椭圆是以多段线还是以椭圆为实体，是由系统变量 PELLIPSE 决定的。

2.3.7　操作实例——绘制洗脸盆

本实例主要介绍椭圆和椭圆弧绘制方法的具体应用。首先利用前面学到的知识绘制水龙头和旋钮，然后利用椭圆和椭圆弧绘制洗脸盆内沿和外沿，如图 2-43 所示。

（1）绘制水龙头。单击"默认"选项卡"绘图"面板中的"直线"按钮 ／，绘制直线，绘制结果如图 2-44 所示。

（2）绘制旋钮。单击"默认"选项卡"绘图"面板中的"圆"按钮 ⊙，绘制圆，绘制结果如图 2-45 所示。

（3）绘制洗脸盆外沿。单击"默认"选项卡"绘图"面板中的"椭圆"按钮 ⊖，绘制椭圆，命令行提示与操作如下：

命令:_ELLIPSE
指定椭圆的轴端点或 [圆弧(A)/中心点(C)]：(指定椭圆的轴端点)
指定轴的另一个端点：(指定另一个端点)
指定另一条半轴长度或 [旋转(R)]：(在绘图区指定另一条半轴长度)

绘制结果如图 2-46 所示。

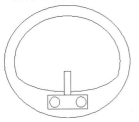
图 2-43　绘制洗脸盆

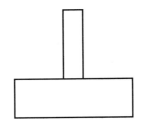
图 2-44　绘制水龙头

图 2-45　绘制旋钮

（4）绘制脸盆部分内沿。单击"默认"选项卡"绘图"面板中的"椭圆弧"按钮，绘制椭圆弧，命令行提示与操作如下：

```
命令：_ELLIPSE
指定椭圆的轴端点或 [圆弧(A)/中心点(C)]：A✓
指定椭圆弧的轴端点或 [中心点(C)]：C✓
指定椭圆弧的中心点：（单击状态栏中的"对象捕捉"按钮，捕捉绘制的椭圆中心点）
指定轴的端点：（适当指定一点）
指定另一条半轴长度或 [旋转(R)]：R✓
指定绕长轴旋转的角度：指定旋转角度
指定起点角度或 [参数(P)]：（在绘图区拖动出起始角度）
指定终点角度或 [参数(P)/夹角(I)]：（在绘图区拖动出终止角度）
```

绘制结果如图 2-47 所示。

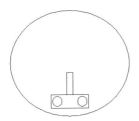
图 2-46　绘制洗脸盆外沿

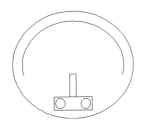
图 2-47　绘制洗脸盆部分内沿

（5）绘制内沿其他部分。单击"绘图"工具栏中的"圆弧"按钮绘制圆弧，从而完成绘制。

2.4　平面图形类命令

简单的平面图形命令包括"矩形"命令和"多边形"命令。

【预习重点】
- 了解平面图形的种类及应用。
- 练习矩形与多边形的绘制。

2.4.1　矩形

【执行方式】
- 命令行：RECTANG（快捷命令：REC）。

- 菜单栏：选择菜单栏中的"绘图"→"矩形"命令。
- 工具栏：单击"绘图"工具栏中的"矩形"按钮 ▭。
- 功能区：单击"默认"选项卡"绘图"面板中的"矩形"按钮 ▭。

【操作步骤】

命令行提示与操作如下：

命令：RECTANG↙
指定第一个角点或 [倒角(C)/标高(E)/圆角(F)/厚度(T)/宽度(W)]：（指定角点）
指定另一个角点或 [面积(A)/尺寸(D)/旋转(R)]：（指定另一个角点或选择其他选项）

【选项说明】

（1）第一个角点：通过指定两个角点确定矩形，如图2-48（a）所示。

（2）倒角(C)：指定倒角距离，绘制带倒角的矩形，如图 2-48（b）所示。每个角点的逆时针和顺时针方向的倒角可以相同，也可以不同，其中第一个倒角距离是指角点逆时针方向的倒角距离，第二个倒角距离是指角点顺时针方向的倒角距离。

（3）标高(E)：指定矩形标高（Z坐标），即把矩形放置在标高为Z，并与XOY坐标面平行的平面上，并作为后续矩形的标高值。

（4）圆角(F)：指定圆角半径，绘制带圆角的矩形，如图2-48（c）所示。

（5）厚度(T)：指定矩形的厚度，如图2-48（d）所示。

（6）宽度(W)：指定线宽，如图2-48（e）所示。

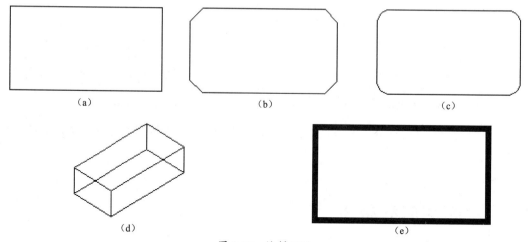

图 2-48　绘制矩形

（7）面积(A)：通过指定面积和长或宽创建矩形。选择该选项，命令行提示与操作如下：

输入以当前单位计算的矩形面积 <20.0000>：（输入面积值）
计算矩形标注时依据 [长度(L)/宽度(W)] <长度>：（按Enter键或输入"W"）
输入矩形长度 <4.0000>：（指定长度或宽度）

指定长度或宽度后，系统自动计算另一个维度，绘制出矩形。如果矩形被倒角或圆角，则在长度或面积计算中也会考虑此设置，如图2-49所示。

（8）尺寸(D)：使用长和宽创建矩形，第二个指定点将矩形定位在与第一个角点相关的4个位置之一。

（9）旋转(R)：使所绘制的矩形旋转一定角度。选择该选项，命令行提示与操作如下：

指定旋转角度或［拾取点(P)］<45>：（指定旋转角度）
指定另一个角点或［面积(A)/尺寸(D)/旋转(R)］：（指定另一个角点或选择其他选项）

指定旋转角度后，系统按指定角度创建矩形，如图 2-50 所示。

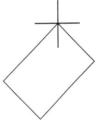

倒角距离(1,1)　　面积：20　长度：6　　　圆角半径：1.0　面积：20　宽度：6

图 2-49　利用"面积"绘制矩形　　　　　　　　　　　　图 2-50　旋转矩形

2.4.2　操作实例——绘制抽油烟机

绘制抽油烟机

绘制如图 2-51 所示的抽油烟机，操作步骤如下。

（1）单击"默认"选项卡"绘图"面板中的"矩形"按钮 ▭，绘制矩形。命令行提示与操作如下：

```
命令:_rectang
指定第一个角点或 [倒角(C)/标高(E)/圆角(F)/厚度(T)/宽度(W)]:0,0↙
指定另一个角点或 [面积(A)/尺寸(D)/旋转(R)]: 750,150↙
```

结果如图 2-52 所示。

图 2-51　绘制抽油烟机　　　　　　　　　　　图 2-52　绘制矩形

（2）单击"默认"选项卡"绘图"面板中的"直线"按钮 ╱，绘制一条水平直线，端点坐标分别为（0,50）和（750,50），如图 2-53 所示。

（3）单击"默认"选项卡"绘图"面板中的"圆"按钮 ⊙，分别以（30,25）和（80,25）为圆心绘制半径为 20 的两个圆，如图 2-54 所示。

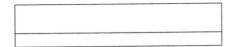

图 2-53　绘制直线　　　　　　　　　　　图 2-54　绘制两个圆

（4）单击"默认"选项卡"绘图"面板中的"矩形"按钮 ▭，绘制角点坐标分别为（650,5）和（740,45）的矩形。结果如图 2-51 所示。

2.4.3　多边形

【执行方式】

- 命令行：POLYGON（快捷命令：POL）。
- 菜单栏：选择菜单栏中的"绘图"→"多边形"命令。
- 工具栏：单击"绘图"工具栏中的"多边形"按钮 ⬠。

- 功能区：单击"默认"选项卡"绘图"面板中的"多边形"按钮⊙。

【操作步骤】

命令行提示与操作如下：
```
命令：POLYGON↙
输入侧面数<4>：(指定多边形的边数，默认值为4)
指定正多边形的中心点或[边(E)]：(指定中心点)
输入选项[内接于圆(I)/外切于圆(C)]<I>：(指定是内接于圆还是外切于圆)
指定圆的半径：(指定内接圆或外切圆的半径)
```

【选项说明】

（1）边(E)：选择该选项，则只要指定多边形的一条边，系统就会按逆时针方向创建该正多边形，如图2-55（a）所示。

（2）内接于圆(I)：选择该选项，绘制的多边形内接于圆，如图2-55（b）所示。

（3）外切于圆(C)：选择该选项，绘制的多边形外切于圆，如图2-55（c）所示。

图2-55　绘制多边形

2.5　综合演练——汽车简易造型

汽车简易造型

本实例绘制的汽车简易造型如图2-56所示。

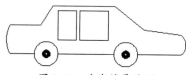

图2-56　汽车简易造型

手把手教你学：

绘制的大体顺序是先绘制两个车轮，从而确定汽车的大体尺寸和位置，然后绘制车体外轮廓，最后绘制车窗。绘制过程中要绘制直线、圆、圆弧、多段线、圆环、矩形和正多边形等图形。

【操作步骤】

（1）单击快速访问工具栏中的"新建"按钮☐，新建一个空白图形文件。

（2）单击"默认"选项卡"绘图"面板中的"圆"按钮⊙，分别以（1500,200）和（500,200）为圆心，绘制半径为150的车轮，结果如图2-57所示。

（3）单击"默认"选项卡"绘图"面板中的"圆环"按钮◎，捕捉步骤（2）中绘制的圆的圆心，设置内径为30，外径为100，结果如图2-58所示。命令行提示与操作如下：

```
命令：DONUT↙
指定圆环的内径<默认值>：30↙
```

指定圆环的外径 <默认值>:100↙
指定圆环的中心点或 <退出>：(指定步骤(2)中绘制的圆的圆心，这里可以大概确定圆心位置)
指定圆环的中心点或 <退出>：(按下 Enter 键、空格键或右击结束命令)

图 2-57 绘制车轮外圈　　　　　　　　图 2-58 绘制车轮内圈

（4）单击"默认"选项卡"绘图"面板中的"直线"按钮，指定直线端点的坐标分别为{（50,200）、（350,200）}、{（650,200）、（1350,200）}和{（1650,200）、（2200,200）}，绘制车底轮廓，结果如图 2-59 所示。

（5）单击"默认"选项卡"绘图"面板中的"圆弧"按钮，绘制三点坐标为（50,200）、（0,380）、（50,550）的圆弧。

（6）单击"默认"选项卡"绘图"面板中的"直线"按钮，绘制车体外轮廓，端点坐标分别为（50,550）、（@375,0）、（@160,240）、（@780,0）、（@365,285）和（@470,-60）。

（7）单击"默认"选项卡"绘图"面板中的"圆弧"按钮，指定圆弧的坐标为{（2200,200）、（2256,322）、（2200,445）}，绘制圆弧，结果如图 2-60 所示。

图 2-59 绘制车底轮廓　　　　　　　　图 2-60 绘制车体外轮廓

（8）单击"默认"选项卡"绘图"面板中的"矩形"按钮，绘制角点坐标为{（650,730）、（880,370）}和{（920,730）、（1350,370）}的车窗，结果如图 2-56 所示。

2.6 名师点拨——简单二维绘图技巧

1. 如何解决图形中的圆不圆了的情况

圆是由 N 边形形成的，数值 N 越大，棱边越短，圆越光滑。有时图形经过缩放或 ZOOM 后，绘制的圆边显示棱边，图形会变得粗糙。在命令行中输入"RE"命令，重新生成模型，圆边会变得光滑。

2. 如何利用直线命令提高制图效率

（1）单击状态栏中的"正交模式"按钮，根据正交方向提示，直接输入下一点的距离即可绘制正交直线。

（2）单击状态栏中的"极轴追踪"按钮，图形可自动捕捉所需角度方向，可绘制一定角度的直线。

（3）单击状态栏中的"对象捕捉"按钮，自动进行某些点的捕捉，使用对象捕捉可指定对象上的精确位置。

> **注意:**
> 后两种方法在第 3 章中有详细介绍。

3. 如何快速继续使用执行过的命令

在默认情况下,按空格键或 Enter 键表示重复 AutoCAD 的上一个命令,故在连续采用同一个命令操作时,只需连续按空格键或 Enter 键即可,而无须费时费力地连续执行同一个命令。

同时按下键盘右侧的"←""↑"键,则在命令行中显示上步执行的命令,松开其中一个键,继续按下另外一个键,显示倒数第二步执行的命令,依此类推。反之,按下"→""↑"键的操作类似。

4. 如何等分几何图形

"等分点"命令只能用于直线,不能直接应用到几何图形中。如无法等分矩形,可以分解矩形,再等分矩形的两条边,适当连接等分点,即可完成矩形的等分。

2.7 上机实验

【练习 1】绘制如图 2-61 所示的螺栓。

【练习 2】绘制如图 2-62 所示的哈哈猪。

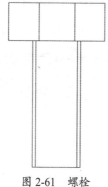

图 2-61 螺栓

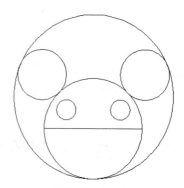

图 2-62 哈哈猪

【练习 3】绘制如图 2-63 所示的椅子。

【练习 4】绘制如图 2-64 所示的螺母。

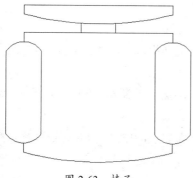

图 2-63 椅子

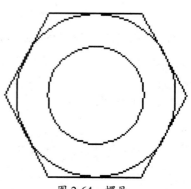

图 2-64 螺母

2.8 模拟考试

（1）将用矩形命令绘制的四边形分解后，该矩形成为（　　）个对象。
A. 4　　　　　　　B. 3　　　　　　　C. 2　　　　　　　D. 1

（2）以同一点作为正五边形的中心，圆的半径为50，分别用"I"和"C"命令画的正五边形的间距为（　　）。
A. 15.32　　　　　B. 9.55　　　　　C. 7.43　　　　　D. 12.76

（3）利用"ARC"命令刚刚结束绘制一段圆弧，现在执行"LINE"命令，提示"指定第一点"时直接按 Enter 键，结果是（　　）。
A. 继续提示"指定第一点"　　　　　　B. 提示"指定下一点或 [放弃(U)]"
C. "LINE"命令结束　　　　　　　　　D. 以圆弧端点为起点绘制圆弧的切线

（4）要重复使用刚执行的命令，按（　　）键。
A. Ctrl　　　　　　B. Alt　　　　　　C. Enter　　　　　D. Shift

第 3 章 绘图参数设置

本章学习关于二维绘图的参数设置知识。了解图层和精确定位工具的设置并熟练掌握，进而应用到图形绘制过程中。

内容要点

- 图层
- 对象捕捉
- 自动追踪
- 动态输入

案例效果

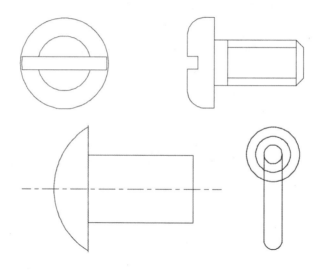

3.1 图层

图层的概念类似投影片，将不同属性的对象分别放置在不同的投影片（图层）上。例如，将图形中的主要线段、中心线、尺寸标注等分别绘制在不同的图层上，每个图层可设定不同的线型、线条颜色，然后把不同的图层堆在一起成为一张完整的视图，这样可使视图层次分明，方便图形对象的编辑与管理。一个完整的图形就是由它所包含的所有图层上的对象叠加在一起构成的，如图 3-1 所示。

图 3-1 图层效果

【预习重点】

- 建立图层概念。

- 练习图层命令。

3.1.1 图层的设置

1. 利用对话框设置图层

AutoCAD 2020 提供了详细直观的"图层特性管理器"对话框,用户可以方便地通过对该对话框中的各选项及其二级选项板进行设置,从而实现创建新图层、设置图层颜色及线型的各种操作。

【执行方式】

- 命令行:LAYER。
- 菜单栏:选择菜单栏中的"格式"→"图层"命令。
- 工具栏:单击"图层"工具栏中的"图层特性管理器"按钮。
- 功能区:单击"默认"选项卡"图层"面板中的"图层特性"按钮或单击"视图"选项卡"选项板"面板中的"图层特性"按钮。

【操作步骤】

执行上述操作后,系统打开如图 3-2 所示的"图层特性管理器"对话框。

图 3-2 "图层特性管理器"对话框

【选项说明】

(1)"新建图层"按钮:单击该按钮,图层列表中出现一个新的图层,名称为"图层 1",用户可使用此名称,也可改名。

(2)"删除图层"按钮:在图层列表中选中某一图层,然后单击该按钮,则把该图层删除。

(3)"置为当前"按钮:在图层列表中选中某一图层,然后单击该按钮,则把该图层设置为当前图层,并在"当前图层"列表中显示其名称。另外,双击图层名也可把其设置为当前图层。

(4)颜色:显示和改变图层的颜色。如果要改变某一图层的颜色,单击其对应的颜色图标,AutoCAD 系统打开如图 3-3 所示的"选择颜色"对话框,用户可从中选择需要的颜色。

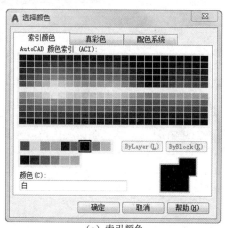
（a）索引颜色

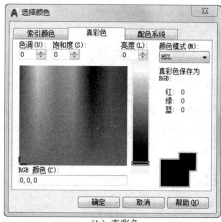
（b）真彩色

图 3-3 "选择颜色"对话框

（5）线型：显示和修改图层的线型。如果要修改某一图层的线型，单击该图层的"线型"列，系统打开"选择线型"对话框，如图 3-4 所示，其中列出了当前可用的线型，用户可从中进行选择。

（6）线宽：显示和修改图层的线宽。如果要修改某一图层的线宽，单击该图层的"线宽"列，打开"线宽"对话框，如图 3-5 所示，其中列出了 AutoCAD 设定的线宽，用户可从中进行选择。"旧的"显示行显示已赋予图层的线宽，当创建一个新图层时，采用默认线宽（其值为 0.01in，即 0.22mm），默认线宽的值由系统变量 LWDEFAULT 设置；"新的"显示行显示要赋予图层的新线宽。

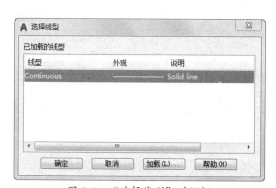
图 3-4 "选择线型"对话框

图 3-5 "线宽"对话框

高手支招：

合理利用图层，可以事半功倍。用户在开始绘制图形时，可预先设置一些基本图层。每个图层锁定自己的专门用途，这样只需绘制一个图形文件，就可以组合出许多需要的图纸，修改时也可针对各个图层进行。

2. 利用工具栏设置图层

AutoCAD 2020 提供了一个"特性"面板，如图 3-6 所示。用户可以利用面板下拉列表框中的选项，快速地查看和改变所选对象的图层、颜色、线型和线宽特性。对"特性"面板上的图层颜色、线型、线宽和打印样式的控制增强了查看和编辑对象属性的效果。在绘图区选择任何对象，都将在工具栏上自动显示它所在的图层、颜色、线型等属性。

3.1.2 颜色的设置

AutoCAD 绘制的图形对象都具有一定的颜色，为了更清晰地表达要绘制的图形，可把同一类的图形对象用相同的颜色绘制，而使不同类的对象具有不同的颜色，以示区分，这样就需要适当地对颜色进行设置。AutoCAD 允许用户设置图层颜色，为新建的图形对象设置当前颜色，还可以改变已有图形对象的颜色。

图 3-6 "特性"面板

【执行方式】

- 命令行：COLOR（快捷命令：COL）。
- 菜单栏：选择菜单栏中的"格式"→"颜色"命令。
- 功能区：选择"默认"选项卡"特性"面板上的"对象颜色"下拉菜单中的"更多颜色"命令 ●（如图 3-7 所示）。

【操作步骤】

执行上述操作后，系统打开如图 3-3 所示的"选择颜色"对话框。

线宽的设置与颜色的设置操作过程基本类似，因此这里不再赘述。

图 3-7 "对象颜色"下拉菜单

高手支招：
有的读者设置了线宽，但在图形中显示不出效果，出现这种情况一般有两种原因。 （1）没有打开状态栏上的"线宽"按钮。 （2）线宽设置的宽度不够，AutoCAD 只能显示出 0.30mm 以上的宽度，如果宽度低于 0.30mm，就无法显示出设置线宽的效果。

3.1.3 线型的设置

1. 在"图层特性管理器"选项板中设置线型

单击"默认"选项卡"图层"面板中的"图层特性"按钮 ，打开"图层特性管理器"对话框，如图 3-2 所示。在图层列表的"线型"列中单击线型名，系统打开"选择线型"对话框，如图 3-4 所示，对话框中选项的含义如下。

（1）"已加载的线型"列表框：显示当前已加载的线型，可供用户选用，其右侧显示线型的外观。

（2）"加载"按钮：单击该按钮，打开"加载或重载线型"对话框，用户可通过此对话框加载线型并把它添加到线型列表中。但要注意，加载的线型必须在线型库（.lin）文件中定义过。标准线型都保存在 acad.lin 文件中。

2. 直接设置线型

【执行方式】

- 命令行：LINETYPE。
- 功能区：选择"默认"选项卡"特性"面板上的"线型"下拉菜单中的"其他"命令（如图3-8所示）。

【操作步骤】

在命令行输入上述命令后按 Enter 键，系统打开"线型管理器"对话框，如图3-9所示，用户可在该对话框中设置线型。该对话框中的选项含义与前面介绍的选项含义相同，此处不再赘述。

图3-8　"线型"下拉菜单

图3-9　"线型管理器"对话框

3.2 对象捕捉

在利用 AutoCAD 画图时经常要用到一些特殊点，如圆心、切点、线段或圆弧的端点、中点等，如果只利用光标在图形上选择，要准确地找到这些点是十分困难的，因此，AutoCAD 提供了一些识别这些点的工具，通过这些工具即可构造新几何体，精确地绘制图形，其结果比传统手工绘图更精确且更容易维护。在 AutoCAD 中，这种功能称为对象捕捉。

【预习重点】

- 了解捕捉对象范围。
- 练习打开捕捉功能。
- 了解对象捕捉在绘图过程中的应用。

3.2.1 特殊位置点捕捉

在绘制 AutoCAD 图形时，有时需要指定一些特殊位置的点，如圆心、端点、中点、平行线上的点等，可以通过对象捕捉功能来捕捉这些点，如表3-1所示。

AutoCAD 提供了命令行、工具栏和右键快捷菜单3种执行特殊位置点捕捉的方法。

在使用特殊位置点捕捉的快捷命令前，必须先选择绘制对象的命令或工具，再在命令行中输入其快捷命令。

表 3-1 特殊位置点捕捉

捕捉模式	快捷命令	功能
临时追踪点	TT	建立临时追踪点
两点之间的中点	M2P	捕捉两个独立点之间的中点
捕捉自	FRO	与其他捕捉方式配合使用，建立一个临时参考点作为指出后继点的基点
中点	MID	用来捕捉对象（如线段或圆弧等）的中点
圆心	CEN	用来捕捉圆或圆弧的圆心
节点	NOD	捕捉用 POINT 或 DIVIDE 等命令生成的点
象限点	QUA	用来捕捉距光标最近的圆或圆弧上可见部分的象限点，即圆周上 0°、90°、180°、270° 位置上的点
交点	INT	用来捕捉对象（如线、圆弧或圆等）的交点
延长线	EXT	用来捕捉对象延长线上的点
插入点	INS	用于捕捉块、形、文字、属性或属性定义等对象的插入点
垂足	PER	在线段、圆、圆弧或其延长线上捕捉一个点，与最后生成的点连成线，与该线段、圆或圆弧正交
切点	TAN	从最后生成的一个点到选中的圆或圆弧上引切线，切线与圆或圆弧的交点
最近点	NEA	用于捕捉离拾取点最近的线段、圆、圆弧等对象上的点
外观交点	APP	用来捕捉两个对象在视图平面上的交点。若两个对象没有直接相交，则系统自动计算其延长后的交点；若两个对象在空间上为异面直线，则系统计算其投影方向上的交点
平行线	PAR	用于捕捉与指定对象平行方向上的点
无	NON	关闭对象捕捉模式
对象捕捉设置	OSNAP	设置对象捕捉

3.2.2 操作实例——绘制开槽盘头螺钉

绘制开槽盘头螺钉

绘制如图 3-10 所示的开槽盘头螺钉。操作步骤如下：

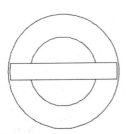 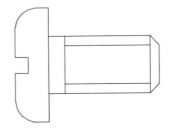

图 3-10 绘制开槽盘头螺钉

（1）单击"默认"选项卡"绘图"面板中的"矩形"按钮 ▭，以坐标原点为起点，以（18，10）为角点，绘制一个封闭的矩形。

（2）单击"默认"选项卡"绘图"面板中的"直线"按钮 ╱，命令行提示与操作如下：

```
命令:_line
指定第一个点: FROM↙
```

```
基点: NEA↙ (移动鼠标到矩形左下角点附近, 系统自动捕捉该点)
<偏移>: 4,0↙
指定下一点或 [退出(E)/放弃(U)]: PER↙ (用鼠标指定矩形上边, 系统自动捕捉垂足)
指定下一点或 [退出(E)/放弃(U)]:↙
命令:↙ (直接按 Enter 键表示重复执行上一个命令)
指定第一个点: FROM↙
基点: INT↙ (移动鼠标到刚绘制的线段与矩形下边交点附近, 系统自动捕捉该点)
<偏移>: 0,2↙
指定下一点或 [退出(E)/放弃(U)]: PER↙ (用鼠标指定矩形右边, 系统自动捕捉垂足)
指定下一点或 [退出(E)/放弃(U)]:↙
命令:↙
指定第一个点: FROM↙
基点: INT↙ (移动鼠标到刚绘制的竖直线段与矩形上边交点附近, 系统自动捕捉该点)
<偏移>: 0,-2↙
指定下一点或 [退出(E)/放弃(U)]: PER↙ (用鼠标指定矩形右边, 系统自动捕捉垂足)
指定下一点或 [退出(E)/放弃(U)]:↙
命令:↙
指定第一个点: NEA↙ (移动鼠标到矩形左下角点附近, 系统自动捕捉该点)
指定下一点或 [退出(E)/放弃(U)]:@2,2↙
指定下一点或 [退出(E)/放弃(U)]: @0, 6↙
指定下一点或 [退出(E)/放弃(U)]: NEA↙ (移动鼠标到矩形右上角点附近, 系统自动捕捉该点)
指定下一点或 [退出(E)/放弃(U)]:↙
```

结果如图 3-11 所示。

(3) 单击"默认"选项卡"绘图"面板中的"直线"按钮，绘制直线，命令行提示与操作如下:

```
命令: _line
指定第一个点: NEA↙ (移动鼠标到矩形左上角点附近, 系统自动捕捉该点)
指定下一点或 [退出(E)/放弃(U)]: 5↙ (鼠标向上指定方向)
指定下一点或 [退出(E)/放弃(U)]: 2↙ (鼠标向左指定方向)
指定下一点或 [退出(E)/放弃(U)]:↙
```

用同样方法，绘制对称的两条直线，结果如图 3-12 所示。

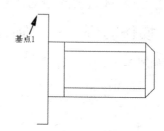

图 3-11 绘制直线   图 3-12 绘制两条直线

(4) 单击"默认"选项卡"绘图"面板中的"直线"按钮，绘制直线，命令行提示与操作如下:

```
命令: _line
指定第一个点: FROM↙
基点: NEA↙ (移动鼠标到图 3-13 中的基点 1 附近, 系统自动捕捉该点)
<偏移>: -4,-4↙
指定下一点或 [退出(E)/放弃(U)]: 4.5↙ (鼠标向下指定方向)
指定下一点或 [退出(E)/放弃(U)]: 2.5↙ (鼠标向右指定方向)
指定下一点或 [退出(E)/放弃(U)]: 3↙ (鼠标向下指定方向)
指定下一点或 [退出(E)/放弃(U)]: 2.5↙ (鼠标向左指定方向)
指定下一点或 [退出(E)/放弃(U)]: 4.5↙ (鼠标向下指定方向)
指定下一点或 [退出(E)/放弃(U)]:↙
```

结果如图 3-13 所示。

（5）单击"默认"选项卡"绘图"面板中的"圆弧"按钮，绘制两段圆弧。命令行提示与操作如下：

```
命令：_arc
指定圆弧的起点或 [圆心(C)]：NEA↙（移动鼠标到图 3-13 中的点 1 附近，系统自动捕捉该点）
指定圆弧的第二个点或 [圆心(C)/端点(E)]：E↙
指定圆弧的端点：NEA↙（移动鼠标到图 3-13 中的点 2 附近，系统自动捕捉该点）
指定圆弧的中心点(按住 Ctrl 键以切换方向)或 [角度(A)/方向(D)/半径(R)]：R↙
指定圆弧的半径(按住 Ctrl 键以切换方向)：4↙
```

结果如图 3-14 所示。

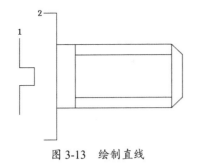
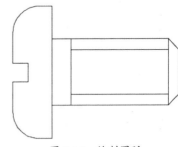

图 3-13　绘制直线　　　　　　　　图 3-14　绘制圆弧

（6）单击"默认"选项卡"绘图"面板中的"直线"按钮，指定直线的起点坐标分别为（-33,6.5）和（-33,3.5），绘制长度为 19 的水平直线。

（7）以水平直线的中点为起点，绘制长度为 4.5 的竖直直线，命令行提示与操作如下：

```
命令：_line
指定第一个点：MID↙（移动鼠标到上水平线中点附近，系统自动捕捉该点）
指定下一点或 [退出(E)/放弃(U)]：4.5↙（鼠标向上指定方向）
指定下一点或 [退出(E)/放弃(U)]：↙
```

用同样方法，绘制另一条竖直线段，结果如图 3-15 所示。

（8）单击"默认"选项卡"绘图"面板中的"圆弧"按钮，绘制圆弧。命令行提示与操作如下：

```
命令：ARC↙
指定圆弧的起点或 [圆心(C)]：from↙
基点：NEA↙（移动鼠标到上水平线左端点附近，系统自动捕捉该点）
<偏移>：@3.7,0↙
指定圆弧的第二个点或 [圆心(C)/端点(E)]：INT↙（移动鼠标到上水平线与竖直短直线的交点附近，系统自动捕捉该点）
指定圆弧的端点：from↙
基点：NEA↙（移动鼠标到上水平线右端点附近，系统自动捕捉该点）
<偏移>：@-3.7,0↙
```

使用相同方法绘制另一侧的圆弧，然后按键盘上的 Delete 键，选择竖直短直线，将短直线删除，结果如图 3-16 所示。

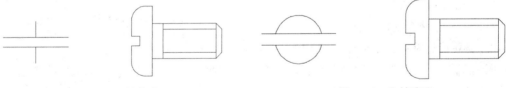

图 3-15　绘制直线　　　　　　　　图 3-16　绘制圆弧

（9）单击"默认"选项卡"绘图"面板中的"圆"按钮⊙，以圆弧的圆心为圆的圆心，绘制半径为 10 的同心圆，如图 3-17 所示。命令行提示与操作如下：

命令：CIRCLE↙
指定圆的圆心或 [三点(3P)/两点(2P)/切点、切点、半径(T)]：CEN↙（用鼠标指定刚绘制的圆弧，系统自动捕捉该圆弧的圆心）
指定圆的半径或 [直径(D)]：10↙

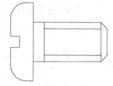

图 3-17 绘制圆

（10）单击"默认"选项卡"绘图"面板中的"圆弧"按钮⌒，绘制水平直线两侧的圆弧，补全图形，命令行提示与操作如下：

命令：ARC↙
指定圆弧的起点或 [圆心(C)]：（指定上水平线左端点）
指定圆弧的第二个点或 [圆心(C)/端点(E)]：C↙
指定圆弧的圆心：CEN↙（用鼠标指定刚绘制的圆，系统自动捕捉该圆的圆心）
指定圆弧的端点：（指定下水平线左端点）

用同样方法绘制另外一个圆弧，结果如图 3-10 所示。

3.2.3 对象捕捉设置

在绘图之前，可以根据需要事先设置开启一些对象捕捉模式，绘图时系统就能自动捕捉这些特殊点，从而加快绘图速度，提高绘图质量。

【执行方式】

- 命令行：DDOSNAP。
- 菜单栏：选择菜单栏中的"工具"→"绘图设置"命令。
- 工具栏：单击"对象捕捉"工具栏中的"对象捕捉设置"按钮 。
- 状态栏：单击状态栏中的"对象捕捉"按钮 （仅限于打开与关闭）。
- 快捷键：F3（仅限于打开与关闭）。
- 快捷菜单：选择快捷菜单中的"捕捉替代"→"对象捕捉设置"命令。

【操作步骤】

执行上述操作后，系统打开"草图设置"对话框，单击"对象捕捉"选项卡，如图 3-18 所示，利用此选项卡可对对象捕捉方式进行设置。

【选项说明】

（1）"启用对象捕捉"复选框：选中该复选框，在"对象捕捉模式"选项组中，被选中的捕捉模式处于激活状态。

（2）"启用对象捕捉追踪"复选框：用于打开或关闭自动追踪功能。

（3）"对象捕捉模式"选项组：该选项组中列出了各种捕捉模式的复选框，被选中的复选框处于激活状态。单击"全部清除"按钮，则所有模式均被清除。单击"全部选择"按钮，则所有

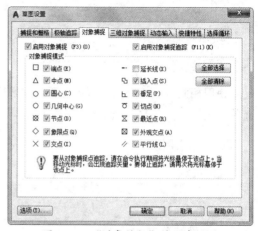

图 3-18 "对象捕捉"选项卡设置

模式均被选中。

（4）"选项"按钮：单击该按钮可以打开"选项"对话框的"草图"选项卡，利用该对话框可决定捕捉模式的各项设置。

3.2.4 操作实例——绘制铆钉

绘制如图 3-19 所示的铆钉。操作步骤如下：

（1）单击快速访问工具栏中的"新建"按钮 ，新建一个空白图形文件。

（2）单击"默认"选项卡"图层"面板中的"图层特性"按钮 ，打开"图层特性管理器"对话框，如图 3-20 所示。

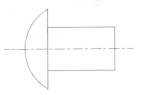

图 3-19 绘制铆钉

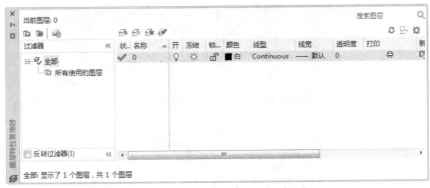

图 3-20 "图层特性管理器"对话框

（3）单击"新建图层"按钮 ，新建一个图层，将图层的名称设置为"中心线"，如图 3-21 所示。

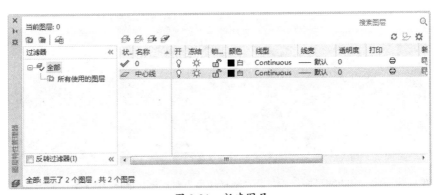

图 3-21 新建图层

（4）单击图层的颜色图标，打开"选择颜色"对话框，将颜色设置为红色，如图 3-22 所示。

（5）单击图层所对应的线型图标，打开"选择线型"对话框，如图 3-23 所示。单击"加载"按钮，打开"加载或重载线型"对话框，可以看到 AutoCAD 提供了许多线型，选择"CENTER"线型，如图 3-24 所示。单击"确定"按钮，即可把该线型加载到"已加载的线型"列表框中，继续单击"确定"按钮，返回如图 3-25 所示对话框。

（6）继续单击"新建图层"按钮 ，新建一个图层，将图层的名称设置为"轮廓线"。

图 3-22 "选择颜色"对话框

图 3-23 "选择线型"对话框

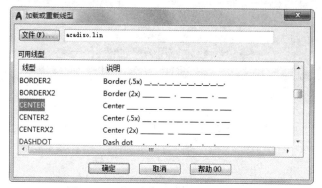

图 3-24 "加载或重载线型"对话框

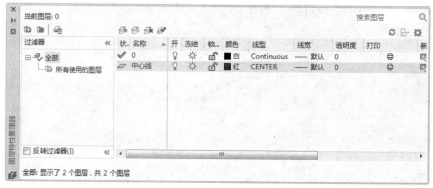

图 3-25 设置图层

（7）单击图层所对应的线型图标，打开"选择线型"对话框，如图 3-26 所示，选择"Continuous"线型，单击"确定"按钮，返回到"图层特性管理器"对话框，最后将"中心线"图层设置为当前图层，如图 3-27 所示。

（8）单击状态栏上的"正交模式"按钮，单击"默认"选项卡"绘图"面板中的"直线"按钮，绘制相互垂直的中心线，如图 3-28 所示。

（9）选择菜单栏中的"工具"→"绘图设置"命令，打开"草图设置"对话框中的"对象捕捉"选项卡，单击"全部选择"按钮，选择所有的捕捉模式，并选中"启用对象捕捉"复选框，如图 3-29 所示，单击"确定"按钮退出。

图 3-26 "选择线型"对话框

图 3-27 设置图层

图 3-28 绘制中心线

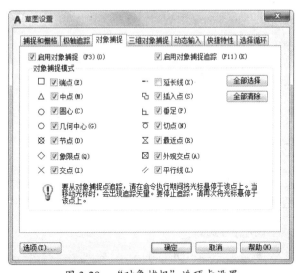

图 3-29 "对象捕捉"选项卡设置

（10）将"轮廓线"图层设置为当前图层。单击"默认"选项卡"绘图"面板中的"直线"按钮 ∕，绘制直线，捕捉中心线交点作为起点，绘制长度为 8 的竖直直线和长度为 26 的水平直线，如图 3-30 所示。

（11）利用对象捕捉功能，补全图形，绘制出封闭的矩形，如图 3-31 所示。

（12）单击"默认"选项卡"绘图"面板中的"直线"按钮 ∕，分别捕捉矩形左边两个角点作为起点，绘制两条竖直直线，长度为 7。继续单击"默认"选项卡"绘图"面板中的"圆弧"按钮 ⌒，绘制圆弧，命令行提示与操作如下：

图 3-30 绘制竖直和水平直线　　　　图 3-31 补全图形

```
命令: ARC✓
指定圆弧的起点或 [圆心(C)]: (捕捉左边竖直直线的下端点)
指定圆弧的第二个点或 [圆心(C)/端点(E)]: from✓ ("捕捉自"命令)
基点: (捕捉中心线交点)
<偏移>: @-8,0✓
指定圆弧的端点: (捕捉左边竖直直线的上端点)
```

结果如图 3-32 所示。

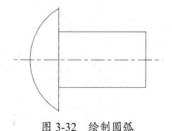

图 3-32 绘制圆弧

3.3 自动追踪

自动追踪是指按指定角度或与其他对象建立指定关系来绘制对象。利用自动追踪功能，可以对齐路径，有助于以精确的位置和角度创建对象。自动追踪包括"极轴追踪"和"对象捕捉追踪"两种。"极轴追踪"是指按指定的极轴角或极轴角的倍数对齐要指定点的路径；"对象捕捉追踪"是指以捕捉到的特殊位置点为基点，按指定的极轴角或极轴角的倍数对齐要指定点的路径。

【预习重点】

- 了解自动追踪应用范围。
- 练习"对象捕捉追踪"与"极轴追踪"设置。

3.3.1 对象捕捉追踪

"对象捕捉追踪"必须配合"对象捕捉"功能一起使用，即要求状态栏中的"对象捕捉"按钮 和 "对象捕捉追踪"按钮 均处于打开状态。

【执行方式】

- 命令行：DDOSNAP。
- 菜单栏：选择菜单栏中的"工具"→"绘图设置"命令。
- 工具栏：单击"对象捕捉"工具栏中的"对象捕捉设置"按钮 。
- 状态栏：单击状态栏中的"对象捕捉"按钮 和 "对象捕捉追踪"按钮 或单击"极轴追踪"右侧的下拉按钮，弹出下拉菜单，选择"正在追踪设置"命令（如图 3-33 所示）。
- 快捷键：F11。
- 快捷菜单：选择快捷菜单中的"三维对象捕捉"→"对象捕捉设置"命令。

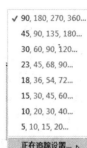

图 3-33 下拉菜单

3.3.2 极轴追踪

"极轴追踪"必须配合"对象捕捉"功能一起使用,即要求状态栏中的"极轴追踪"按钮和"对象捕捉"按钮均处于打开状态。

【执行方式】
- 命令行:DDOSNAP。
- 菜单栏:选择菜单栏中的"工具"→"绘图设置"命令。
- 工具栏:单击"对象捕捉"工具栏中的"对象捕捉设置"按钮。
- 状态栏:单击状态栏中的"对象捕捉"按钮和"极轴追踪"按钮。
- 快捷键:F10。
- 快捷菜单:选择快捷菜单中的"三维对象捕捉"→"对象捕捉设置"命令。

【操作步骤】

执行上述操作或在"极轴追踪"按钮上右击,在弹出的快捷菜单中选择"设置"命令,系统打开如图 3-34 所示的"草图设置"对话框的"极轴追踪"选项卡。

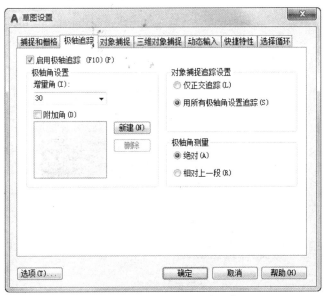

图 3-34 "极轴追踪"选项卡

【选项说明】

其中各选项功能如下。

(1)"启用极轴追踪"复选框:选中该复选框,即启用极轴追踪功能。

(2)"极轴角设置"选项组:设置极轴角的值,可以在"增量角"下拉列表框中选择一个角度值,也可选中"附加角"复选框,单击"新建"按钮设置任意附加角。系统在进行极轴追踪时,同时追踪增量角和附加角,可以设置多个附加角。

(3)"对象捕捉追踪设置"和"极轴角测量"选项组:按界面提示设置相应单选按钮,利用自动追踪可以完成三视图绘制。

3.4 动态输入

动态输入功能可实现在绘图平面直接动态输入绘制对象的各种参数，使绘图变得直观简洁。

【预习重点】

- 了解动态输入应用范围。
- 练习动态输入设置。

【执行方式】

- 命令行：DSETTINGS。
- 菜单栏：选择菜单栏中的"工具"→"绘图设置"命令。
- 工具栏：单击"对象捕捉"工具栏中的"对象捕捉设置"按钮 。
- 状态栏："动态输入"按钮（只限于打开与关闭）。
- 快捷键：F12（只限于打开与关闭）。

【操作步骤】

按照上面的执行方式操作或者在"动态输入"按钮上右击，在弹出的快捷菜单中选择"动态输入设置"命令，系统打开如图 3-35 所示的"草图设置"对话框的"动态输入"选项卡。

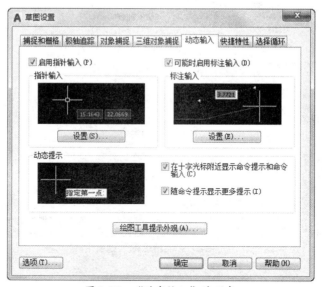

图 3-35 "动态输入"选项卡

3.5 综合演练——绘制水龙头

绘制水龙头

绘制如图 3-36 所示的水龙头，操作步骤如下。

（1）单击"默认"选项卡"图层"面板中的"图层特性"按钮 ，设置图层。"中心线"图层线型为 CENTER，颜色为红色，其余属性选择默认值；"轮廓线"图层线宽为 0.30 毫米，其余属性选择默认值。

（2）单击"默认"选项卡"绘图"面板中的"直线"按钮，绘制水平直线和竖直直线，水平直线端点的坐标为（-40,0）和（40,0），竖直直线端点的坐标为（0,80）和（0,-80），如图 3-37 所示。

（3）打开状态栏上"对象捕捉"按钮，按 3.2.3 小节方法设置"对象捕捉"功能。单击"默认"选项卡"绘图"面板中的"圆"按钮，捕捉水平中心线和竖直中心线的交点（即坐标原点）为圆心，分别绘制半径为 13、25 和 38 的同心圆，如图 3-38 所示。

图 3-36　绘制水龙头　　　图 3-37　绘制直线　　　图 3-38　绘制同心圆

（4）单击"默认"选项卡"绘图"面板中的"直线"按钮，以半径为 13 的圆和水平直线的交点为直线的起点，绘制长度为 120 的竖直直线，如图 3-39 所示。

（5）单击"默认"选项卡"绘图"面板中的"圆弧"按钮，捕捉刚绘制的两直线端点，以其为圆弧端点，绘制半径为 13 的半圆，如图 3-40 所示。

图 3-39　绘制直线　　　　　　　图 3-40　绘制半圆

（6）打开"图层特性管理器"对话框，关闭"中心线"图层，结果如图 3-36 所示。

3.6　名师点拨——二维绘图设置技巧

1. 如何删除顽固图层

方法 1：关闭无用的图层，然后用全选、复制、粘贴功能将有用图层移至一个新的文件中，那些无用的图层就不会粘贴过来。如果曾经在这个不要的图层中定义过块，又在另一个图层中插入了这个块，那么这个不要的图层是不能用这种方法删除的。

方法 2：打开一个 CAD 文件，把要删的图层先关闭，只留下需要的可见图形，选择"文件"→"另存为"命令，输入文件名，在"文件类型"下拉列表框中选择".dxf"格式，在该对话框的右上角单击"工具"下拉菜单，从中选择"选项"命令，打开"另存为选项"对话框，选择"DXF 选项"选项卡，再在"选择对象"处打勾，单击"确定"按钮，接着单击"保存"

按钮,即可选择保存对象,把可见或要用的图形选上就可以保存,完成后退出这个刚保存的文件,再将其打开,就会发现你不想要的图层不见了。

方法 3:用命令"LAYTRANS"将需删除的图层映射为 0 层即可,这个方法可以删除具有实体对象或被其他块嵌套定义的图层。

2. 设置图层时应注意什么

在绘图时,所有图元的各种属性都尽量跟层走。尽量保持图元的属性和图层的属性一致,也就是说尽可能地使图元属性都是"Bylayer"。这样有助于使图面清晰、准确,提高效率。

3. 绘图前,图形界限(LIMITS)一定要设好吗

绘图时一般按国标图幅设置图形界限。图形界限等同于图纸的幅面,按图形界限绘图、打印会很方便,还可实现自动成批出图。但在一般情况下,如果习惯于在一个图形文件中绘制多张图,可不设置图形界限。

4. 开始绘图要做哪些准备

用计算机绘图和手工画图一样,如要绘制一张标准图纸,也要做很多必要的准备,如设置图层、线型、标注样式、目标捕捉、单位格式、图形界限等。很多重复性的基本设置则可以在模板图(如 ACAD.DWT)中预先做好,绘制图纸时打开模板,即可在此基础上绘制新图。

5. 样板文件的作用

(1) 样板文件存储图形的所有设置,包括定义的图层、标注样式和视图。样板文件区别于其他".dwg"图形文件,以".dwt"为文件扩展名。它们通常保存在"template"目录中。

(2) 如果根据现有的样板文件创建新图形,则在新图形中的修改不会影响样板文件。可以使用保存在"template"目录中的样板文件,也可以创建自定义样板文件。

6. 如何将直线改变为点划线线型

使用鼠标单击所绘的直线,在"特性"工具栏的"线型控制"下拉列表中选择"点划线"选项,所选择的直线将改变线型。若还未加载此种线型,则选择"其他"选项,加载"点划线"线型。

3.7 上机实验

【练习 1】 利用图层命令绘制如图 3-41 所示的螺母。

【练习 2】 绘制如图 3-42 所示的图形。

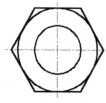

图 3-41 螺母

图 3-42 上机实验图形

3.8 模拟考试

(1) 有一根直线原来在 0 层,颜色为 Bylayer,如果通过偏移(   )。

A. 该直线仍在 0 层上,颜色不变

B. 该直线可能在其他层上,颜色不变

C. 该直线可能在其他层上,颜色与所在层一致

D. 偏移只相当于复制

(2) 如果某图层的对象不能被编辑,但在屏幕上可见,且能捕捉该对象的特殊点和标注尺寸,该图层状态为(   )。

A. 冻结　　　　　　B. 锁定　　　　　　C. 隐藏　　　　　　D. 块

(3) 对某图层进行锁定后,则(   )。

A. 图层中的对象不可编辑,但可添加对象

B. 图层中的对象不可编辑,也不可添加对象

C. 图层中的对象可编辑,也可添加对象

D. 图层中的对象可编辑,但不可添加对象

(4) 不可以通过"图层过滤器特性"对话框过滤的特性是(   )。

A. 图层名、颜色、线型、线宽和打印样式

B. 打开还是关闭图层

C. 锁定还是解锁图层

D. 图层颜色是 Bylayer 还是 ByBlock

(5) 用什么命令可以设置图形界限?(   )

A. SCALE　　　　　B. EXTEND　　　　C. LIMITS　　　　　D. LAYER

(6) 在日常工作中贯彻办公和绘图标准时,下列哪种方式最有效?(   )

A. 应用典型的图形文件

B. 应用模板文件

C. 重复利用已有的二维绘图文件

D. 在"启动"对话框中选取公制

(7) 在绘制图形时,需要一种前面没有用到过的线型,请给出解决步骤。

(8) 绘制如图 3-43 所示的图形。其中,三角形是边长为 81 的等边三角形,3 个圆分别与三角形相切。

图 3-43　图形

第4章 简单二维编辑命令

二维图形的编辑操作配合绘图命令可以进一步完成复杂图形对象的绘制工作,并可使用户合理安排和组织图形,保证绘图准确,减少重复性工作。因此,对编辑命令的熟练掌握和使用有助于提高设计和绘图的效率。本章主要内容包括选择和删除命令、复制类命令、图案填充和面域等。

内容要点

- "选择""删除"命令
- 复制类命令
- 图案填充
- 面域

案例效果

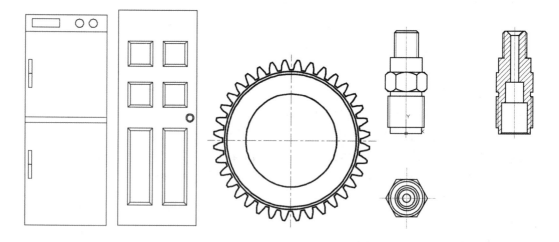

4.1 "选择""删除"命令

【预习重点】

- 了解选择对象的途径。

选择对象是编辑对象的前提。AutoCAD提供了多种对象选择方法,如点取方法、用选择窗口选择对象、用选择线选择对象、用对话框选择对象和用套索选择工具选择对象等。

AutoCAD 2020提供两种编辑图形的途径。

(1) 先执行编辑命令,然后选择要编辑的对象。

(2) 先选择要编辑的对象,然后执行编辑命令。

这两种途径的执行效果是相同的,但选择对象是编辑对象的前提。AutoCAD 2020可以编辑单个的对象,也可以把选择的多个对象组成整体再编辑。

4.1.1 "选择"命令

【操作步骤】

下面结合"选择"(SELECT)命令说明选择对象的方法。

"SELECT"命令可以单独使用,也可以在执行其他编辑命令时自动调用。命令行提示与操作如下:

命令: SELECT↙
选择对象:? ↙(等待用户以某种方式选择对象作为回答。AutoCAD 2020 提供多种选择方式,可以输入"?"查看这些选择方式)
需要点或窗口(W)/上一个(L)/窗交(C)/框(BOX)/全部(ALL)/栏选(F)/圈围(WP)/圈交(CP)/编组(G)/添加(A)/删除(R)/多个(M)/前一个(P)/放弃(U)/自动(AU)/单个(SI)/子对象(SU)/对象(O)

【选项说明】

(1)窗口(W):用由两个对角顶点确定的矩形窗口选取位于其范围内部的所有图形,与边界相交的对象不会被选中。对角顶点应该按照从左向右的顺序指定。

(2)窗交(C):该方式与上述"窗口"方式类似,区别在于它不但选中矩形窗口内部的对象,也选中与矩形窗口边界相交的对象,如图 4-1 所示。

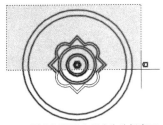   

(a)图中深色覆盖部分为选择窗口   (b)选择后的图形

图 4-1 "窗交"对象选择方式

(3)栏选(F):用户临时绘制一些直线,这些直线不必构成封闭图形,凡是与这些直线(选择栏)相交的对象均被选中。绘制结果如图 4-2 所示。

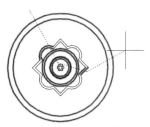   

(a)图中虚线为选择栏   (b)选择后的图形

图 4-2 "栏选"对象选择方式

(4)圈围(WP):使用一个不规则的多边形来选择对象。根据提示,用户顺序输入构成多边形的所有顶点的坐标,最后按 Enter 键,结束操作,系统将从第一个顶点自动连接到最后一个顶点,形成封闭的多边形。凡是被多边形围住的对象均被选中(不包括边界)。执行结果如图 4-3 所示。

(5)圈交(CP):类似于"圈围"方式,在"选择对象"提示后输入"CP",后续操作与"圈围"方式相同。区别在于与多边形边界相交的对象也被选中。

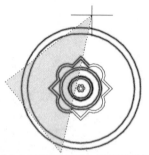
(a) 图中十字线所拉出深色多边形为选择窗口

(b) 选择后的图形

图 4-3 "圈围"对象选择方式

高手支招：

若矩形框从左向右定义，即选择的第一个对角点为左侧的对角点，矩形框内部的对象被选中，矩形框外部及与矩形框边界相交的对象不会被选中。若矩形框从右向左定义，矩形框内部及与矩形框边界相交的对象都会被选中。

4.1.2 "删除"命令

如果所绘制的图形不符合要求或绘错了，可以使用"删除"（ERASE）命令把它删除。

【执行方式】

- 命令行：ERASE。
- 菜单栏：选择菜单栏中的"修改"→"删除"命令。
- 快捷菜单：选择要删除的对象，在绘图区右击，在弹出的快捷菜单中选择"删除"命令。
- 工具栏：单击"修改"工具栏中的"删除"按钮 。
- 功能区：单击"默认"选项卡"修改"面板中的"删除"按钮 。

4.2 复制类命令

本节将详细介绍AutoCAD 2020的复制类命令。利用这些复制类命令，可以方便地编辑、绘制图形。

【预习重点】

- 了解复制类命令。
- 练习5种复制类命令操作方法。
- 观察在不同情况下使用哪种方法更简便。

4.2.1 "复制"命令

【执行方式】

- 命令行：COPY。
- 菜单栏：选择菜单栏中的"修改"→"复制"命令。
- 工具栏：单击"修改"工具栏中的"复制"按钮 。

- 功能区：单击"默认"选项卡"修改"面板中的"复制"按钮。
- 快捷菜单：选择要复制的对象，在绘图区右击，在弹出的快捷菜单中选择"复制选择"命令。

【操作步骤】

命令行提示与操作如下：

命令：COPY✓
选择对象：（选择要复制的对象）

用前面介绍的对象选择方法选择一个或多个对象，按 Enter 键结束选择，命令行提示与操作如下：

当前设置：复制模式 = 多个
指定基点或 [位移(D)/模式(O)] <位移>：（指定基点或位移）
指定第二个点或 [阵列(A)] <使用第一个点作为位移>：

【选项说明】

（1）指定基点：指定一个坐标点后，AutoCAD 2020 将把该点作为复制对象的基点。

指定第二个点后，系统将根据这两点确定的位移矢量把选择的对象复制到第二点处。如果此时直接按 Enter 键，即选择默认的"使用第一个点作为位移"，则第一个点被当做相对于 X、Y、Z 的位移。

（2）位移(D)：直接输入位移值，表示以选择对象时的拾取点为基准，以拾取点坐标为移动方向纵横比，移动指定位移后所确定的点为基点。例如，选择对象时的拾取点坐标为（2,3）、输入位移为 5，则表示以（2,3）点为基准、沿纵横比为 3∶2 的方向移动 5 个单位所确定的点为基点。

（3）模式(O)：控制是否自动重复该命令。确定复制模式是单个还是多个。

（4）阵列(A)：指定在线性阵列中排列的副本数量。

4.2.2 操作实例——绘制电冰箱

绘制电冰箱

绘制如图 4-4 所示的电冰箱。操作步骤如下：

（1）单击"默认"选项卡"绘图"面板中的"矩形"按钮，指定矩形的长度为 600、宽度为 1500，绘制矩形，结果如图 4-5 所示。

（2）单击"默认"选项卡"绘图"面板中的"直线"按钮，以矩形的右上角点为基点，偏移量为（@0,-150），绘制一条水平直线，如图 4-6 所示。

（3）单击"默认"选项卡"绘图"面板中的"直线"按钮，绘制另外两条水平直线，它们距离矩形最左上角点的距离分别为 730 和 770，结果如图 4-7 所示。

图 4-4　电冰箱　　　图 4-5　绘制矩形　　　图 4-6　绘制直线　　　图 4-7　继续绘制直线

(4)单击"默认"选项卡"绘图"面板中的 "矩形"按钮 □,绘制长度为 200、宽度为 60,以步骤(1)绘制的矩形的左上角点为基点,偏移量为(@50,-30)的矩形,如图 4-8 所示。

(5)单击"默认"选项卡"绘图"面板中的"圆"按钮 ⊙,绘制以最左上角点为基点,偏移量为(@400,-60),半径为 30 的圆,如图 4-9 所示。

(6)单击"默认"选项卡"修改"面板中的"复制"按钮 %,复制圆,命令行提示与操作如下:

```
命令:_copy
选择对象:(选择圆)
当前设置:复制模式 = 多个
指定基点或 [位移(D)/模式(O)] <位移>:(指定一点为基点)
指定第二个点或 [阵列(A)] 或 <使用第一个点作为位移>:(打开状态栏上的"正交模式"开关,在右侧适当位置指定一点)
指定第二个点或 [阵列(A)/退出(E)/放弃(U)] <退出>:(在右侧适当位置指定一点)
```

结果如图 4-10 所示。

(7)单击"默认"选项卡"绘图"面板中的"矩形"按钮 □,绘制尺寸为 25×100 的两个矩形。位置如图 4-11 所示。

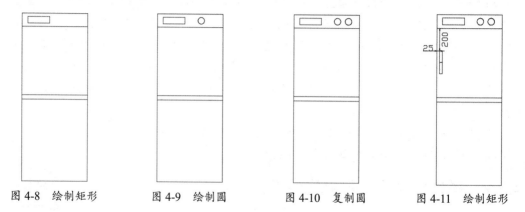

图 4-8 绘制矩形　　图 4-9 绘制圆　　图 4-10 复制圆　　图 4-11 绘制矩形

(8)单击"默认"选项卡"修改"面板中的"复制"按钮 %,复制矩形,命令行提示与操作如下:

```
命令:_copy
选择对象:(选择步骤(7)绘制的两个小矩形)
选择对象:✓
当前设置:复制模式 = 多个
指定基点或 [位移(D)/模式(O)] <位移>:(指定第二条水平直线的起点为基点)
指定第二个点或 [阵列(A)] 或 <使用第一个点作为位移>:(打开状态栏上的"正交模式"开关,选择第四条水平直线的起点为复制的第二点)
```

最终结果如图 4-4 所示。

4.2.3 "镜像"命令

镜像对象是指把选择的对象以一条镜像线为对称轴进行镜像后的对象。镜像操作完成后,可以保留原对象也可以将其删除。

【执行方式】

● 命令行:MIRROR。
● 菜单栏:选择菜单栏中的"修改"→"镜像"命令。

- 工具栏：单击"修改"工具栏中的"镜像"按钮 ⚠ 。
- 功能区：单击"默认"选项卡"修改"面板中的"镜像"按钮 ⚠ 。

【操作步骤】

命令行提示与操作如下：

命令：MIRROR↙
选择对象：（选择要镜像的对象）
选择对象：↙
指定镜像线的第一点：（指定镜像线的第一个点）
指定镜像线的第二点：（指定镜像线的第二个点）
要删除源对象吗？[是(Y)/否(N)] <否>：（确定是否删除源对象）

选择的两点确定一条镜像线，被选择的对象以该直线为对称轴进行镜像。包含该线的镜像平面与用户坐标系统的 XY 平面垂直，即镜像操作在与用户坐标系统的 XY 平面平行的平面上。

4.2.4 操作实例——绘制门

本例绘制如图 4-12 所示的门。操作步骤如下。

（1）单击"默认"选项卡"绘图"面板中的"矩形"按钮 ▭，绘制门轮廓，矩形的尺寸为 900×2100，如图 4-13 所示。

（2）单击"默认"选项卡"绘图"面板中的"矩形"按钮 ▭，矩形的尺寸为 250×250 和 200×200，相对于大矩形左上角点的偏移量分别为（100,-300）和（150,-350），绘制矩形，结果如图 4-14 所示。

图 4-12　绘制门　　　　图 4-13　绘制门轮廓　　　　图 4-14　绘制矩形

采用相同的方法绘制四个矩形，矩形的尺寸分别为 250×250、200×200、250×750 和 200×700，结果如图 4-15 所示。

（3）单击"默认"选项卡"绘图"面板中的"直线"按钮 ╱，连接矩形的两个角点，绘制多条斜向直线，如图 4-16 所示。

（4）单击"默认"选项卡"修改"面板中的"镜像"按钮 ⚠，镜像左侧的矩形和直线，最终绘制结果如图 4-17 所示。命令行提示与操作如下：

命令：MIRROR↙
选择对象：（选择左侧的矩形和直线，如图 4-17 所示）
选择对象：↙
指定镜像线的第一点：（大矩形上部短边中点，如图 4-17 所示）
指定镜像线的第二点：（大矩形下部短边中点，如图 4-17 所示）
要删除源对象吗？[是(Y)/否(N)] <否>：

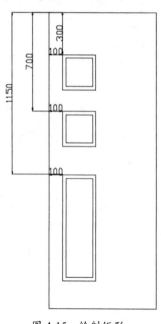 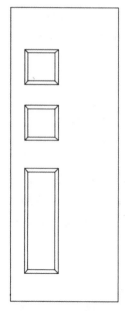 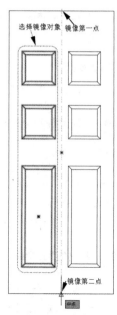

图 4-15　绘制矩形　　　图 4-16　绘制斜向直线　　　图 4-17　镜像图形

（5）单击"默认"选项卡"绘图"面板中的"圆"按钮，以大矩形右侧竖直直线的中点为基点，分别以半径为 40 和 30 绘制圆，作为门把，如图 4-12 所示。

4.2.5　"偏移"命令

偏移对象是指保持所选择对象的形状，在不同的位置以不同的尺寸大小新建一个对象。

【执行方式】

- 命令行：OFFSET。
- 菜单栏：选择菜单栏中的"修改"→"偏移"命令。
- 工具栏：单击"修改"工具栏中的"偏移"按钮 ⊆ 。
- 功能区：单击"默认"选项卡"修改"面板中的"偏移"按钮 ⊆ 。

【操作步骤】

命令行提示与操作如下：

```
命令：OFFSET↙
当前设置：删除源=否  图层=源  OFFSETGAPTYPE=0
指定偏移距离或 [通过(T)/删除(E)/图层(L)] <通过>：(指定偏移距离值)
选择要偏移的对象，或 [退出(E)/放弃(U)] <退出>：(选择要偏移的对象，按Enter键结束操作)
指定要偏移的那一侧上的点，或 [退出(E)/多个(M)/放弃(U)] <退出>：(指定偏移方向)
选择要偏移的对象，或 [退出(E)/放弃(U)] <退出>：
```

【选项说明】

（1）指定偏移距离：输入一个距离值，或按 Enter 键，使用当前的距离值，系统把该距离值作为偏移距离。

（2）通过(T)：指定偏移对象的通过点。

（3）删除(E)：偏移后，将源对象删除。

(4) 图层(L)：确定将偏移对象创建在当前图层上，还是在源对象所在的图层上。

4.2.6 操作实例——绘制挡圈

绘制如图 4-18 所示的挡圈。

(1) 单击"默认"选项卡"图层"面板中的"图层特性"按钮，打开"图层特性管理器"对话框，单击其中的"新建图层"按钮，新建两个图层。

① "粗实线"图层：线宽为 0.3 毫米，其余属性为默认值。

② "中心线"图层：线型为 CENTER，其余属性为默认值。

(2) 设置"中心线"图层为当前层，单击"默认"选项卡"绘图"面板中的"直线"按钮，绘制中心线。

(3) 设置"粗实线"图层为当前层，单击"默认"选项卡"绘图"面板中的"圆"按钮，绘制挡圈内孔，半径为 8，如图 4-19 所示。

(4) 单击"默认"选项卡"修改"面板中的"偏移"按钮，偏移绘制的内孔圆，命令行提示与操作如下：

```
命令：_offset
当前设置：删除源=否  图层=源  OFFSETGAPTYPE=0
指定偏移距离或 [通过(T)/删除(E)/图层(L)] <通过>：6↙
选择要偏移的对象，或 [退出(E)/放弃(U)] <退出>：(选择内孔圆)
指定要偏移的那一侧上的点，或 [退出(E)/多个(M)/放弃(U)] <退出>：(在圆外侧单击)
选择要偏移的对象，或 [退出(E)/放弃(U)] <退出>：↙
```

采用相同的方法分别指定偏移距离为 38 和 40，以初始绘制的内孔圆为对象，向外偏移复制该圆，绘制结果如图 4-20 所示。

图 4-18 挡圈　　　　　图 4-19 绘制内孔　　　　　图 4-20 绘制轮廓线

(5) 单击"默认"选项卡"绘图"面板中的"圆"按钮，绘制小孔，半径为 4，最终结果如图 4-18 所示。

4.2.7 "阵列"命令

阵列是指多次重复选择对象并把这些副本按矩形或环形排列。把副本按矩形排列称为建立矩形阵列，把副本按环形排列称为建立极阵列。建立极阵列时，应该控制复制对象的次数和对象是否被旋转；建立矩形阵列时，应该控制行和列的数量及对象副本之间的距离。

用该命令可以建立矩形阵列、极阵列（环形）和旋转的矩形阵列。

【执行方式】

- 命令行：ARRAY。
- 菜单栏：选择菜单栏中的"修改"→"阵列"命令。
- 工具栏：单击"修改"工具栏中的"矩形阵列"按钮，或单击"修改"工具栏中的"路径阵列"按钮，或单击"修改"工具栏中的"环形阵列"按钮。
- 功能区：单击"默认"选项卡"修改"面板中的"矩形阵列"按钮/"路径阵列"按钮/"环形阵列"按钮（如图 4-21 所示）。

【操作步骤】

命令行提示与操作如下：

命令：ARRAY↙
选择对象：（选择要阵列的对象）
选择对象：↙
输入阵列类型[矩形（R）/路径（PA）/极轴（PO）]<矩形>：

图 4-21 "修改"面板

【选项说明】

（1）矩形(R)（命令行为 ARRAYRECT）：将选定对象的副本分布到行数、列数和层数的任意组合。通过夹点，调整阵列间距、列数、行数和层数；也可以分别选择各选项输入数值。

（2）极轴(PO)：在绕中心点或旋转轴的环形阵列中均匀分布对象副本。

（3）路径(PA)（命令行为 ARRAYPATH）：沿路径或部分路径均匀分布选定对象的副本。

4.2.8 操作实例——绘制齿圈

绘制如图 4-22 所示的齿圈，操作步骤如下：

（1）单击"默认"选项卡"图层"面板中的"图层特性"按钮，打开"图层特性管理器"对话框，新建两个图层，分别为"中心线"和"粗实线"图层，各个图层属性如图 4-23 所示。

（2）将"中心线"图层设置为当前图层。单击"默认"选项卡"绘图"面板中的"直线"按钮，绘制十字交叉的辅助线，其中水平直线和竖直直线的长度均为 20.5，如图 4-24 所示。

图 4-22 绘制齿圈

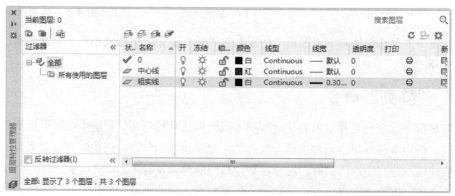

图 4-23 "图层特性管理器"对话框

（3）将"粗实线"图层设置为当前图层。单击"默认"选项卡"绘图"面板中的"圆"按钮 ⊙，以交点为圆心，绘制多个同心圆，圆的半径分别为 4.5、7.85、8.15、8.37 和 9.5，结果如图 4-25 所示。

（4）单击"默认"选项卡"修改"面板中的"偏移"按钮 ⊆，将水平中心线向上侧偏移 8.94；竖直中心线向左侧偏移 0.18、0.23 和 0.27，如图 4-26 所示。命令行提示与操作如下：

```
命令：_offset
当前设置：删除源=否  图层=源  OFFSETGAPTYPE=0
指定偏移距离或 [通过(T)/删除(E)/图层(L)] <通过>：8.94↙
选择要偏移的对象，或 [退出(E)/放弃(U)] <退出>：（选择水平中心线）
指定要偏移的那一侧上的点，或 [退出(E)/多个(M)/放弃(U)] <退出>：（指定直线上方一点）
……
```

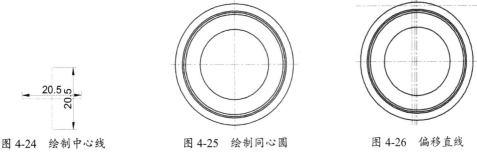

图 4-24　绘制中心线　　　图 4-25　绘制同心圆　　　图 4-26　偏移直线

（5）单击"默认"选项卡"绘图"面板中的"圆弧"按钮 ⌒，指定圆弧的三点，绘制圆弧，如图 4-27 所示。

（6）单击"默认"选项卡"修改"面板中的"删除"按钮 ✎，将偏移后的辅助直线进行删除，如图 4-28 所示。

（7）单击"默认"选项卡"修改"面板中的"镜像"按钮 ⚠，将圆弧进行镜像，其中镜像线为竖直的中心线，结果如图 4-29 所示。

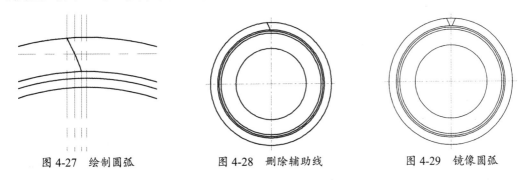

图 4-27　绘制圆弧　　　图 4-28　删除辅助线　　　图 4-29　镜像圆弧

（8）单击"默认"选项卡"修改"面板中的"环形阵列"按钮 ⸭，将绘制的圆弧进行环形阵列，其中圆心为阵列的中心点，阵列的项目数为 36，结果如图 4-30 所示。

```
命令：_arraypolar
类型 = 极轴  关联 = 是
指定阵列的中心点或 [基点(B)/旋转轴(A)]：（捕捉圆心）
选择夹点以编辑阵列或 [关联(AS)/基点(B)/项目(I)/项目间角度(A)/填充角度(F)/行(ROW)/层(L)/旋转项目(ROT)/退出(X)] <退出>：I↙
输入阵列中的项目数或 [表达式(E)] <6>：36↙
选择夹点以编辑阵列或 [关联(AS)/基点(B)/项目(I)/项目间角度(A)/填充角度(F)/行(ROW)/层(L)/旋
```

项目(ROT)/退出(X)] <退出>:↙

（9）单击"默认"选项卡"绘图"面板中的"圆弧"按钮，绘制两段圆弧，如图 4-31 所示。

（10）单击"默认"选项卡"修改"面板中的"删除"按钮，删除最外侧的两个同心圆，结果如图 4-32 所示。

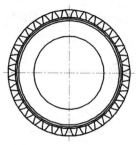  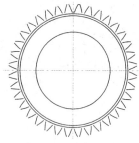

图 4-30　环形阵列圆弧　　　图 4-31　绘制圆弧　　　图 4-32　删除同心圆

（11）单击"默认"选项卡"修改"面板中的"环形阵列"按钮，将绘制的圆弧进行环形阵列，其中圆心为阵列的中心点，阵列的项目数为 36，结果如图 4-22 所示。

4.3　图案填充

当用户需要用一个重复的图案（pattern）填充一个区域时，可以使用"BHATCH"命令，创建一个相关联的填充阴影对象，即图案填充。

【预习重点】
- 观察图案填充结果。
- 了解填充样例对应的含义。
- 确定边界选择要求。
- 了解对话框中参数的含义。

4.3.1　基本概念

1. 图案边界

当进行图案填充时，首先要确定填充图案的边界。定义边界的对象只能是直线、双向射线、单向射线、多义线、样条曲线、圆弧、圆、椭圆、椭圆弧、面域等对象或用这些对象定义的块，而且作为边界的对象在当前图层上必须全部可见。

2. 孤岛

在进行图案填充时，把位于总填充区域内的封闭区称为孤岛，如图 4-33 所示。在使用"BHATCH"命令填充时，AutoCAD 系统允许用户以拾取点的方式确定填充边界，即在希望填充的区域内任意拾取一点，系统会自动确定出填充边界，同时也确定该边界内的岛。如果用户以选择对象的方式确定填充边界，则必须确切地选取这些岛。

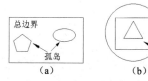

图 4-33　孤岛

3. 填充方式

在进行图案填充时，需要控制填充的范围，AutoCAD 系统为用户设置了以下 3 种填充方式，以实现对填充范围的控制。

（1）普通方式。如图 4-34（a）所示，该方式从边界开始，从每条填充线或每个填充符号的两端向里填充，遇到内部对象与之相交时，填充线或符号断开，直到遇到下一次相交时再继续填充。采用这种填充方式时，要避免剖面线或符号与内部对象的相交次数为奇数，该方式为系统内部的默认方式。

（2）最外层方式。如图 4-34（b）所示，该方式从边界向里填充，只要在边界内部与对象相交，剖面线就会断开，而不再继续填充。

（3）忽略方式。如图 4-34（c）所示，该方式忽略边界内的对象，所有内部结构都被剖面线覆盖。

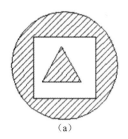 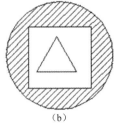 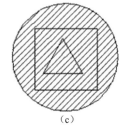

图 4-34　填充方式

4.3.2　图案填充的操作

【执行方式】

- 命令行：BHATCH（快捷命令：H）。
- 菜单栏：选择菜单栏中的"绘图"→"图案填充"命令。
- 工具栏：单击"绘图"工具栏中的"图案填充"按钮 。
- 功能区：单击"默认"选项卡"绘图"面板中的"图案填充"按钮 。

【操作步骤】

执行上述命令后，系统打开如图 4-35 所示的"图案填充创建"选项卡。

图 4-35　"图案填充创建"选项卡

【选项说明】

1. "边界"面板

（1）拾取点：通过选择由一个或多个对象形成的封闭区域内的点，确定图案填充边界（如图 4-36 所示）。指定内部点时，可以随时在绘图区域中右击以显示包含多个选项的快捷菜单。

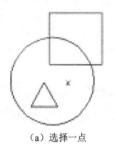 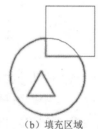

(a)选择一点　　　　　　　(b)填充区域　　　　　　　(c)填充结果

图 4-36　边界确定

（2）选择边界对象：指定基于选定对象的图案填充边界。使用该选项时，不会自动检测内部对象，必须选择选定边界内的对象，以按照当前孤岛检测样式填充这些对象（如图 4-37 所示）。

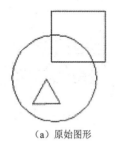 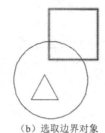 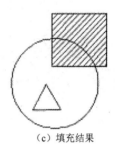

(a)原始图形　　　　　　　(b)选取边界对象　　　　　　(c)填充结果

图 4-37　选取边界对象

（3）删除边界对象：从边界定义中删除之前添加的任何对象（如图 4-38 所示）。

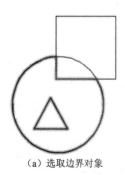 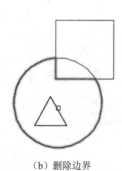 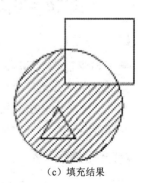

(a)选取边界对象　　　　　　(b)删除边界　　　　　　　(c)填充结果

图 4-38　删除"岛"后的边界

（4）重新创建边界：围绕选定的图案填充或填充对象创建多段线或面域，并使其与图案填充对象相关联（可选）。

（5）显示边界对象：选择构成选定关联图案填充对象的边界的对象，使用显示的夹点可修改图案填充边界。

（6）保留边界对象：指定如何处理图案填充边界对象。

2．"图案"面板

显示所有预定义和自定义图案的预览图像。

3．"特性"面板

（1）图案填充类型：指定是使用纯色、渐变色、图案还是用户定义的图案进行填充。

（2）图案填充颜色：替代实体填充和填充图案的当前颜色。

（3）背景色：指定填充图案的背景颜色。

（4）图案填充透明度：设定新图案填充或填充的透明度，替代当前对象的透明度。

（5）图案填充角度：指定图案填充或填充的角度。

（6）填充图案比例：放大或缩小预定义或自定义填充图案。

（7）相对图纸空间：（仅在布局中可用）相对于图纸空间单位缩放填充图案。使用此选项，很容易做到以适合布局的比例显示填充图案。

（8）双向：（仅当"图案填充类型"设定为"用户定义"时可用）将绘制第二组直线，与原始直线成 90°，从而构成交叉线。

（9）ISO 笔宽：（仅对于预定义的 ISO 图案可用）基于选定的笔宽缩放 ISO 图案。

4．"关闭"面板

"关闭图案填充创建"：退出 BHATCH 并关闭上下文选项卡。也可以按 Enter 键或 Esc 键退出 BHATCH。

另外"默认"选项卡"绘图"面板中的"渐变色"按钮，与"图案填充"命令类似，这里不再赘述。

4.3.3 编辑填充的图案

利用 HATCHEDIT 命令可以编辑已经填充的图案。

【执行方式】

- 命令行：HATCHEDIT（快捷命令：HE）。
- 菜单栏：选择菜单栏中的"修改"→"对象"→"图案填充"命令。
- 工具栏：单击"修改 II"工具栏中的"编辑图案填充"按钮。
- 功能区：单击"默认"选项卡"修改"面板中的"编辑图案填充"按钮。
- 快捷菜单：选中填充的图案，右击，在打开的快捷菜单中选择"图案填充编辑"命令。
- 快捷方法：直接选择填充的图案，打开"图案填充编辑器"选项卡（如图 4-39 所示）。

图 4-39 "图案填充编辑器"选项卡

4.3.4 操作实例——绘制胶垫

绘制如图 4-40 所示的胶垫。步骤如下：

（1）创建图层。

单击"默认"选项卡"图层"面板中的"图层特性"按钮，打开"图层特性管理器"对话框，设置图层：

① 中心线：颜色为红色，线型为 CENTER，线宽为 0.15 毫米；

② 粗实线：颜色为白色，线型为 Continuous，线宽为 0.30 毫米；

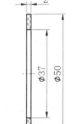

图 4-40 胶垫

③ 细实线：颜色为白色，线型为 Continuous，线宽为 0.15 毫米；
④ 尺寸标注：颜色为白色，线型为 Continuous，其余用默认值；
⑤ 文字说明：颜色为白色，线型为 Continuous，其余用默认值。

设置结果如图 4-41 所示。

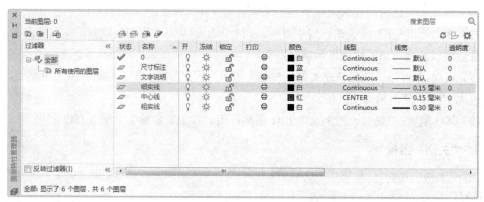

图 4-41 "图层特性管理器"对话框

（2）绘制中心线。

将"中心线"图层设定为当前图层。单击"默认"选项卡"绘图"面板中的"直线"按钮，以{（167,150）、（175,150）}为端点绘制一条水平中心线，如图 4-42 所示。

（3）绘制竖直直线。

将"粗实线"图层设定为当前图层。单击"默认"选项卡"绘图"面板中的"直线"按钮，以{（170,175）、（170,125）}为端点绘制一条竖直直线。结果如图 4-43 所示。

（4）偏移处理。

单击"默认"选项卡"修改"面板中的"偏移"按钮，将竖直直线向右偏移，偏移距离为 2。命令行操作与提示如下：

```
命令：_offset
当前设置：删除源=否  图层=源  OFFSETGAPTYPE=0
指定偏移距离或 [通过(T)/删除(E)/图层(L)] <通过>:2↙
选择要偏移的对象，或 [退出(E)/放弃(U)] <退出>:（选择刚绘制的竖直直线）
指定要偏移的那一侧上的点，或 [退出(E)/多个(M)/放弃(U)] <退出>:（向右侧指定一点）
选择要偏移的对象，或 [退出(E)/放弃(U)] <退出>:↙
```

单击"默认"选项卡"绘图"面板中的"直线"按钮，将两条竖直直线的端点连接起来。结果如图 4-44 所示。

（5）重复"偏移"命令。

将上下两条短横线分别向内偏移，偏移距离为 6.5，结果如图 4-45 所示。

（6）绘制剖面线。

将"细实线"图层设定为当前图层。单击"默认"选项卡"绘图"面板中的"图案填充"按钮，系统弹出如图 4-46 所示的"图案填充创建"选项卡，在"图案填充图案"下拉列表中选择"NET"图案，"图案填充角度"设置为 45°，"填充图案比例"设置为 0.5，在图形中选取填充范围，绘制剖面线。打开状态栏上的"线宽"按钮，最终完成胶垫的绘制。结果如图 4-47 所示。

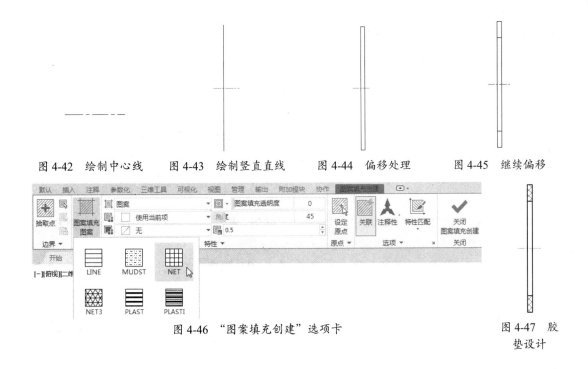

图 4-42 绘制中心线　图 4-43 绘制竖直直线　图 4-44 偏移处理　图 4-45 继续偏移

图 4-46 "图案填充创建"选项卡

图 4-47 胶垫设计

4.4 面域

面域是具有边界的平面区域,内部可以包含孔。用户可以将由某些对象围成的封闭区域转变为面域。这些封闭区域可以是圆、椭圆、封闭二维多段线、封闭样条曲线等,也可以是由圆弧、直线、二维多段线和样条曲线等构成的封闭区域。

【预习重点】

- 了解面域的含义及适用范围。
- 对比布尔运算差别。
- 练习使用差集、并集、交集。

4.4.1 创建面域

【执行方式】

- 命令行:REGION(快捷命令:REG)。
- 菜单栏:选择菜单栏中的"绘图"→"面域"命令。
- 工具栏:单击"绘图"工具栏中的"面域"按钮 。
- 功能区:单击"默认"选项卡"绘图"面板中的"面域"按钮 。

【操作步骤】

命令行提示与操作如下:

命令:REGION↙
选择对象:(选择对象后,系统自动将所选择的对象转换成面域)

4.4.2 布尔运算

布尔运算是数学中的一种逻辑运算，用在 AutoCAD 绘图中，能够极大地提高绘图效率。布尔运算包括并集、交集和差集 3 种，其操作方法类似，一并介绍如下。

【执行方式】

- 命令行：UNION（并集，快捷命令为 UNI）或 INTERSECT（交集，快捷命令为 IN）或 SUBTRACT（差集，快捷命令为 SU）。
- 菜单栏：选择菜单栏中的"修改"→"实体编辑"→"并集"（"差集""交集"）命令。
- 工具栏：单击"实体编辑"工具栏中的"并集"按钮 （"差集"按钮 、"交集"按钮 ）。
- 功能区：单击"三维工具"选项卡"实体编辑"面板中的"并集"按钮 、"交集"按钮 和"差集"按钮 。

4.4.3 操作实例——绘制法兰

本实例绘制如图 4-48 所示的法兰。本实例主要通过"矩形"命令、"圆"命令、布尔运算中的"并集"和"差集"命令来绘制。

【操作步骤】

（1）单击"默认"选项卡的"图层"面板中的"图层特性"按钮 ，打开"图层特性管理器"对话框，新建以下两个图层。

① 第一个图层命名为"轮廓线"图层，线宽为 0.30 毫米，其余属性用默认值。

② 第二个图层命名为"中心线"图层，颜色为红色，线型为 CENTER，其余属性用默认值。

（2）将"中心线"图层设置为当前图层。单击"默认"选项卡的"绘图"面板中的"直线"按钮 ，绘制端点坐标分别为{（-55,0）、（55,0）}和{（0,-55）、（0,55）}的直线。单击"默认"选项卡的"绘图"面板中的"圆"按钮 ，绘制圆心坐标为（0,0）、半径为 35 的圆，绘制结果如图 4-49 所示。

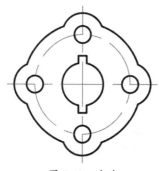

图 4-48 法兰

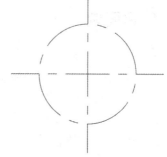

图 4-49 绘制中心线和圆

（3）将"轮廓线"图层设置为当前图层。单击"默认"选项卡的"绘图"面板中的"圆"按钮 ，绘制圆心坐标分别为（-35,0）、（0,35）、（35,0）、（0,-35），半径为 6 的圆；重复"圆"命令绘制圆心坐标分别为（-35,0）、（0,35）、（35,0）、（0,-35），半径为 15 的圆；重复"圆"命令绘制圆心坐标为（0,0），半径分别为 15 和 43 的圆，绘制结果如图 4-50 所示。

（4）单击"默认"选项卡的"绘图"面板中的"矩形"按钮 ▭，绘制矩形。角点坐标分别是（-3,-20）和（3,20），绘制结果如图 4-51 所示。

（5）单击"默认"选项卡的"绘图"面板中的"面域"按钮 ◎，创建面域。命令行提示与操作如下：

命令：_rejion
选择对象：（选择图中所有的"轮廓线"图层中的图形）
选择对象：✓
已创建 10 个面域。

（6）单击"三维工具"选项卡的"实体编辑"面板中的"并集"按钮 ●，将半径为 43 的圆与半径为 15 的 4 个圆进行并集处理。命令行提示与操作如下：

命令：_union
选择对象：（选择半径为 43 的圆）
选择对象：（选择半径为 15 的圆）
选择对象：（选择半径为 15 的圆）
选择对象：（选择半径为 15 的圆）
选择对象：（选择半径为 15 的圆）
选择对象：✓

并集处理效果如图 4-52 所示。

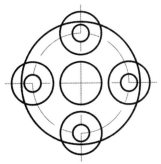
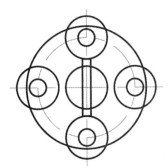
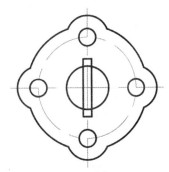

图 4-50　绘制圆　　　　图 4-51　绘制矩形　　　　图 4-52　并集处理

（7）单击"三维工具"选项卡的"实体编辑"面板中的"差集"按钮 ●，以并集对象为主体对象，半径为 15 的中心圆为对象进行差集处理。命令行提示与操作如下：

命令：_subtract
选择要减去的实体、曲面和面域...
选择对象：（选择差集对象，选择垫片主体）
选择对象：✓
选择要减去的实体、曲面和面域...
选择对象：（选择半径为 15 的中心圆）
选择对象：✓
命令：_subtract
选择要减去的实体、曲面和面域...
选择对象：（选择差集对象，选择垫片主体）
选择对象：✓
选择要减去的实体、曲面和面域...
选择对象：（选择矩形）
选择对象：✓

效果如图 4-48 所示。

4.5 综合演练——绘制高压油管接头

绘制高压油管接头

本实例绘制的高压油管接头如图 4-53 所示。

【操作步骤】

（1）图层设置

单击"默认"选项卡"图层"面板中的"图层特性"按钮，打开"图层特性管理器"对话框，新建 4 个图层。

① "剖面线"图层：属性保持默认设置。

② "实体线"图层：线宽为 0.3 毫米，其余属性保持默认设置。

③ "中心线"图层：线宽为默认设置，颜色为红色，线型为 CENTER，其余属性保持默认设置。

④ "细实线"图层：属性保持默认设置。

（2）绘制主视图

① 将"中心线"图层设置为当前图层。单击"默认"选项卡"绘图"面板中的"直线"按钮，绘制竖直中心线，端点坐标为{（0，-2）、（0,51.6）}，如图 4-54 所示。

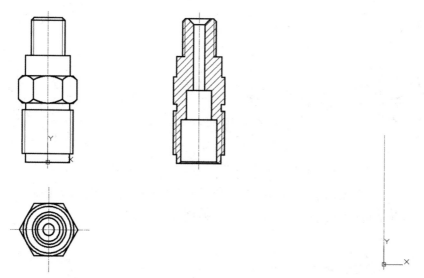

图 4-53　高压油管接头　　　　　　　图 4-54　绘制竖直直线

② 将"实体线"图层设置为当前图层。单击"默认"选项卡"绘图"面板中的"直线"按钮，绘制主视图的轮廓线，坐标点依次为{（0，0）、（7.8，0）、（7.8，3.0）、（9.0，3.0）、（9.0，18.0）、（-9，18）、（-9，3）、（-7.8，3.0）、（-7.8，0）、（0，0）}，{（7.8，3）、（-7.8，3.0）}，{（7.8，18）、（7.8，20.3）、（-7.8，20.3）、（-7.8，18）}，{（7.8，20.3）、（9，20.3）、（10.4，21.7）、（10.4，28.2）、（9.0，29.6）、（-9.0，29.6）、（-10.4，28.2）、（-10.4，21.7）、（-9，20.3）、（-7.8，20.3）}，{（8.0，29.6）、（8.0，36.6）、（-8，36.6）、（-8，29.6）}，{（6，36.6）、（6，48.6）、（5，49.6）、（-5，49.6）、（-6，48.6）、（-6，36.6）}，{（6,48.6）、（-6，48.6）}，如图 4-55 所示。

③ 单击"默认"选项卡"修改"面板中的"偏移"按钮，将图 4-55 中指出的直线，向

内侧偏移0.9，并将偏移后的直线转换到"细实线"图层，如图4-56所示。

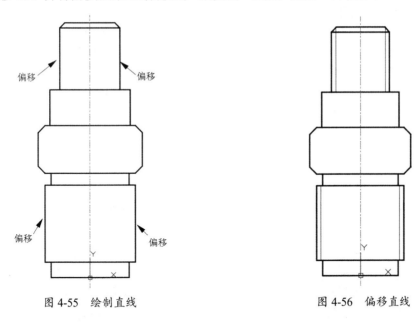

图 4-55　绘制直线　　　　　　　　　图 4-56　偏移直线

④ 单击"默认"选项卡"修改"面板中的"偏移"按钮 ⊆，选择需要偏移的竖直直线，向内侧偏移4.2，如图4-57所示。

⑤ 单击"默认"选项卡"绘图"面板中的"圆弧"按钮 ⌒，绘制两段圆弧，如图 4-58 所示。

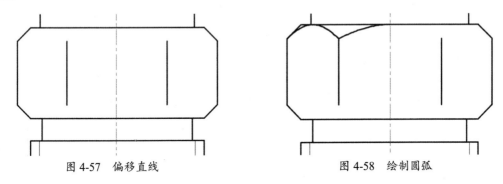

图 4-57　偏移直线　　　　　　　　　图 4-58　绘制圆弧

⑥ 单击"默认"选项卡"修改"面板中的"镜像"按钮 ⚠，将绘制的圆弧以竖直中心线和偏移的直线的中点分别为镜像线，进行二次镜像，结果如图4-59所示。

（3）绘制俯视图

① 将"中心线"图层设置为当前图层，单击"默认"选项卡"绘图"面板中的"直线"按钮 ╱，绘制水平和竖直的中心线，长度均为29，如图4-60所示。

② 将"实体线"图层设置为当前图层。单击"默认"选项卡"绘图"面板中的"圆"按钮 ⊙，以十字交叉线的中点为圆心，绘制半径分别为2、4、5、6、8和9的同心圆，如图4-61所示。

③ 单击"默认"选项卡"绘图"面板中的"多边形"按钮 ⬠，绘制六边形，中心点为十字交叉线的中心，外接圆的半径为9，如图4-62所示。

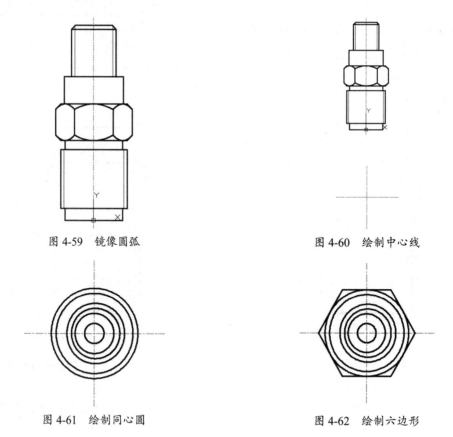

图 4-59 镜像圆弧　　　　图 4-60 绘制中心线

图 4-61 绘制同心圆　　　　图 4-62 绘制六边形

（4）绘制剖面图

① 单击"默认"选项卡"修改"面板中的"复制"按钮 ，将主视图向右侧复制，复制的间距为 54，如图 4-63 所示。

② 单击"默认"选项卡"修改"面板中的"删除"按钮 和夹点编辑功能，删除一些直线和调整一些直线的长度，如图 4-64 所示。

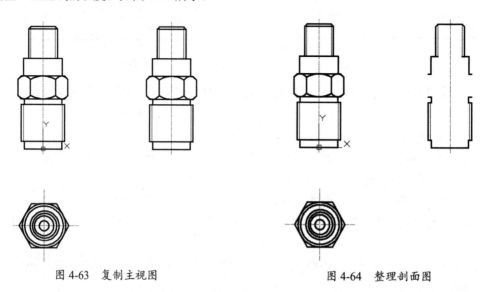

图 4-63 复制主视图　　　　图 4-64 整理剖面图

③ 单击"默认"选项卡"绘图"面板中的"直线"按钮 ╱，绘制竖直直线，如图 4-65 所示。

④ 单击"默认"选项卡"修改"面板中的"偏移"按钮 ⊆，将最下侧的竖直直线向上侧分别偏移 0.5、14.5、10、22，如图 4-66 所示。

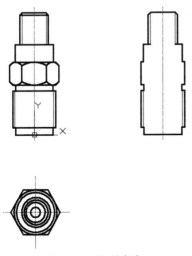
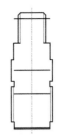

图 4-65　绘制直线　　　　　　　　图 4-66　偏移直线

⑤ 单击"默认"选项卡"修改"面板中的"复制"按钮 ％，将竖直中心线向左右两侧复制，复制的间距分别为 2、4、4.5、6.35、6.85，并将复制后的直线转换到"实体线"图层，如图 4-67 所示。

⑥ 单击"默认"选项卡"绘图"面板中的"直线"按钮 ╱，补全图形，结果如图 4-68 所示。

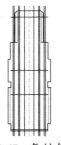
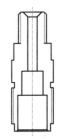

图 4-67　复制直线　　　　　　　　图 4-68　修剪和补全图形

⑦ 将"剖面线"图层设置为当前图层，单击"默认"选项卡"绘图"面板中的"图案填充"按钮 ▨，打开"图案填充创建"选项卡，如图 4-69 所示，选择"ANSI31"图案，"填充图案比例"为 0.5，单击"拾取点"按钮，进行填充操作，结果如图 4-70 所示。

图 4-69　"图案填充创建"选项卡

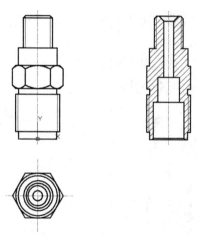

图 4-70 填充图形

4.6 上机实验

【练习 1】绘制如图 4-71 所示的三角铁零件图形。

【练习 2】绘制如图 4-72 所示的齿圈。

【练习 3】绘制如图 4-73 所示的槽钢。

 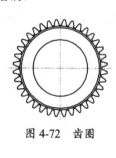 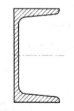

图 4-71 三角铁零件　　　　图 4-72 齿圈　　　　图 4-73 槽钢

4.7 模拟考试

(1) 执行矩形"阵列"命令选择对象后,默认创建几行几列图形?(　　)

A. 2 行 3 列　　　　B. 3 行 2 列　　　　C. 3 行 4 列　　　　D. 4 行 3 列

(2) 已有一个画好的圆,绘制一组同心圆可以用哪个命令来实现?(　　)

A. STRETCH 伸展　　B. OFFSET 偏移　　C. EXTEND 延伸　　D. MOVE 移动

(3) 关于偏移,下面说法错误的是(　　)。

A. 偏移值为 30

B. 偏移值为 -30

C. 偏移圆弧时,既可以创建更大的圆弧,也可以创建更小的圆弧

D. 可以偏移的对象类型有样条曲线

(4) 如果将图 4-74 中的正方形沿两个点打断,打断之后的长度为(　　)。

A. 150　　　　　　B. 100　　　　　　C. 150 或 50　　　　　D. 随机

(5) 关于"分解"(EXPLODE)命令的描述正确的是（　　）。

A. 对象分解后颜色、线型和线宽不会改变

B. 图案分解后图案与边界的关联性仍然存在

C. 多行文字分解后将变为单行文字

D. 构造线分解后可得到两条射线

(6) 对两条平行的直线倒圆角（FILLET），圆角半径设置为 20，其结果是（　　）。

A. 不能倒圆角　　　　　　　　　　B. 按半径 20 倒圆角

C. 系统提示错误　　　　　　　　　D. 倒出半圆，其直径等于直线间的距离

(7) 使用"COPY"命令复制一个圆，指定基点为（0,0），再提示指定第二个点时按 Enter 键，以第一个点作为位移，则下面说法正确的是（　　）。

A. 没有复制图形　　　　　　　　　B. 复制的图形圆心与（0,0）重合

C. 复制的图形与原图形重合　　　　D. 在任意位置复制圆

(8) 对一个多段线对象中的所有角点进行圆角，可以使用圆角命令中的（　　）命令选项。

A. 多段线(P)　　　B. 修剪(T)　　　C. 多个(U)　　　D. 半径(R)

(9) 绘制如图 4-75 所示图形。

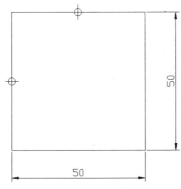

图 4-74　矩形

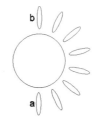

图 4-75　图形 1

(10) 绘制如图 4-76 所示图形。

(11) 绘制如图 4-77 所示图形。

图 4-76　图形 2

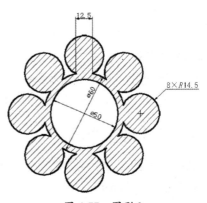

图 4-77　图形 3

第 5 章　复杂二维编辑命令

本章开始循序渐进地学习有关 AutoCAD 2020 复杂二维编辑命令,包括改变几何特性类命令和改变位置类命令等。

内容要点

- 改变几何特性类命令
- 改变位置类命令

案例效果

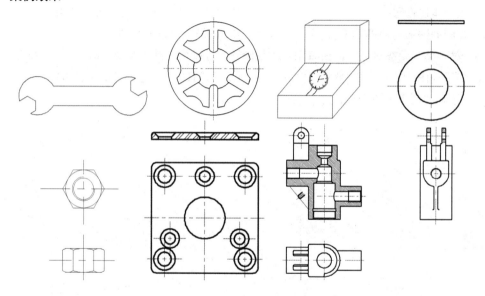

5.1　改变几何特性类命令

这一类编辑命令在对指定对象进行编辑后,使编辑对象的几何特性发生改变,包括"倒角""圆角""修剪""延伸"等命令。

【预习重点】

- 了解改变几何特性类命令有几种。
- 使用相似的命令并比较有何不同。

5.1.1　"修剪"命令

【执行方式】

- 命令行:TRIM。
- 菜单栏:选择菜单栏中的"修改"→"修剪"命令。

- 工具栏：单击"修改"工具栏中的"修剪"按钮。
- 功能区：单击"默认"选项卡"修改"面板中的"修剪"按钮。

【操作步骤】

命令行提示与操作如下：

```
命令：TRIM✓
当前设置：投影=UCS，边=无
选择剪切边...
选择对象或<全部选择>：(选择要修剪边界的对象，按Enter键结束对象选择)
选择要修剪的对象，或按住Shift键选择要延伸的对象，或[栏选(F)/窗交(C)/投影(P)/边(E)/删除(R)/放弃(U)]：
```

【选项说明】

（1）按住Shift键：在选择对象时，如果按住Shift键，系统就自动将"修剪"命令转换成"延伸"命令，"延伸"命令将在5.1.3小节介绍。

（2）边(E)：选择该选项时，可以选择对象的修剪方式，即延伸和不延伸。

① 延伸(E)：延伸边界进行修剪。在此方式下，如果剪切边没有与要修剪的对象相交，系统会延伸剪切边直至与要修剪的对象相交，然后再修剪，如图5-1所示。

选择剪切边　　　　　　　　选择要修剪的对象　　　　　　　修剪后的结果

图5-1　延伸方式修剪对象

② 不延伸(N)：不延伸边界修剪对象。只修剪与剪切边相交的对象。

（3）栏选(F)：选择该选项时，系统以栏选的方式选择被修剪对象，如图5-2所示。

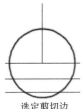 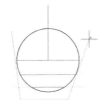 

选定剪切边　　　　　　　使用栏选选定的被修剪对象　　　　　　结果

图5-2　栏选选择被修剪对象

（4）窗交(C)：选择该选项时，系统以窗交的方式选择被修剪对象，如图5-3所示。

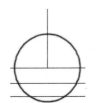 

（a）使用窗交选择选定的边　　　（b）选定要修剪的对象　　　　　（c）结果

图5-3　窗交选择被修剪对象

5.1.2 操作实例——绘制胶木球

绘制如图 5-4 所示的胶木球。操作步骤如下：

（1）创建图层

单击"默认"选项卡"图层"面板中的"图层特性"按钮，打开"图层特性管理器"对话框，设置图层：

① 中心线：颜色为红色，线型为 CENTER，线宽为 0.15 毫米；

② 粗实线：颜色为白色，线型为 Continuous，线宽为 0.30 毫米；

③ 细实线：颜色为白色，线型为 Continuous，线宽为 0.15 毫米；

④ 尺寸标注：颜色为白色，线型为 Continuous，线宽为默认值；

⑤ 文字说明：颜色为白色，线型为 Continuous，线宽为默认值。

（2）绘制中心线

将"中心线"图层设定为当前图层。单击"默认"选项卡"绘图"面板中的"直线"按钮，以端点坐标分别为{（154,150）、（176,150）}和{（165,159）、（165,139）}绘制中心线，修改线型比例为 0.1。结果如图 5-5 所示。

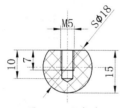

图 5-4 胶木球

图 5-5 绘制中心线

（3）绘制圆

将"粗实线"图层设定为当前图层。单击"默认"选项卡"绘图"面板中的"圆"按钮，以坐标点（165,150）为圆心，半径为 9 绘制圆，结果如图 5-6 所示。

（4）偏移处理

单击"默认"选项卡"修改"面板中的"偏移"按钮，将水平中心线向上偏移，偏移距离为 6；并将偏移后的直线设置为"粗实线"图层。结果如图 5-7 所示。

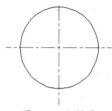

图 5-6 绘制圆

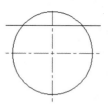

图 5-7 偏移处理

（5）修剪处理

单击"默认"选项卡"修改"面板中的"修剪"按钮，将多余的直线进行修剪。命令行提示与操作如下：

```
命令：_trim
当前设置:投影=UCS,边=延伸
选择剪切边...
```

选择对象或 <全部选择>：（选择圆和刚偏移的水平线）
选择对象：↙
选择要修剪的对象或按住 Shift 键选择要延伸的对象，或者[栏选(F)/窗交(C)/投影(P)/边(E)/删除(R)]：（选择圆在直线上方的圆弧上的一点）
选择要修剪的对象，或按住 Shift 键选择要延伸的对象，或[栏选(F)/窗交(C)/投影(P)/边(E)/删除(R)/放弃(U)]：（选择水平直线左端一点）
选择要修剪的对象，或按住 Shift 键选择要延伸的对象，或[栏选(F)/窗交(C)/投影(P)/边(E)/删除(R)/放弃(U)]：（选择水平直线右端一点）
选择要修剪的对象，或按住 Shift 键选择要延伸的对象，或[栏选(F)/窗交(C)/投影(P)/边(E)/删除(R)/放弃(U)]：↙

结果如图 5-8 所示。

（6）偏移处理

单击"默认"选项卡"修改"面板中的"偏移"按钮 ⊆，将剪切后的直线向下偏移，偏移距离为 7 和 10；再将竖直中心线向两侧偏移，偏移距离分别为 2.5 和 2。并将偏移距离为 2.5 的直线设置为"细实线"图层，将偏移距离为 2 的直线设置为"粗实线"图层，结果如图 5-9 所示。

（7）修剪处理

单击"默认"选项卡"修改"面板中的"修剪"按钮 ⌿，将多余的直线进行修剪。结果如图 5-10 所示。

图 5-8　修剪处理　　　　　图 5-9　偏移处理　　　　　图 5-10　修剪处理

（8）绘制锥角

将"粗实线"图层设置为当前图层。在状态栏中单击"极轴追踪"按钮后单击鼠标右键，系统弹出右键快捷菜单，选取角度为 30°。单击"默认"选项卡"绘图"面板中的"直线"按钮 ⁄，将"极轴追踪"打开，以如图 5-10 所示的点 1 和点 2 为起点绘制夹角为 30°的直线，绘制的直线与竖直中心线相交，结果如图 5-11 所示。

（9）修剪处理

单击"默认"选项卡"修改"面板中的"修剪"按钮 ⌿，将多余的直线进行修剪。结果如图 5-12 所示。

（10）绘制剖面线

将"细实线"图层设定为当前图层。单击"默认"选项卡"绘图"面板中的"图案填充"按钮 ▨，设置填充图案为"NET"，"图案填充角度"为 45°，"填充图案比例"为 1，打开状态栏上的"线宽"按钮 ≡。结果如图 5-13 所示。

  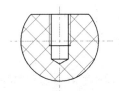

图 5-11　绘制锥角　　　　　图 5-12　修剪处理　　　　　图 5-13　胶木球图案填充

5.1.3 "延伸"命令

延伸对象是指延伸一个对象直至另一个对象的边界线,如图 5-14 所示。

　　　选择边界　　　　　　　选择要延伸的对象　　　　　　执行结果

图 5-14　延伸对象

【执行方式】

- 命令行:EXTEND。
- 菜单栏:选择菜单栏中的"修改"→"延伸"命令。
- 工具栏:单击"修改"工具栏中的"延伸"按钮 →。
- 功能区:单击"默认"选项卡"修改"面板中的"延伸"按钮 →。

【操作步骤】

命令行提示与操作如下:

```
命令:EXTEND✓
当前设置:投影=UCS,边=无
选择边界的边...
选择对象或 <全部选择>:(选择边界对象)
```

此时可以选择对象来定义边界,若直接按 Enter 键,则选择所有对象作为可能的边界对象。选择边界对象后,命令行提示与操作如下:

```
选择要延伸的对象,或按住 Shift 键选择要修剪的对象,或[栏选(F)/窗交(C)/投影(P)/边(E)/放弃(U)]:
```

【选项说明】

(1)系统规定可以用作边界对象的有直线段、射线、双向无限长线、圆弧、圆、椭圆、二维和三维多段线、样条曲线、文本、浮动的视口和区域。

(2)选择对象时,如果按住 Shift 键,系统会自动将"延伸"命令转换成"修剪"命令。

5.1.4 操作实例——绘制间歇轮

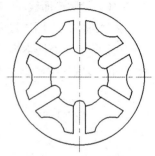

绘制如图 5-15 所示的间歇轮。操作步骤如下:

(1)单击"默认"选项卡"图层"面板中的"图层特性"按钮 ,打开"图层特性管理器"对话框,然后新建两个图层,分别是"中心线"和"实线层",将"中心线"图层设置为当前图层,如图 5-16 所示。

(2)单击"默认"选项卡"绘图"面板中的"直线"按钮 ,绘制十字交叉的中心线,绘制结果如图 5-17 所示。

图 5-15　绘制间歇轮

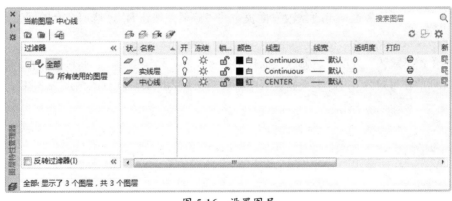

图 5-16 设置图层

（3）单击"默认"选项卡"绘图"面板中的"圆"按钮 ⊙，以中心线交点为圆心，绘制半径为 32 的圆，结果如图 5-18 所示。

（4）重复步骤（1）的绘制圆命令，绘制其余的同心圆，圆的半径分别为 14、26.5、9 和 3，结果如图 5-19 所示。

图 5-17 绘制中心线　　　　　图 5-18 绘制圆　　　　　图 5-19 绘制其余的圆

（5）单击"默认"选项卡"绘图"面板中的"直线"按钮 ╱，捕捉半径为 3 和半径为 14 的圆的两个交点为直线的起点，绘制两条竖直直线，直线的长度不超过半径为 26.5 的圆，如图 5-20 所示。

（6）单击"默认"选项卡"修改"面板中的"延伸"按钮 ⟶│，延伸直线直至圆的边缘，如图 5-21 所示。命令行提示与操作如下：

```
命令：EXTEND↙
当前设置：投影=UCS，边=无
选择边界的边...
选择对象或 <全部选择>：（选择半径为26.5的圆）
选择要延伸的对象，或按住 Shift 键选择要修剪的对象，或[栏选(F)/窗交(C)/投影(P)/边(E)/放弃(U)]：
（选择两条竖直直线）
```

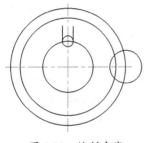

图 5-20 绘制直线

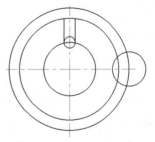

图 5-21 延伸直线

（7）单击"默认"选项卡"修改"面板中的"修剪"按钮，修剪多余的圆弧，结果如图 5-22 所示。

（8）单击"默认"选项卡"修改"面板中的"环形阵列"按钮，将圆弧和直线进行环形阵列，阵列的项目数为 6，以水平和竖直中心线的交点为圆心，阵列的角度为 360°，结果如图 5-23 所示。

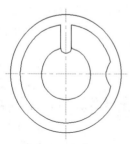
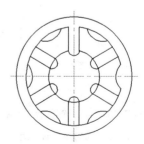

图 5-22 修剪圆弧　　　　　　　　　　　图 5-23 环形阵列

（9）单击"默认"选项卡"修改"面板中的"修剪"按钮，修剪多余的圆弧，结果如图 5-15 所示。

5.1.5 "圆角"命令

圆角是指用指定的半径决定的一段平滑的圆弧连接两个对象。系统规定可以用圆角连接一对直线段、非圆弧的多段线、样条曲线、双向无限长线、射线、圆、圆弧和椭圆。可以在任何时刻圆角连接非圆弧多段线的每个节点。

【执行方式】

- 命令行：FILLET。
- 菜单栏：选择菜单栏中的"修改"→"圆角"命令。
- 工具栏：单击"修改"工具栏中的"圆角"按钮。
- 功能区：单击"默认"选项卡"修改"面板中的"圆角"按钮。

【操作步骤】

命令行提示与操作如下：

```
命令: FILLET↙
当前设置: 模式 = 修剪, 半径 = 0.0000
选择第一个对象或[放弃(U)/多段线(P)/半径(R)/修剪(T)/多个(M)]:（选择第一个对象或其他选项）
选择第二个对象, 或按住 Shift 键选择对象以应用角点或 [半径(R)]:（选择第二个对象）
```

【选项说明】

（1）多段线(P)：在一条二维多段线的两段直线段的节点处插入圆滑的弧。选择多段线后，系统会根据指定的圆弧的半径把多段线各顶点用圆滑的弧连接起来。

（2）修剪(T)：决定在圆角连接两条边时，是否修剪这两条边，如图 5-24 所示。

（3）多个(M)：可以同时对多个对象进行圆角编辑，而不必重新启用命令。

（4）按住 Shift 键并选择两条直线，可以快速创建零距离倒角或零半径圆角。

(a) 修剪方式　　　　　　　　　　　　　　(b) 不修剪方式

图 5-24　圆角连接

5.1.6　操作实例——绘制挂轮架

本实例绘制如图 5-25 所示的挂轮架。

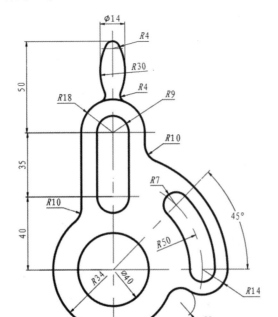

图 5-25　挂轮架

（1）设置图层。单击"默认"选项卡"图层"面板中的"图层特性"按钮，创建图层"CSX"及"XDHX"。其中"CSX"线型为实线，线宽为 0.30 毫米，其他用默认值；"XDHX"线型为CENTER，线宽为 0.09 毫米，其他用默认值。

（2）将"XDHX"图层设置为当前图层，绘制对称中心线。

① 单击"默认"选项卡"绘图"面板中的"直线"按钮，绘制三条线段，端点坐标分别为{（80,70）、（210,70）}，{（140,210）、（140,12）}，{中心线的交点坐标、（@70<45）}。

② 单击"默认"选项卡"修改"面板中的"偏移"按钮，将水平中心线分别向上偏移40、35、50、4，依次以偏移形成的水平对称中心线为偏移对象。

③ 单击"默认"选项卡"绘图"面板中的"圆"按钮，以最下部水平中心线与竖直中心线的交点为圆心绘制半径为 50 的中心线圆。

④ 单击"默认"选项卡"修改"面板中的"修剪"按钮，修剪中心线圆。结果如图 5-26

所示。

(3) 将 "CSX" 图层设置为当前图层,绘制挂轮架中部。

① 单击"默认"选项卡"绘图"面板中的"圆"按钮⊙,以最下部水平中心线与竖直中心线的交点为圆心,绘制半径为 20 和 34 的同心圆。

② 单击"默认"选项卡"修改"面板中的"偏移"按钮⊆,将竖直中心线分别向两侧偏移 9、18。

③ 单击"默认"选项卡"绘图"面板中的"直线"按钮/,分别捕捉竖直中心线与水平中心线的交点,绘制四条竖直直线。

④ 单击"默认"选项卡"修改"面板中的"删除"按钮,删除偏移的竖直对称中心线。结果如图 5-27 所示。

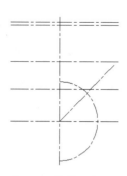

图 5-26　修剪后的图形

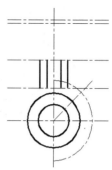

图 5-27　绘制中间的竖直直线

⑤ 单击"默认"选项卡"绘图"面板中的"圆弧"按钮,命令行提示与操作如下:

```
命令: _arc  (绘制 R18 圆弧)
指定圆弧的起点或 [圆心(C)]: C↙
指定圆弧的圆心: _int 于 (捕捉水平中心线与竖直中心线的交点)
指定圆弧的起点: _int 于 (捕捉左侧竖直直线与水平中心线的交点)
指定圆弧的端点(按住 Ctrl 键以切换方向)或 [角度(A)/弦长(L)]: A↙
指定夹角(按住 Ctrl 键以切换方向): -180↙
```

⑥ 单击"默认"选项卡"修改"面板中的"圆角"按钮,命令行提示与操作如下:

```
命令: _fillet  (圆角命令,绘制上部 R9 圆弧)
当前设置: 模式 = 修剪,半径 = 4.0000
选择第一个对象或 [放弃(U)/多段线(P)/半径(R)/修剪(T)/多个(M)]: (选择竖直中心线左侧的竖直直线的上部)
选择第二个对象,或按住 Shift 键选择对象以应用角点或 [半径(R)]: (选择竖直中心线右侧的竖直直线的上部)
```

同理,绘制下部 R9 圆弧和左端 R10 圆角。

⑦ 单击"默认"选项卡"修改"面板中的"修剪"按钮,修剪 R34 圆弧。结果如图 5-28 所示。

(4) 绘制挂轮架右部。

① 单击"默认"选项卡"绘图"面板中的"圆"按钮⊙,捕捉中心线圆弧 R50 与水平中心线的交点,以其为圆心,绘制半径为 7 的圆弧。

同样,捕捉中心线圆弧 R50 与倾斜中心线的交点,以其为圆心,绘制半径为 7 的圆。

② 单击"默认"选项卡"绘图"面板中的"圆弧"按钮,命令行提示与操作如下:

```
命令: _arc (绘制 R43 圆弧)
指定圆弧的起点或 [圆心(C)]: C↙
指定圆弧的圆心: _cen 于　(捕捉 R34 圆弧的圆心)
```

指定圆弧的起点：_int 于 （捕捉下部 R7 圆与水平对称中心线的左交点）
指定圆弧的端点(按住 Ctrl 键以切换方向)或[角度(A)/弦长(L)]：_int 于 （捕捉上部 R7 圆弧与倾斜对称中心线的左交点）
命令：_arc（绘制 R57 圆弧）
指定圆弧的起点或 [圆心(C)]：C✓
指定圆弧的圆心：_cen 于 （捕捉 R34 圆弧的圆心）
指定圆弧的起点：_int 于 （捕捉下部 R7 圆弧与水平对称中心线的右交点）
指定圆弧的端点(按住 Ctrl 键以切换方向)或[角度(A)/弦长(L)]：_int 于 （捕捉上部 R7 圆弧与倾斜对称中心线的右交点）

③ 单击"默认"选项卡"修改"面板中的"修剪"按钮，修剪 R7 圆弧。

④ 单击"默认"选项卡"绘图"面板中的"圆"按钮，以 R34 圆弧的圆心为圆心，绘制半径为 64 的圆弧。

⑤ 单击"默认"选项卡"修改"面板中的"圆角"按钮，绘制上部 R10 圆角。

⑥ 单击"默认"选项卡"修改"面板中的"修剪"按钮，修剪 R64 圆弧。

⑦ 单击"默认"选项卡"绘图"面板中的"圆弧"按钮，命令行提示与操作如下：

命令：_arc（绘制下部 R14 圆弧）
指定圆弧的起点或 [圆心(C)]：C✓
指定圆弧的圆心：_cen 于 （捕捉下部 R7 圆弧的圆心）
指定圆弧的起点：_int 于 （捕捉 R64 圆弧与水平对称中心线的交点）
指定圆弧的端点(按住 Ctrl 键以切换方向)或 [角度(A)/弦长(L)]：A✓
指定夹角(按住 Ctrl 键以切换方向)：-180✓

⑧ 单击"默认"选项卡"修改"面板中的"圆角"按钮，绘制下部 R8 圆角。结果如图 5-29 所示。

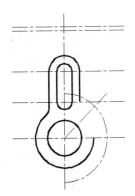
图 5-28 挂轮架中部图形

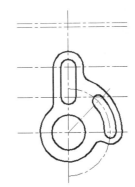
图 5-29 绘制完成挂轮架右部图形

(5) 绘制挂轮架上部。

① 单击"默认"选项卡"修改"面板中的"偏移"按钮，将竖直对称中心线向右偏移 23。

② 将"0"图层设置为当前图层（"0"图层为系统自带图层，不需要定义），单击"默认"选项卡"绘图"面板中的"圆"按钮，以第二条水平中心线与竖直中心线的交点为圆心，绘制 R26 辅助圆。

③ 将"CSX"层设置为当前图层，单击"默认"选项卡"绘图"面板中的"圆"按钮，以 R26 圆与偏移的竖直中心线的交点为圆心，绘制 R30 圆。结果如图 5-30 所示。

④ 单击"默认"选项卡"修改"面板中的"删除"按钮，分别选择偏移形成的竖直中心线及 R26 圆。

⑤ 单击"默认"选项卡"修改"面板中的"修剪"按钮，修剪 R30 圆。

⑥ 单击"默认"选项卡"修改"面板中的"镜像"按钮，以竖直中心线为镜像线，镜像所绘制的 R30 圆弧。结果如图 5-31 所示。

⑦ 单击"默认"选项卡"修改"面板中的"圆角"按钮，命令行提示与操作如下：

```
命令: _fillet   （绘制最上部 R4 圆弧）
当前设置: 模式 = 修剪，半径 = 8.0000
选择第一个对象或[放弃(U)/多段线(P)/半径(R)/修剪(T)/多个(M)]: R↙
指定圆角半径 <8.0000>: 4↙
选择第一个对象或[放弃(U)/多段线(P)/半径(R)/修剪(T)/多个(M)]: （选择左侧 R30 圆弧的上部）
选择第二个对象，或按住 Shift 键选择对象以应用角点或 [半径(R)]: （选择右侧 R30 圆弧的上部）
命令: _fillet（绘制左边 R4 圆角）
当前设置: 模式 = 修剪，半径 = 4.0000
选择第一个对象或[放弃(U)/多段线(P)/半径(R)/修剪(T)/多个(M)]: T↙   （更改修剪模式）
输入修剪模式选项 [修剪(T)/不修剪(N)] <修剪>: N↙   （选择修剪模式选项为"不修剪"）
选择第一个对象或[放弃(U)/多段线(P)/半径(R)/修剪(T)/多个(M)]: （选择左侧 R30 圆弧的下端）
选择第二个对象，或按住 Shift 键选择对象以应用角点或 [半径(R)]: （选择 R18 圆弧的左侧）
命令: _fillet（绘制右边 R4 圆角）
当前设置: 模式 = 不修剪，半径 = 4.0000
选择第一个对象或[放弃(U)/多段线(P)/半径(R)/修剪(T)/多个(M)]: （选择右侧 R30 圆弧的下端）
选择第二个对象，或按住 Shift 键选择对象以应用角点或 [半径(R)]: （选择 R18 圆弧的右侧）
```

⑧ 单击"默认"选项卡"修改"面板中的"修剪"按钮，修剪 R30 圆弧。结果如图 5-32 所示。

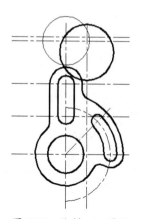 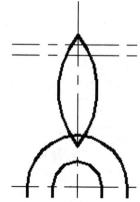 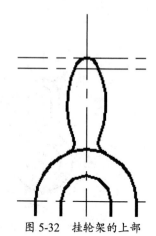

图 5-30　绘制 R30 圆弧　　　图 5-31　镜像 R30 圆弧　　　图 5-32　挂轮架的上部

5.1.7　"倒角"命令

倒角是指用斜线连接两个不平行的线型对象。可以用斜线连接直线段、双向无限长线、射线和多段线。

【执行方式】

- 命令行：CHAMFER。
- 菜单栏：选择菜单栏中的"修改"→"倒角"命令。
- 工具栏：选择"修改"工具栏中的"倒角"按钮。
- 功能区：单击"默认"选项卡"修改"面板中的"倒角"按钮。

【操作步骤】

命令行提示与操作如下:

命令: CHAMFER✓
("不修剪"模式) 当前倒角距离 1 = 0.0000, 距离 2 = 0.0000
选择第一条直线或 [放弃(U)/多段线(P)/距离(D)/角度(A)/修剪(T)/方式(E)/多个(M)]:(选择第一条直线或别的选项)
选择第二条直线, 或按住 Shift 键选择直线以应用角点或 [距离(D)/角度(A)/方法(M)]:(选择第二条直线)

【选项说明】

(1) 距离(D):选择倒角的两个斜线距离。斜线距离是指从被连接的对象与斜线的交点到被连接的两对象的可能的交点之间的距离,如图 5-33 所示。这两个斜线距离可以相同也可以不相同,若二者均为 0,则系统不绘制连接的斜线,而是把两个对象延伸至相交,并修剪超出的部分。

(2) 角度(A):选择第一条直线的斜线距离和角度。采用这种方法选择斜线连接对象时,需要输入两个参数,斜线与一个对象的斜线距离和斜线与该对象的夹角,如图 5-34 所示。

图 5-33 斜线距离

图 5-34 斜线距离与夹角

(3) 多段线(P):对多段线的各个交叉点进行倒角编辑。为了得到最好的连接效果,一般设置斜线是相等的值。系统根据指定的斜线距离把多段线的每个交叉点都做斜线连接,连接的斜线成为多段线新添加的构成部分,如图 5-35 所示。

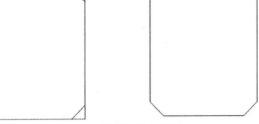

图 5-35 斜线连接多段线

(4) 修剪(T):与圆角连接命令"FILLET"相同,该选项决定连接对象后是否剪切原对象。

(5) 方式(E):决定采用"距离"方式还是"角度"方式来倒角。

(6) 多个(M):同时对多个对象进行倒角编辑。

5.1.8 操作实例——绘制销轴

绘制如图 5-36 所示的销轴。操作步骤如下:

(1) 创建图层

单击"默认"选项卡"图层"面板中的"图层特性"按钮，打开"图层特性管理器"对话框，设置图层：

① 中心线：颜色为红色，线型为 CENTER，线宽为 0.15 毫米；

② 粗实线：颜色为白色，线型为 Continuous，线宽为 0.30 毫米；

③ 细实线：颜色为白色，线型为 Continuous，线宽为 0.15 毫米；

④ 尺寸标注：颜色为白色，线型为 Continuous，线宽为默认值；

⑤ 文字说明：颜色为白色，线型为 Continuous，线宽为默认值。

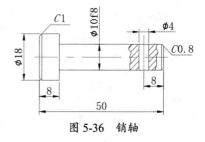

图 5-36　销轴

(2) 绘制中心线

将"中心线"图层设定为当前图层。单击"默认"选项卡"绘图"面板中的"直线"按钮，以坐标点{（135,150）、（195,150）}为端点绘制中心线。结果如图 5-37 所示。

(3) 绘制直线

将"粗实线"图层设定为当前图层。单击"默认"选项卡"绘图"面板中的"直线"按钮，分别以下列坐标点{（140,150）、（140,159）、（148,159）、（148,150）}、{（148,155）、（190,155）、（190,150）}为端点依次绘制线段，结果如图 5-38 所示。

(4) 倒角处理

单击"默认"选项卡"修改"面板中的"倒角"按钮，命令行提示与操作如下：

```
命令：_chamfer
（"修剪"模式）当前倒角距离 1 = 0.0000，距离 2 = 0.0000
选择第一条直线或 [放弃(U)/多段线(P)/距离(D)/角度(A)/修剪(T)/方式(E)/多个(M)]: D✓
指定第一个倒角距离 <0.0000>: 1✓
指定第二个倒角距离 <1.0000>: ✓
选择第一条直线或 [放弃(U)/多段线(P)/距离(D)/角度(A)/修剪(T)/方式(E)/多个(M)]: （选择最左侧的竖直直线）
选择第二条直线，或按住 Shift 键选择直线以应用角点或 [距离(D)/角度(A)/方法(M)]: （选择最上面水平直线）
```

用同样方法，设置倒角距离为 0.8，进行右端倒角，结果如图 5-39 所示。

图 5-37　绘制中心线　　　图 5-38　绘制直线　　　图 5-39　倒角处理

(5) 绘制直线

单击"默认"选项卡"绘图"面板中的"直线"按钮，绘制倒角线，结果如图 5-40 所示。

(6) 镜像处理

单击"默认"选项卡"修改"面板中的"镜像"按钮，以中心线为轴进行镜像，结果如图 5-41 所示。

(7) 偏移处理

单击"默认"选项卡"修改"面板中的"偏移"按钮，将右侧竖直直线向左偏移，距离为 8，并将偏移的直线两端拉长，修改图层为"中心线"图层。结果如图 5-42 所示。

图 5-40　绘制倒角线

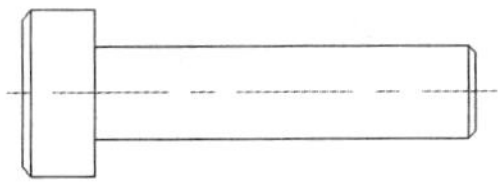

图 5-41　镜像处理

图 5-42　偏移处理

（8）绘制销孔

单击"默认"选项卡"修改"面板中的"偏移"按钮，将偏移后的直线继续向两侧偏移，偏移距离为 2，并将偏移后的直线修改图层为"粗实线"图层，再单击"默认"选项卡"修改"面板中的"修剪"按钮，将多余的线条修剪掉，结果如图 5-43 所示。

（9）绘制局部剖切线

将"细实线"图层设定为当前图层。单击"默认"选项卡"绘图"面板中的"样条曲线拟合"按钮，绘制局部剖切线。结果如图 5-44 所示。

（10）绘制剖面线

将"细实线"图层设定为当前图层。单击"默认"选项卡"绘图"面板中的"图案填充"按钮，设置填充图案为"ANSI31"，"图案填充角度"为 0，"填充图案比例"为 0.5。打开状态栏上的"线宽"按钮完成绘制，结果如图 5-45 所示。

图 5-43　绘制销孔

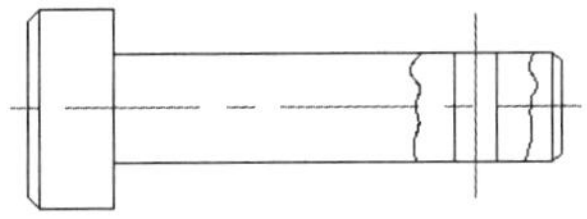

图 5-44　绘制局部剖切线

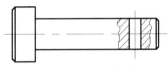
图 5-45　销轴图案填充

5.1.9　"拉伸"命令

拉伸对象是指被拖动选择，且形状发生改变后的对象。拉伸对象时，应指定拉伸的基点和移至点。利用一些辅助工具如捕捉、钳夹功能及相对坐标等可提高拉伸的精度。

【执行方式】

- 命令行：STRETCH。
- 菜单栏：选择菜单栏中的"修改"→"拉伸"命令。
- 工具栏：单击"修改"工具栏中的"拉伸"按钮。
- 功能区：单击"默认"选项卡"修改"面板中的"拉伸"按钮。

【操作步骤】

命令行提示与操作如下：

```
命令：STRETCH↙
以交叉窗口或交叉多边形选择要拉伸的对象...
选择对象：C↙
指定第一个角点：
指定对角点：（找到 2 个，采用交叉窗口的方式选择要拉伸的对象）
选择对象：↙
指定基点或［位移(D)］<位移>：（指定拉伸的基点）
指定第二个点或 <使用第一个点作为位移>：（指定拉伸的移至点）
```

拉伸命令将使完全包含在交叉窗口内的对象不被拉伸，部分包含在交叉选择窗口内的对象被拉伸。

【选项说明】

（1）必须采用"窗交(C)"方式选择拉伸对象。

（2）拉伸选择对象时，指定第一个点后，若指定第二个点，系统将根据这两点决定矢量拉伸对象。若直接按 Enter 键，系统会把第一个点作为 X 轴和 Y 轴的分量值。

高手支招：

"STRETCH"命令仅移动位于交叉选择窗口内的顶点和端点，不更改那些位于交叉选择窗口外的顶点和端点。部分包含在交叉选择窗口内的对象将被拉伸。

5.1.10 操作实例——绘制管式混合器

绘制管式混合器

本实例利用直线和多段线绘制管式混合器符号的基本轮廓，再利用拉伸命令细化图形，如图 5-46 所示。操作步骤如下：

（1）单击"默认"选项卡的"绘图"面板中的"直线"按钮 ╱，在图形空白位置绘制连续直线，如图 5-47 所示。

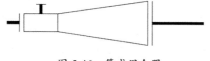

图 5-46　管式混合器

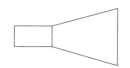

图 5-47　绘制连续直线

（2）单击"默认"选项卡的"绘图"面板中的"直线"按钮 ╱，在上步绘制的图形左右两侧分别绘制两段竖直直线，如图 5-48 所示。

（3）单击"默认"选项卡的"绘图"面板中的"多段线"按钮 ⊃ 和"直线"按钮 ╱，绘制如图 5-49 所示的图形。

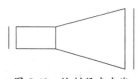

图 5-48　绘制竖直直线

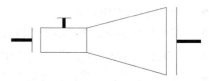

图 5-49　绘制多段线和竖直直线

（4）单击"默认"选项卡的"修改"面板中的"拉伸"按钮 ▷，选择右侧多段线为拉伸对象并对其进行拉伸操作。命令行提示与操作如下：

```
命令：_stretch
以交叉窗口或交叉多边形选择要拉伸的对象...
选择对象：C✓
指定第一个角点：
指定对角点：（框选右侧的水平多段线）
选择对象：✓
指定基点或 [位移(D)] <位移>：（选择水平多段线右端点）
指定第二个点或 <使用第一个点作为位移>：（在水平方向上指定一点）
```

结果如图 5-46 所示。

> **技巧：**
> 执行"STRETCH"命令时，一定要用框选方式选择对象。

5.1.11 "拉长"命令

【执行方式】

- 命令行：LENGTHEN。
- 菜单栏：选择菜单栏中的"修改"→"拉长"命令。
- 功能区：单击"默认"选项卡"修改"面板中的"拉长"按钮。

【操作步骤】

命令行提示与操作如下：

```
命令：LENGTHEN↙
选择要测量的对象或 [增量(DE)/百分比(P)/总计(T)/动态(DY)] <增量(DE)>：DE↙（选择拉长或缩短的方式为增量方式）
输入长度增量或 [角度(A)] <0.0000>：10↙（在此输入长度增量数值。如果选择圆弧段，则可输入选项"A"，给定角度增量）
选择要修改的对象或 [放弃(U)]：（选定要修改的对象，进行拉长操作）
选择要修改的对象或 [放弃(U)]：（继续选择，或按Enter键结束命令）
```

【选项说明】

（1）增量(DE)：用指定增加量的方法来改变对象的长度或角度。

（2）百分数(P)：用指定要修改对象的长度占总长度的百分比的方法来改变圆弧或直线段的长度。

（3）总计(T)：用指定新的总长度或总角度值的方法来改变对象的长度或角度。

（4）动态(DY)：在该模式下，可以使用拖动鼠标的方法来动态地改变对象的长度或角度。

5.1.12 操作实例——绘制手表

绘制如图 5-50 所示的手表，操作步骤如下：

（1）单击"默认"选项卡"绘图"面板中的"直线"按钮，绘制手表的包装盒，端点坐标分别为{（0,0）、（72,0）、（108,42）、（108,70）、（35,70）、（0,29）、（0,0）}，{（108,70）、（119,77）、（119,125）、（108,119）}，如图 5-51 所示。

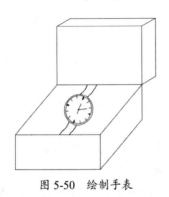

图 5-50 绘制手表

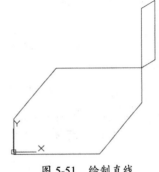

图 5-51 绘制直线

（2）单击"默认"选项卡"修改"面板中的"复制"按钮，选择需要复制的直线，进行复制，结果如图 5-52 所示。

使用相同的方法将上侧的图形也进行复制操作，结果如图 5-53 所示。

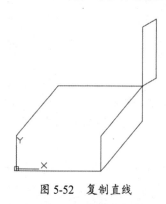

图 5-52　复制直线　　　　　　　图 5-53　复制直线

（3）单击"默认"选项卡"绘图"面板中的"直线"按钮 ，补全图形，完成对表盒的绘制，结果如图 5-54 所示。

（4）单击"默认"选项卡"绘图"面板中的"椭圆"命令 ，以平行四边形的重心为椭圆的圆心，绘制表盘（这里长度可以自行指定，不必跟实例完全一样），如图 5-55 所示。

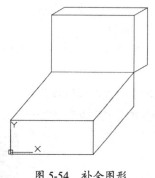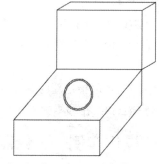

图 5-54　补全图形　　　　　　　图 5-55　绘制表盘

（5）单击"默认"选项卡"绘图"面板中的"直线"按钮 ，绘制直线，然后单击"默认"选项卡"修改"面板中的"环形阵列"按钮 ，阵列的项目数为 12，角度为 360°，作为时间刻度，如图 5-56 所示。

（6）单击"默认"选项卡"修改"面板中的"修剪"按钮 ，修剪多余的直线，如图 5-57 所示。

（7）单击"默认"选项卡"绘图"面板中的"圆环"按钮 ，内径为 0，外径为 0.5，绘制圆环，如图 5-58 所示。

（8）单击"默认"选项卡"绘图"面板中的"椭圆"命令 ，绘制椭圆，作为辅助圆（这里长度可以自行指定，不必跟实例完全一样），如图 5-59 所示。

（9）单击"默认"选项卡"绘图"面板中的"直线"按钮 ，绘制时针，如图 5-60 所示。

（10）单击"默认"选项卡"修改"面板中的"偏移"按钮 ，将椭圆进行偏移操作，偏移的距离为 2，如图 5-61 所示。

图 5-56 绘制时间刻度

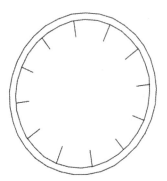
图 5-57 修剪直线

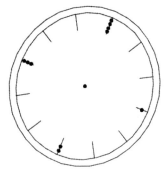
图 5-58 绘制圆环

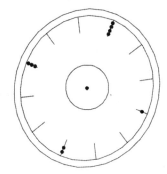
图 5-59 绘制椭圆

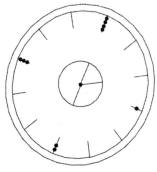
图 5-60 绘制时针

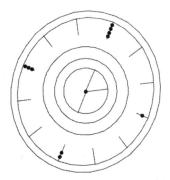
图 5-61 偏移椭圆

(11)单击"默认"选项卡"修改"面板中的"拉长"按钮，将分针和秒针拉长至椭圆的边，如图 5-62 所示。命令行提示与操作如下：

```
命令：_lengthen
选择要测量的对象或 [增量(DE)/百分比(P)/总计(T)/动态(DY)] <总计(T)>：(选择秒针)
当前长度：3.4836
指定总长度或 [角度(A)] <5.0697>：(选择秒针的起点)
指定第二点：(选择圆上合适的一点)
选择要测量的对象或 [增量(DE)/百分比(P)/总计(T)/动态(DY)] <总计(T)>：(选择秒针)
```

(12)单击"默认"选项卡"修改"面板中的"删除"按钮，删除绘制的辅助椭圆，如图 5-63 所示。

(13)单击"默认"选项卡"绘图"面板中的"圆弧"按钮，绘制表带，如图 5-50 所示。

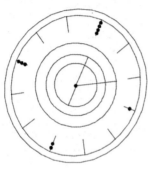
图 5-62 拉长时针

图 5-63 删除椭圆

5.1.13 "打断"命令

【执行方式】

- 命令行：BREAK。
- 菜单栏：选择菜单栏中的"修改"→"打断"命令。
- 工具栏：单击"修改"工具栏中的"打断"按钮 凸。
- 功能区：单击"默认"选项卡"修改"面板中的"打断"按钮 凸。

【操作步骤】

命令行提示与操作如下：

命令：BREAK↙
选择对象：（选择要打断的对象）
指定第二个打断点或 ［第一点(F)］：（指定第二个打断点或输入"F"）

【选项说明】

如果选择"第一点(F)"选项，系统将丢弃前面选择的第一个点，重新提示用户指定两个打断点。

另外"修改"面板中还有"打断于点"按钮 凸，是指在对象上指定一点，把对象在此点拆分成两部分。此命令与打断命令类似，这里不再赘述。

5.1.14 操作实例——绘制 M10 螺母

螺母和螺栓配合组成螺纹紧固件是机械上最常见的连接零件，具有连接方便、承受力强等优点。由于其用量巨大，适用场合普遍，现在已经形成国家标准，其参数已经固定，所以在绘制螺纹零件时，一定要注意不要随便设置参数，一定要参照相关的国家标准（GB/T 6170—2015等），按照规范的参数进行绘制。

M10 螺母的绘制过程分为两步：主视图由多边形和圆构成，直接绘制；俯视图则需要利用与主视图的投影对应关系进行定位与绘制，再利用"修剪"命令完成细节绘制；最后使用"镜像"命令完成俯视图的绘制，如图 5-64 所示。

（1）设置绘图环境。单击"快速访问"工具栏中的"新建"按钮 ，新建一个名为"M10 螺母.dwg"的文件。

① 用"LIMITS"命令设置图幅：297×210。

② 单击"默认"选项卡"图层"面板中的"图层特性"按钮 ，创建"CSX""XSX""XDHX"图层。其中，"CSX"图层的线型为实线，线宽为 0.30 毫米，其他为默认值；"XDHX"

图层的线型为 CENTER，线宽为 0.09 毫米。

（2）绘制中心线。将"XDHX"图层设置为当前图层，单击"默认"选项卡"绘图"面板中的"直线"按钮 ╱，绘制主视图中心线，即端点坐标为{（100,200）、（250,200）}和{（173,100）、（173,300）}的直线。利用"偏移"命令，将水平中心线向下偏移 30，以绘制俯视图中心线。

（3）将"CSX"图层设置为当前图层，绘制螺母主视图。

① 绘制内外圆环。单击"默认"选项卡"绘图"面板中的"圆"按钮 ⊙，在绘图窗口中绘制两个圆，圆心坐标为（173,200），半径分别为 4.5 和 8。

② 绘制正六边形。单击"默认"选项卡"绘图"面板中的"多边形"按钮 ⬡，以（173,200）为中心点坐标，绘制外切圆半径为 8 的正六边形，命令行提示与操作如下：

```
命令：_polygon
输入侧面数 <4>: 6↙
指定正多边形的中心点或 [边(E)]: 173,200↙
输入选项 [内接于圆(I)/外切于圆(C)] <I>: C↙（选择"外切于圆"）
指定圆的半径: 8↙（输入外切圆的半径）
```

结果如图 5-65 所示。

（4）绘制螺母俯视图。

① 绘制竖直参考线。单击"默认"选项卡"绘图"面板中的"直线"按钮 ╱，如图 5-66 所示，通过点 1、2、3、4 绘制竖直参考线。

② 绘制螺母顶面线。单击"默认"选项卡"绘图"面板中的"直线"按钮 ╱，绘制直线，端点坐标为{（160,175），（180,175）}，结果如图 5-67 所示。

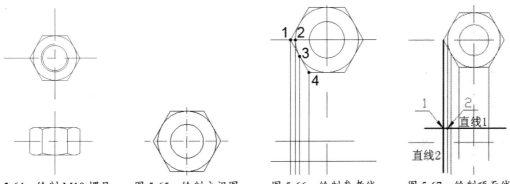

图 5-64　绘制 M10 螺母　　图 5-65　绘制主视图　　图 5-66　绘制参考线　　图 5-67　绘制顶面线

③ 倒角处理。单击"默认"选项卡"修改"面板中的"倒角"按钮 ╱，选择直线 1 和直线 2 进行倒角处理，倒角距离为点 1 和点 2 之间的距离，角度为 30°，命令行提示与操作如下：

```
命令：_chamfer
（"修剪"模式）当前倒角距离 1 = 0.0000，距离 2 = 0.0000
选择第一条直线或 [放弃(U)/多段线(P)/距离(D)/角度(A)/修剪(T)/方式(E)/多个(M)]: A↙
指定第一条直线的倒角长度 <0.0000>:（捕捉点 1）
指定第二点:（捕捉点 2）（点 1 和点 2 之间的距离作为直线的倒角长度）
指定第一条直线的倒角角度 <0>: 30↙
选择第一条直线或 [放弃(U)/多段线(P)/距离(D)/角度(A)/修剪(T)/方式(E)/多个(M)]:（选择直线 1）
选择第二条直线，或按住 Shift 键选择直线以应用角点或 [距离(D)/角度(A)/方法(M)]:（选择直线 2）
```

结果如图 5-68 所示。

> **注意:**
> 对于在"长度"和"角度"模式下的"倒角"操作,在指定倒角长度时,不仅可以直接输入数值,还可以利用"对象捕捉"捕捉两个点的距离来指定倒角长度,如本例中捕捉点1和点2的距离作为倒角长度,这种方法往往对于某些不可测量或事先不知道倒角距离的情况特别适用。

④ 绘制辅助线。单击"默认"选项卡"绘图"面板中的"直线"按钮 ╱,通过步骤③倒角的左端顶点绘制一条水平直线,结果如图 5-69 所示。

⑤ 绘制圆弧。单击"默认"选项卡"绘图"面板中的"圆弧"按钮 ╱,分别通过点 1、2、3 和点 3、4、5 绘制圆弧,结果如图 5-70 所示。

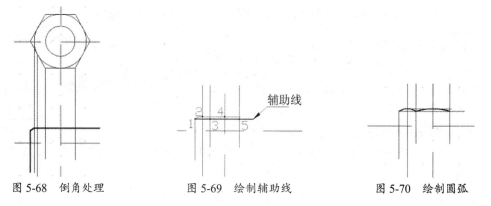

图 5-68 倒角处理　　图 5-69 绘制辅助线　　图 5-70 绘制圆弧

⑥ 修剪处理。单击"默认"选项卡"修改"面板中的"修剪"按钮 ╱,修剪图形中的多余线段,结果如图 5-71 所示。

⑦ 删除辅助线。单击"默认"选项卡"修改"面板中的"删除"按钮 ╱,或者在命令行中输入"ERASE"后按 Enter 键,命令行提示与操作如下:

命令:ERASE↙
选择对象:(指定删除对象)
选择对象:(可以按 Enter 键结束命令,也可以继续指定删除对象)

结果如图 5-72 所示。

⑧ 镜像处理。单击"默认"选项卡"修改"面板中的"镜像"按钮 ╱╲,以相关图线为对称轴进行两次镜像处理,结果如图 5-73 所示。

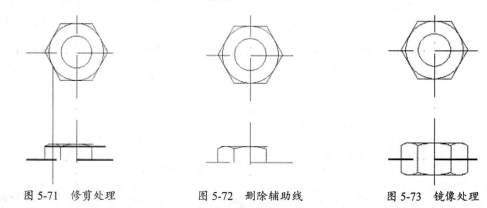

图 5-71 修剪处理　　图 5-72 删除辅助线　　图 5-73 镜像处理

⑨ 绘制内螺纹线。将"XSX"图层设置为当前图层,单击"默认"选项卡"绘图"面板中的"圆弧"按钮 ╱,绘制圆弧,圆弧 3 点坐标分别为(173,205)、(168,200)和(178,200)。

⑩ 单击"默认"选项卡"修改"面板中的"打断"按钮，命令行提示与操作如下：

命令：_break
选择对象：（选择要打断的过长中心线）
指定第二个打断点或 [第一点(F)]：（指定第二个打断点）

用同样方法，删除过长的中心线，得到的最终结果如图5-64所示。

5.1.15 "分解"命令

【执行方式】

- 命令行：EXPLODE。
- 菜单栏：选择菜单栏中的"修改"→"分解"命令。
- 工具栏：单击"修改"工具栏中的"分解"按钮。
- 功能区：单击"默认"选项卡"修改"面板中的"分解"按钮。

【操作步骤】

命令行提示与操作如下：

命令：EXPLODE✓
选择对象：（选择要分解的对象）

选择一个对象后，该对象会被分解。系统继续提示该行信息，允许分解多个对象。

另外"修改"面板中还有"合并"按钮，可以将直线、圆弧、椭圆弧和样条曲线等独立的对象合并为一个对象，此命令与分解命令相反，但是操作类似，因此这里不再赘述。

5.1.16 操作实例——绘制圆头平键

绘制圆头平键

如图5-74所示，圆头平键是机械零件中的标准件，结构虽然很简单，但在绘制时，其尺寸一定要遵守《平键 键槽的剖面尺寸》（GB/T 1095—2003）中的相关规定。

本实例绘制的圆头平键结构很简单，按以前学习的方法，可以通过"直线"和"圆弧"命令绘制而成。现在可以通过"倒角"和"圆角"命令取代"直线"和"圆弧"命令绘制圆头结构，以快速、方便的方法达到绘制目的，操作步骤如下：

（1）新建图层。单击"默认"选项卡"图层"面板中的"图层特性"按钮，新建3个图层。

① 第一层命名为"粗实线"，线宽为0.30毫米，其余属性为默认值。
② 第二层命名为"中心线"，颜色为红色，线型为CENTER，其余属性为默认值。
③ 第三层命名为"标注"，颜色为绿色，其余属性为默认值。

将"线宽"显示打开。

（2）绘制中心线。将"中心线"图层设置为当前图层，单击"默认"选项卡"绘图"面板中的"直线"按钮，绘制中心线，端点坐标为（-5,-21）、（@110,0）。

（3）绘制平键主视图。将"粗实线"图层设置为当前图层，单击"默认"选项卡"绘图"面板中的"矩形"按钮，绘制矩形，两角点坐标为（0,0）、（@100,11）。

单击"默认"选项卡"绘图"面板中的"直线"按钮，绘制线段，端点坐标为（0,2）、（@100,0）。

重复"直线"命令,绘制线段,端点坐标为(0,9)、(@100,0),绘制结果如图 5-75 所示。

图 5-74 绘制圆头平键　　　　　　　图 5-75 绘制主视图

（4）绘制平键俯视图。单击"默认"选项卡"绘图"面板中的"矩形"按钮 ⬜,绘制矩形,两角点坐标为(0,-30)、(@100,18),单击"默认"选项卡"修改"面板中的"偏移"按钮 ⎯,将绘制的矩形向内偏移2,绘制结果如图 5-76 所示。

（5）分解矩形。单击"默认"选项卡"修改"面板中的"分解"按钮 ⬚,分解矩形,命令行提示与操作如下：

```
命令：_explode
选择对象：(框选主视图图形)
选择对象：✓
```

这样,主视图中的矩形被分解成为 4 条直线。

> 💡 思考:
> 为什么要分解矩形? "分解"命令是将合成对象分解为其部件对象,可以分解的对象包括矩形、尺寸标注、块体、多边形等。将矩形分解成线段是为下一步进行倒角做准备的。

（6）倒角处理。单击"默认"选项卡"修改"面板中的"倒角"按钮 ⎾,选择如图 5-77 所示的直线绘制倒角,倒角距离为2,结果如图 5-78 所示。

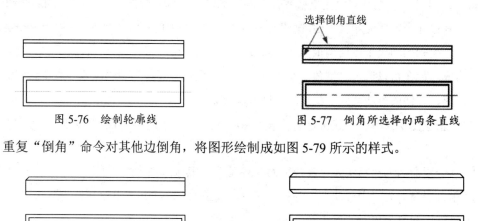

图 5-76 绘制轮廓线　　　　　　　图 5-77 倒角所选择的两条直线

重复"倒角"命令对其他边倒角,将图形绘制成如图 5-79 所示的样式。

图 5-78 倒角之后的图形　　　　　　图 5-79 倒角处理

> ⚠ 注意:
> 倒角需要指定倒角的距离和倒角对象。如果需要加倒角的两个对象在同一图层,AutoCAD 将在这个图层创建倒角。否则,AutoCAD 将在当前图层上创建倒角线。倒角的颜色、线型和线宽也如此。

（7）圆角处理。单击"默认"选项卡"修改"面板中的"圆角"按钮 ⎾,将图 5-80 俯视图中的外矩形进行圆角操作,圆角半径为9,结果如图 5-81 所示。

图 5-80　操作圆角的对象　　　　　图 5-81　执行"圆角"命令后的图形

重复"圆角"命令，将图 5-80 俯视图中的内矩形进行圆角操作，圆角半径为 7，结果如图 5-74 所示。

> **注意：**
> 可以给多段线的直线加圆角，这些直线可以相邻、不相邻、相交或由线段隔开。如果多段线的线段不相邻，则被延伸以适应圆角。如果它们是相交的，则被修剪以适应圆角。图形界限检查被打开时，要创建圆角，则多段线的线段必须收敛于图形界限之内。
> 结果是包含圆角（作为弧线段）的单个多段线。这条新多段线的所有特性（如图层、颜色和线型）将继承所选的第一个多段线的特性。

5.2　改变位置类命令

这类编辑命令的功能是按照指定要求改变当前图形或图形的某部分的位置，主要包括"移动""旋转""缩放"等命令。

【预习重点】

- 了解有几种改变位置类命令。
- 练习"移动""旋转""缩放"命令的使用方法。

5.2.1　"移动"命令

【执行方式】

- 命令行：MOVE。
- 菜单栏：选择菜单栏中的"修改"→"移动"命令。
- 快捷菜单：选择要复制的对象，在绘图区右击，在弹出的快捷菜单中选择"移动"命令。
- 工具栏：单击"修改"工具栏中的"移动"按钮 ✥。
- 功能区：单击"默认"选项卡"修改"面板中的"移动"按钮 ✥。

【操作步骤】

命令行提示与操作如下：

```
命令：MOVE↙
选择对象：（用前面介绍的对象选择方法选择要移动的对象，按 Enter 键结束选择）
指定基点或<位移>：（指定基点或位移）
指定第二个点或 <使用第一个点作为位移>：
```

5.2.2　操作实例——绘制扳手

绘制扳手

绘制如图 5-82 所示的扳手。操作步骤如下：

（1）单击"默认"选项卡"绘图"面板中的"矩形"按钮 ▭，指定矩形的长度为 50，宽度为10。

（2）单击"默认"选项卡"绘图"面板中的"圆"按钮⊙，以矩形短边的中心为圆心，绘制半径为10的圆。

（3）单击"默认"选项卡"绘图"面板中的"多边形"按钮⬡，以竖直直线的中心点为正多边形的中心点，绘制内切圆的正六边形，如图5-83所示。

（4）单击"默认"选项卡"修改"面板中的"镜像"按钮⚠，将绘制的多边形和圆进行镜像操作，如图5-84所示。

图 5-82　绘制扳手　　　　图 5-83　绘制多边形　　　　图 5-84　镜像图形

（5）右击状态栏中的"极轴追踪"按钮，选择"正在追踪设置"选项，打开如图5-85所示的"草图设置"对话框，勾选"极轴追踪"选项卡中的"启用极轴追踪"复选框，"增量角"设置为45°，单击"确定"按钮。然后单击"默认"选项卡"绘图"面板中的"直线"按钮／，绘制两条斜向直线。

（6）单击"默认"选项卡"修改"面板中的"移动"按钮✥，移动多边形，如图5-86所示。命令行提示与操作如下：

```
命令:_move
选择对象:（选择多边形）
选择对象:✓
指定基点或[位移(D)]<位移>:（以斜向直线的起点为基点）
指定第二个点或<使用第一个点作为位移>:（以斜向直线和大圆的交点为第二点）
```

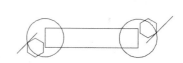

图 5-85　"草图设置"对话框　　　　图 5-86　移动多边形

（7）单击"默认"选项卡"修改"面板中的"删除"按钮，将两条斜向直线删除。

（8）修剪对象。单击"默认"选项卡"修改"面板中的"修剪"按钮，修剪多余的多边形和圆，结果如图5-82所示。命令行提示与操作如下：

```
命令:_trim
当前设置:投影=UCS,边=无
选择剪切边...
```

选择对象或 <全部选择>：（直接按下键盘上的 Enter 键）
选择要修剪的对象或按住 Shift 键选择要延伸的对象，或者[栏选(F)/窗交(C)/投影(P)/边(E)/删除(R)]：（选择多余的多边形和圆）

5.2.3 "旋转"命令

【执行方式】

- 命令行：ROTATE。
- 菜单栏：选择菜单栏中的"修改"→"旋转"命令。
- 快捷菜单：选择要旋转的对象，在绘图区右击，在弹出的快捷菜单中选择"旋转"命令。
- 工具栏：单击"修改"工具栏中的"旋转"按钮 ↻。
- 功能区：单击"默认"选项卡"修改"面板中的"旋转"按钮 ↻。

【操作步骤】

命令行提示与操作如下：

命令：ROTATE↙
UCS 当前的正角方向：ANGDIR=逆时针 ANGBASE=0
选择对象：（选择要旋转的对象）
指定基点：（指定旋转基点，在对象内部指定一个坐标点）
指定旋转角度，或 [复制(C)/参照(R)] <0>：（指定旋转角度或其他选项）

【选项说明】

（1）复制(C)：选择该选项，旋转对象的同时，保留原对象，如图 5-87 所示。

图 5-87 复制旋转

（2）参照(R)：采用参照方式旋转对象时，命令行提示与操作如下。

指定参照角 <0>：（指定要参考的角度，默认值为 0）
指定新角度或[点(P)]：（输入旋转后的角度值）

操作完毕后，对象被旋转至指定的角度位置。

5.2.4 操作实例——绘制压紧螺母

绘制如图 5-88 所示的压紧螺母。操作步骤如下：

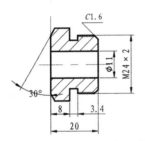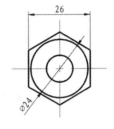

图 5-88 压紧螺母

1. 创建图层

单击"默认"选项卡"图层"面板中的"图层特性"按钮，打开"图层特性管理器"对话框，设置图层：

（1）中心线：颜色为红色，线型为 CENTER，线宽为 0.15 毫米；

（2）粗实线：颜色为白色，线型为 Continuous，线宽为 0.30 毫米；

（3）细实线：颜色为白色，线型为 Continuous，线宽为 0.15 毫米；

（4）尺寸标注：颜色为白色，线型为 Continuous，线宽为默认值；

（5）文字说明：颜色为白色，线型为 Continuous，线宽为默认值。

2. 绘制左视图

（1）绘制中心线

将"中心线"图层设定为当前图层。单击"默认"选项卡"绘图"面板中的"直线"按钮，以坐标点{（150，150）、（190，150）}，{（170，170）、（170，130）}为端点绘制中心线，修改线型比例为 0.5。结果如图 5-89 所示。

（2）绘制多边形

将"粗实线"图层设定为当前图层。单击"默认"选项卡"绘图"面板中的"多边形"按钮，绘制正六边形，并单击"默认"选项卡"修改"面板中的"旋转"按钮，将绘制的正六边形旋转 90°，命令行提示与操作如下：

```
命令：_polygon
输入侧面数 <4>：6↙
指定正多边形的中心点或 [边(E)]：（选取中心线交点）
输入选项 [内接于圆(I)/外切于圆(C)] <C>：C↙
指定圆的半径：13↙
命令：_rotate
UCS 当前的正角方向： ANGDIR=逆时针  ANGBASE=0
选择对象：（选取绘制的正六边形）↙
选择对象：↙
指定基点：（选取中心线交点）
指定旋转角度，或 [复制(C)/参照(R)] <0>：90↙
```

结果如图 5-90 所示。

（3）绘制圆

单击"默认"选项卡"绘图"面板中的"圆"按钮，以中心线交点为圆心，绘制半径为 12 和 5.5 的圆，结果如图 5-91 所示。

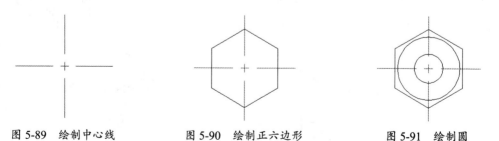

图 5-89 绘制中心线　　　图 5-90 绘制正六边形　　　图 5-91 绘制圆

3. 绘制主视图

（1）绘制中心线。将"中心线"图层设定为当前图层。单击"默认"选项卡"绘图"面板中的"直线"按钮 ∕，以坐标点{（80,150）、（110,150）}，{（85,170）、（85,130）}为端点绘制中心线，修改线型比例为0.5。结果如图5-92所示。

（2）绘制辅助线。单击"默认"选项卡"绘图"面板中的"直线"按钮 ∕，以图5-92中的点1、2、3为基准向左侧绘制直线，结果如图5-93所示。

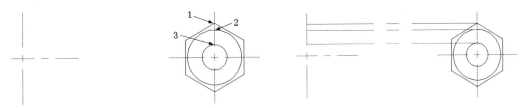

图5-92　绘制中心线　　　　　　　　图5-93　绘制辅助线

（3）绘制图形。将"粗实线"图层设定为当前图层。单击"默认"选项卡"绘图"面板中的"直线"按钮 ∕，根据辅助线及尺寸绘制图形。结果如图5-94所示。

（4）绘制退刀槽。单击"默认"选项卡"绘图"面板中的"直线"按钮 ∕ 和"默认"选项卡"修改"面板中的"修剪"按钮，绘制退刀槽。结果如图5-95所示。

图5-94　绘制图形　　　　　　　　图5-95　绘制退刀槽

（5）创建倒角1。单击"默认"选项卡"修改"面板中的"倒角"按钮，以1.6为边长创建倒角。结果如图5-96所示。

（6）创建倒角2。选取极轴追踪角度为30°，将"极轴追踪"打开，单击"默认"选项卡"绘图"面板中的"直线"按钮 ∕ 和单击"默认"选项卡"修改"面板中的"修剪"按钮，绘制倒角。结果如图5-97所示。

（7）绘制螺纹线。单击"默认"选项卡"修改"面板中的"偏移"按钮，将水平中心线向上偏移，偏移距离为11.5，并单击"默认"选项卡"修改"面板中的"修剪"按钮，修剪线段，将剪切后的线段修改图层为"细实线"。结果如图5-98所示。

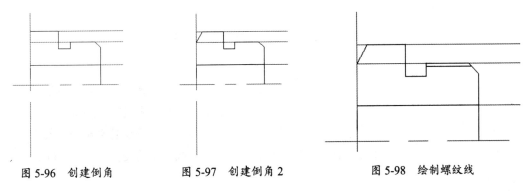

图5-96　创建倒角　　　　图5-97　创建倒角2　　　　图5-98　绘制螺纹线

（8）镜像图形。单击"默认"选项卡"修改"面板中的"镜像"按钮 ⚠，将绘制好的一侧图形镜像到另一侧。结果如图 5-99 所示。

（9）绘制剖面线。将"细实线"图层设定为当前图层。单击"默认"选项卡"绘图"面板中的"图案填充"按钮▨，设置填充图案为"ANSI31"，"图案填充角度"为 0，"填充图案比例"为 1。结果如图 5-100 所示。

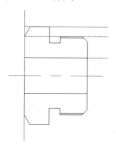
图 5-99　镜像图形

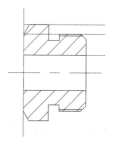
图 5-100　压紧螺母图案填充

（10）删除多余的辅助线。最后打开状态栏上的"线宽"按钮 ≡，删除多余辅助线，最终结果如图 5-88 所示。

5.2.5　"缩放"命令

【执行方式】

- 命令行：SCALE。
- 菜单栏：选择菜单栏中的"修改"→"缩放"命令。
- 快捷菜单：选择要缩放的对象，在绘图区右击，在弹出的快捷菜单中选择"缩放"命令。
- 工具栏：单击"修改"工具栏中的"缩放"按钮 ◰。
- 功能区：单击"默认"选项卡"修改"面板中的"缩放"按钮 ◰。

【操作步骤】

命令行提示与操作如下：

```
命令：SCALE↙
选择对象：（选择要缩放的对象）
选择对象：↙
指定基点：（指定缩放基点）
指定比例因子或［复制（C）/参照(R)］：
```

【选项说明】

（1）参照(R)：采用参考方向缩放对象时，命令行提示与操作如下。

```
指定参照长度 <1>：（指定参考长度值）
指定新的长度或［点(P)］<1.0000>：（指定新长度值）
```

若新长度值大于参考长度值，则放大对象；否则，缩小对象。操作完毕后，系统以指定的基点按指定的比例因子缩放对象。如果选择"点(P)"选项，则通过指定两点来定义新的长度。

（2）指定比例因子：选择对象并指定基点后，从基点到当前光标位置会出现一条线段，线段的长度即为比例因子。鼠标选择的对象会动态地随着该连线长度的变化而缩放，按 Enter 键，确认缩放操作。

(3)复制(C):选择该选项时,可以复制缩放对象,即缩放对象时,保留原对象图形,如图 5-101 所示。

5.2.6 操作实例——绘制垫片

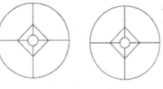

图 5-101 复制缩放

绘制如图 5-102 所示的垫片,其操作步骤如下:

(1)单击"默认"选项卡"图层"面板中的"图层特性"按钮,打开"图层特性管理器"对话框,新建两个图层,分别为"中心线"和"粗实线"图层,各个图层属性如图 5-103 所示。

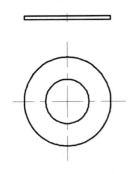

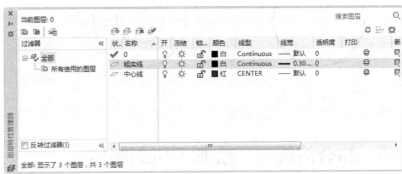

图 5-102 绘制垫片　　　　图 5-103 "图层特性管理器"对话框

将"中心线"图层设置为当前图层。

(2)单击"默认"选项卡"绘图"面板中的"直线"按钮,绘制十字交叉的辅助线,其中水平直线和竖直直线的长度分别为 24 和 30。

(3)单击"默认"选项卡"绘图"面板中的"圆"按钮,绘制半径为 9 的圆,结果如图 5-104 所示。

(4)单击"默认"选项卡"修改"面板中的"缩放"按钮,指定缩放的比例为 0.5,将圆进行缩放,结果如图 5-105 所示。命令行提示与操作如下:

命令: _scale
选择对象:(选择圆)
选择对象:✓
指定基点:(水平直线和竖直直线的交点)
指定比例因子或 [复制(C)/参照(R)]: C✓
缩放一组选定对象。
指定比例因子或 [复制(C)/参照(R)]: 0.5✓(指定缩放的比例)

(5)单击"默认"选项卡"绘图"面板中的"矩形"按钮,以竖直直线的起点为矩形的第一个角点,绘制长度为 18、宽度为 0.8 的矩形。

(6)单击"默认"选项卡"修改"面板中的"移动"按钮,将矩形向左下侧移动,结果如图 5-106 所示。命令行提示与操作如下:

命令: _move
指定基点或 [位移(D)] <位移>:(指定绘图区的一点为基点)
指定第二个点或 <使用第一个点作为位移>: @-9,-0.4✓(输入相对偏移量)

(7)单击"默认"选项卡"修改"面板中的"打断"按钮,选择竖直直线,将竖直中心线进行打断操作,将竖直直线一分为二,如图 5-102 所示。命令行提示与操作如下:

命令: _break

```
选择对象：（选择竖直直线）
指定第二个打断点 或 [第一点(F)]：F✓
指定第一个打断点：from✓
基点：（选择竖直直线的起点）
<偏移>：@0,24✓
指定第二个打断点：@0,4.4✓
```

图 5-104 绘制圆　　　　图 5-105 缩放圆　　　　图 5-106 移动矩形

5.3 综合演练——绘制手压阀阀体

绘制手压阀阀体

手压阀阀体平面图的绘制分为三部分：主视图、左视图、俯视图。对于主视图，利用直线、圆、偏移、旋转等命令绘制；根据零件可知一个主视图无法完全表述清楚，因此可利用左视图及俯视图表述。而左视图与俯视图需要利用与主视图的投影对应关系进行定位和绘制，如图 5-107 所示。

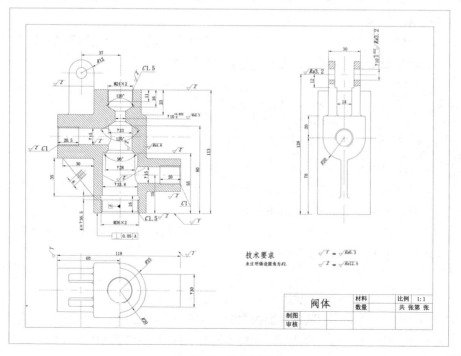

图 5-107 手压阀阀体

5.3.1 配置绘图环境

（1）创建新文件

启动 AutoCAD 2020 应用程序，打开随书电子资料中的"\源文件\5\A3 样板图.dwg"，将其另存为"阀体.dwg"。

（2）创建图层

单击"默认"选项卡"图层"面板中的"图层特性"按钮，打开"图层特性管理器"对话框，新建如下 5 个图层：

① 中心线：颜色为红色，线型为 CENTER，线宽为 0.15 毫米；
② 粗实线：颜色为白色，线型为 Continuous，线宽为 0.30 毫米；
③ 细实线：颜色为白色，线型为 Continuous，线宽为 0.15 毫米；
④ 尺寸标注：颜色为蓝色，线型为 Continuous，线宽为默认值；
⑤ 文字说明：颜色为白色，线型为 Continuous，线宽为默认值。

设置结果如图 5-108 所示。

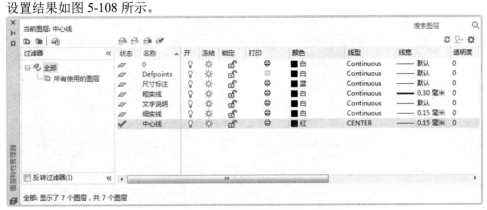

图 5-108 "图层特性管理器"对话框

5.3.2 绘制主视图

（1）绘制中心线

将"中心线"图层设定为当前图层。单击"默认"选项卡"绘图"面板中的"直线"按钮，分别以坐标点{（50，200）、（180，200）}，{（115，275）、（115，125）}，{（58，258）、（98，258）}，{（78，278）、（78，238）}为端点绘制中心线，修改线型比例为 0.5。结果如图 5-109 所示。

（2）偏移中心线

单击"默认"选项卡"修改"面板中的"偏移"按钮，将中心线偏移。结果如图 5-110 所示。

（3）修剪图形

单击"默认"选项卡"修改"面板中的"修剪"按钮，修剪图形，并将修剪后的图形修改图层为"粗实线"。结果如图 5-111 所示。

（4）创建圆角

单击"默认"选项卡"修改"面板中的"圆角"按钮，创建半径为 2 的圆角，结果如图 5-112 所示。

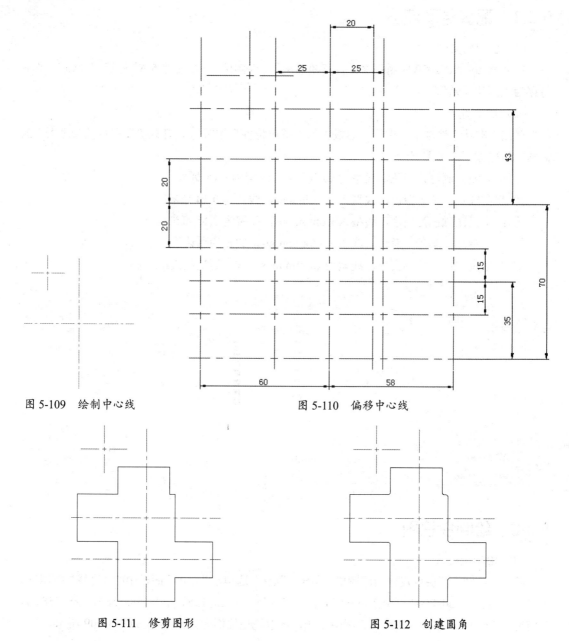

图 5-109 绘制中心线　　　　图 5-110 偏移中心线

图 5-111 修剪图形　　　　图 5-112 创建圆角

（5）绘制圆

将"粗实线"图层设定为当前图层。单击"默认"选项卡"绘图"面板中的"圆"按钮⊙，以中心线交点为圆心，分别绘制半径为 5 和 12 的圆，结果如图 5-113 所示。

（6）绘制直线

单击"默认"选项卡"绘图"面板中的"直线"按钮╱，绘制与圆相切的直线，结果如图 5-114 所示。

（7）修剪图形

单击"默认"选项卡"修改"面板中的"修剪"按钮，修剪图形，结果如图 5-115 所示。

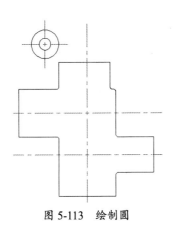
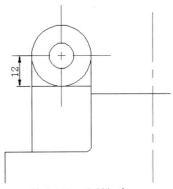

图 5-113　绘制圆　　　　　　　图 5-114　绘制切线

（8）创建圆角

单击"默认"选项卡"修改"面板中的"圆角"按钮，创建半径为 2 的圆角，并单击"默认"选项卡"绘图"面板中的"直线"按钮，将缺失的图形补全，结果如图 5-116 所示。

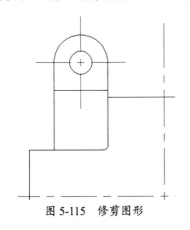
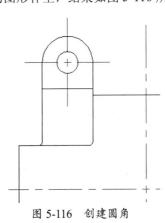

图 5-115　修剪图形　　　　　　　图 5-116　创建圆角

（9）创建水平孔

① 单击"默认"选项卡"修改"面板中的"偏移"按钮，将水平中心线向两侧偏移，偏移距离为 7.5，结果如图 5-117 所示。

② 单击"默认"选项卡"修改"面板中的"修剪"按钮，修剪图形，并将剪切后的图形修改图层为"粗实线"。结果如图 5-118 所示。

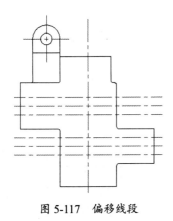
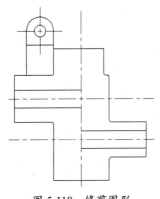

图 5-117　偏移线段　　　　　　　图 5-118　修剪图形

（10）创建竖直孔

① 单击"默认"选项卡"修改"面板中的"偏移"按钮⊆，将竖直中心线向两侧偏移，结果如图 5-119 所示。

② 单击"默认"选项卡"修改"面板中的"偏移"按钮⊆，将底部水平线向上偏移，结果如图 5-120 所示。

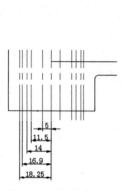

图 5-119 偏移线段

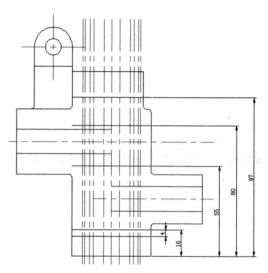

图 5-120 偏移线段

③ 单击"默认"选项卡"修改"面板中的"修剪"按钮，修剪图形，并将修剪后的图形修改图层为"粗实线"。结果如图 5-121 所示。

④ 将"粗实线"图层设定为当前图层。单击"默认"选项卡"绘图"面板中的"直线"按钮，绘制线段，单击"默认"选项卡"修改"面板中的"修剪"按钮，修剪图形，结果如图 5-122 所示。

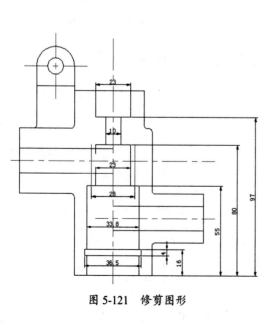

图 5-121 修剪图形

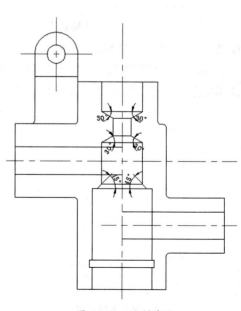

图 5-122 绘制线段

(11) 绘制螺纹线

① 单击"默认"选项卡"修改"面板中的"偏移"按钮⊂，偏移线段，结果如图 5-123 所示。

② 单击"默认"选项卡"修改"面板中的"修剪"按钮▼，修剪图形，并将修剪后的图形修改图层为"细实线"。结果如图 5-124 所示。

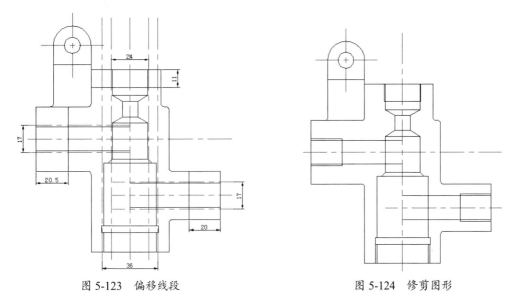

图 5-123 偏移线段   图 5-124 修剪图形

(12) 创建倒角

① 单击"默认"选项卡"修改"面板中的"偏移"按钮⊂，偏移线段，结果如图 5-125 所示。

② 单击"默认"选项卡"绘图"面板中的"直线"按钮╱，绘制线段，并单击"默认"选项卡"修改"面板中的"修剪"按钮▼，修剪图形。结果如图 5-126 所示。

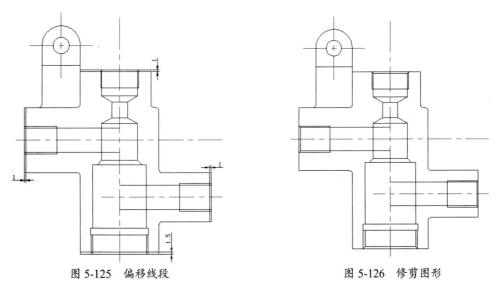

图 5-125 偏移线段   图 5-126 修剪图形

(13) 创建孔之间的连接线

单击"默认"选项卡"绘图"面板中的"圆弧"按钮⌒，创建圆弧，并单击"默认"选项卡"修改"面板中的"修剪"按钮▼，修剪图形，结果如图 5-127 所示。

（14）创建加强筋

① 单击"默认"选项卡"修改"面板中的"偏移"按钮⊆，偏移中心线，结果如图 5-128 所示。

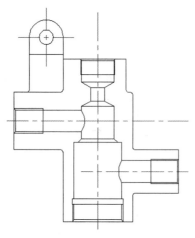

图 5-127 创建圆弧

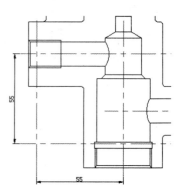

图 5-128 偏移中心线

② 单击"默认"选项卡"绘图"面板中的"直线"按钮，连接线段交点，并将多余的辅助线删除，结果如图 5-129 所示。

③ 单击"默认"选项卡"绘图"面板中的"直线"按钮，绘制与上步绘制的直线相垂直的线段，并将绘制的直线的图层修改为"中心线"，结果如图 5-130 所示。

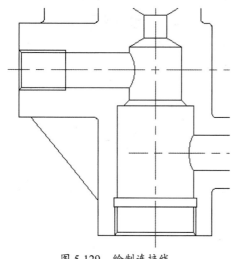

图 5-129 绘制连接线

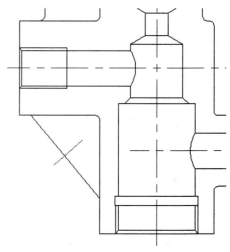

图 5-130 绘制中心线

④ 单击"默认"选项卡"修改"面板中的"偏移"按钮⊆，偏移线段，结果如图 5-131 所示。

⑤ 单击"默认"选项卡"修改"面板中的"修剪"按钮，修剪图形，并将修剪后的图形修改图层为"粗实线"。结果如图 5-132 所示。

⑥ 单击"默认"选项卡"修改"面板中的"圆角"按钮，创建半径为 2 的圆角，并单击"默认"选项卡"修改"面板中的"移动"按钮，将绘制好的加强筋重合剖面图移动到指定位置，结果如图 5-133 所示。

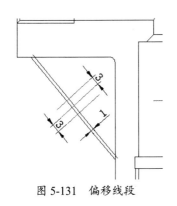
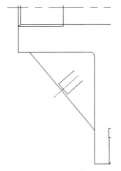

图 5-131　偏移线段　　　　　　　图 5-132　修剪图形

⑦ 单击"默认"选项卡"绘图"面板中的"直线"按钮，绘制辅助线，结果如图 5-134 所示。

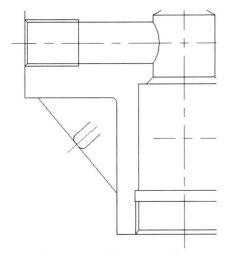
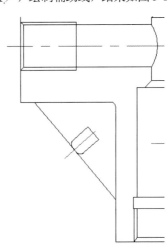

图 5-133　加强筋重合剖面图　　　　　图 5-134　绘制辅助线

（15）绘制剖面线

将"细实线"图层设定为当前图层。单击"默认"选项卡"绘图"面板中的"图案填充"按钮，系统弹出"图案填充创建"选项卡，选取"ANSI31"图案，如图 5-135 所示，设置"图案填充角度"为 90°，"填充图案比例"为 0.5，如图 5-136 所示。在图形中选取填充范围，绘制剖面线，最终完成主视图的绘制，效果如图 5-137 所示。

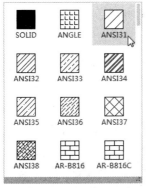

图 5-135　选择填充图案　　　　　　　图 5-136　设置"特性"面板

（16）删除辅助线

将辅助线删除，结果如图 5-138 所示。

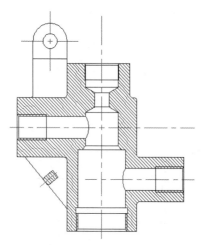

图 5-137　主视图图案填充

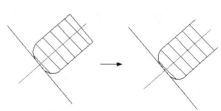

图 5-138　删除辅助线

5.3.3　绘制左视图

（1）绘制中心线

将"中心线"图层设定为当前图层。单击"默认"选项卡"绘图"面板中的"直线"按钮，首先在如图 5-139 所示的中心线的延长线上绘制一段水平中心线，再绘制相垂直的中心线，结果如图 5-140 所示。

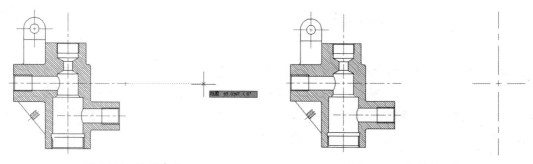

图 5-139　绘制基准　　　　　　　　　　图 5-140　绘制中心线

（2）偏移中心线

单击"默认"选项卡"修改"面板中的"偏移"按钮，将绘制的中心线向两侧偏移，结果如图 5-141 所示。

（3）剪切图形

单击"默认"选项卡"修改"面板中的"修剪"按钮，修剪图形并将修剪后的图形修改图层为"粗实线"。结果如图 5-142 所示。

（4）创建圆

将"粗实线"图层设定为当前图层。单击"默认"选项卡"绘图"面板中的"圆"按钮，分别创建半径为 7.5、8.5 和 20 的圆，并将半径为 8.5 的圆修改图层为"细实线"，结果如图 5-143 所示。

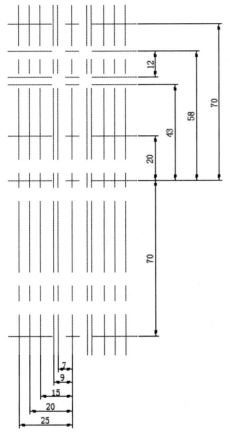

图 5-141 偏移中心线

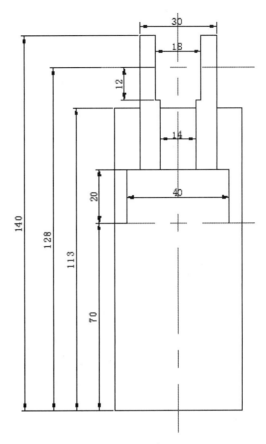

图 5-142 修剪图形

(5) 旋转中心线

单击"默认"选项卡"修改"面板中的"旋转"按钮，旋转中心线，命令行提示与操作如下：

```
命令：_rotate
UCS 当前的正角方向：ANGDIR=逆时针  ANGBASE=0
选择对象：找到 1 个
选择对象：找到 1 个，总计 2 个（选取两条中心线）
选择对象：✓
指定基点：（选取中心线交点）
指定旋转角度，或 [复制(C)/参照(R)] <0>: C✓
旋转一组选定对象。
指定旋转角度，或 [复制(C)/参照(R)] <0>: 15✓
```

结果如图 5-144 所示。

(6) 修剪图形

单击"默认"选项卡"修改"面板中的"修剪"按钮，修剪图形，并将多余的中心线删除，结果如图 5-145 所示。

(7) 偏移中心线

单击"默认"选项卡"修改"面板中的"偏移"按钮，将绘制的中心线向两侧偏移，结果如图 5-146 所示。

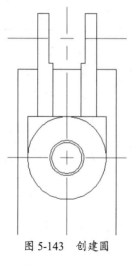
图 5-143　创建圆

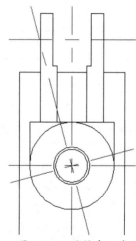
图 5-144　旋转中心线

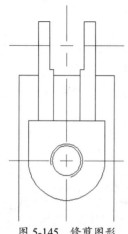
图 5-145　修剪图形

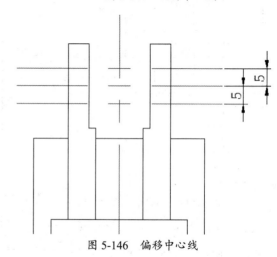
图 5-146　偏移中心线

（8）剪切图形

单击"默认"选项卡"修改"面板中的"修剪"按钮，修剪图形并将修剪后的图形修改图层为"粗实线"。结果如图 5-147 所示。

（9）偏移中心线

单击"默认"选项卡"修改"面板中的"偏移"按钮，将中心线偏移，结果如图 5-148 所示。

（10）剪切图形

单击"默认"选项卡"修改"面板中的"修剪"按钮，修剪图形并将修剪后的图形修改图层为"粗实线"。结果如图 5-149 所示。

（11）创建圆角

单击"默认"选项卡"修改"面板中的"圆角"按钮，创建半径为 2 的圆角，并单击"默认"选项卡"绘图"面板中的"直线"按钮，将缺失的图形补全，结果如图 5-150 所示。

（12）绘制局部剖切线

单击"默认"选项卡"绘图"面板中的"样条曲线拟合"按钮，绘制局部剖切线，结果如图 5-151 所示。

图 5-147 剪切图形

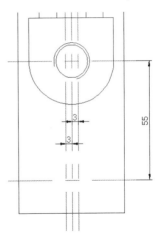
图 5-148 偏移中心线

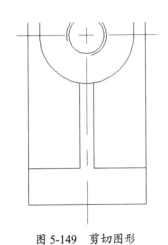
图 5-149 剪切图形

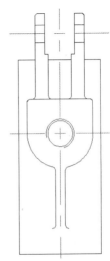
图 5-150 创建圆角

（13）绘制剖面线

将"细实线"图层设置为当前图层。单击"默认"选项卡"绘图"面板中的"图案填充"按钮，弹出"图案填充创建"选项卡，选取"ANSI31"图案，如图 5-152 所示。设置"图案填充角度"为 0，"填充图案比例"为 0.5，如图 5-153 所示。在图形中选取填充范围，绘制剖面线，最终完成左视图的绘制，效果如图 5-154 所示。

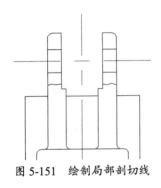
图 5-151 绘制局部剖切线

图 5-152 选择填充图案

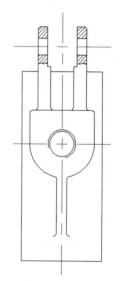

图 5-153　设置"特性"面板

图 5-154　左视图图案填充

5.3.4　绘制俯视图

（1）绘制中心线

将"中心线"图层设定为当前图层。单击"默认"选项卡"绘图"面板中的"直线"按钮 ╱，首先在如图 5-155 所示的中心线的延长线上绘制一段竖直中心线，再绘制相垂直的水平中心线，结果如图 5-156 所示。

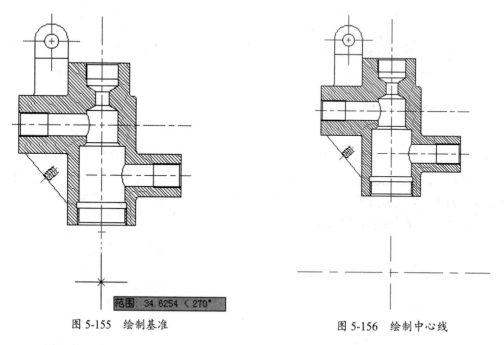

图 5-155　绘制基准　　　　　　　　　　图 5-156　绘制中心线

（2）偏移中心线

单击"默认"选项卡"修改"面板中的"偏移"按钮 ⊆，将中心线向两侧偏移，结果如图 5-157 所示。

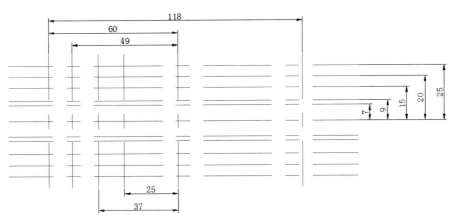

图 5-157　偏移中心线

（3）剪切图形

单击"默认"选项卡"修改"面板中的"修剪"按钮，修剪图形并将修剪后的图形修改图层为"粗实线"。结果如图 5-158 所示。

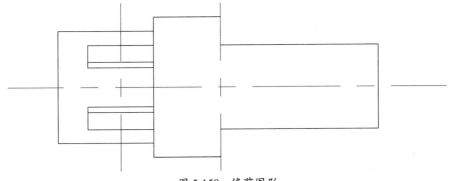

图 5-158　修剪图形

（4）创建圆

将"粗实线"图层设定为当前图层。单击"默认"选项卡"绘图"面板中的"圆"按钮，分别创建半径为 11.5、12、20 和 25 的圆，并将半径为 12 的圆修改图层为"细实线"，结果如图 5-159 所示。

（5）旋转中心线

单击"默认"选项卡"修改"面板中的"旋转"按钮，旋转中心线，命令行提示与操作如下：

```
命令：_rotate
UCS 当前的正角方向：ANGDIR=逆时针 ANGBASE=0
选择对象：找到 1 个
选择对象：找到 1 个，总计 2 个（选取两条中心线）
选择对象：✓
指定基点：（选取中心线交点）
指定旋转角度，或 [复制(C)/参照(R)] <0>：C✓
旋转一组选定对象。
指定旋转角度，或 [复制(C)/参照(R)] <0>：15✓
```

结果如图 5-160 所示。

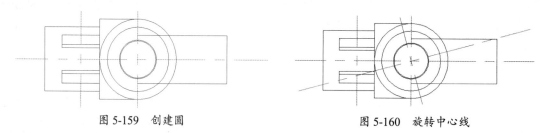

图 5-159 创建圆　　　　　　图 5-160 旋转中心线

（6）修剪图形

单击"默认"选项卡"修改"面板中的"修剪"按钮，修剪图形，并将多余的中心线删除，结果如图 5-161 所示。

（7）绘制直线

单击"默认"选项卡"绘图"面板中的"直线"按钮，连接两圆弧端点，结果如图 5-162 所示。

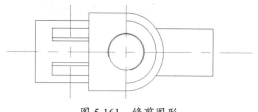
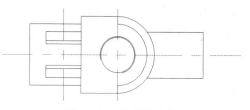

图 5-161 修剪图形　　　　　　图 5-162 绘制辅助线

（8）创建圆角

单击"默认"选项卡"修改"面板中的"圆角"按钮，创建半径为 2 的圆角，并单击"默认"选项卡"绘图"面板中的"直线"按钮，将缺失的图形补全，结果如图 5-163 所示。

最终结果如图 5-164 所示。

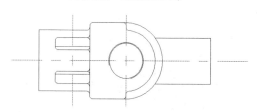

图 5-163 创建圆角

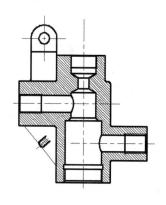
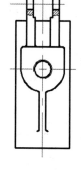

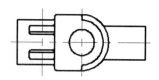

图 5-164 阀体绘制

5.4 名师点拨——绘图学一学

1. "镜像"命令的操作技巧

"镜像"命令对创建对称的图样非常有用,可以快速地绘制一半对象,然后将其镜像,而不必绘制所有对象。

在默认情况下,镜像文字、属性及属性定义时,它们在镜像后所得图像中不会反转或倒置。文字的对齐和对正方式在镜像前后保持一致。如果制图确实要反转文字,可将系统变量 MIRRTEXT 设置为 1(默认值为 0)。

2. 如何用"BREAK"命令在一点打断对象

执行"BREAK"命令,在提示输入第二点时,可以输入"@"再按 Enter 键,这样即可在第一点打断选定对象。

3. 怎样用修剪命令同时修剪多条线段

如果有 1 条竖直直线与 4 条水平平行线相交,现在要剪切掉竖直直线右侧的部分,执行"TRIM"命令,在命令行中显示"选择对象"时,选择竖直直线并按 Enter 键,然后输入"F"并按 Enter 键,最后在竖直直线右侧画一条直线并按 Enter 键,即可完成修剪。

4. 怎样把多条直线合并为一条直线

方法 1:在命令行中输入"GROUP"命令,选择多条直线。

方法 2:执行"合并"命令,选择多条直线。

方法 3:在命令行中输入"PEDIT"命令,选择多条直线。

方法 4:执行"创建块"命令,选择多条直线。

5.5 名师点拨——巧讲绘图

1. 如何关闭 CAD 中的".bak"文件

方法 1:选择菜单栏中的"工具"→"选项"命令,选择"打开和保存"选项卡,取消选中"每次保存均创建备份"复选框。

方法 2:在命令行中输入"ISAVEBAK"命令,将系统变量修改为 0,系统变量为 1 时,每次保存都会创建".bak"备份文件。

2. 填充无效时怎么办

有时填充时会执行不成功,可以检查以下两个选项。

(1)系统变量。

(2)选择菜单栏中的"工具"→"选项"命令,弹出"选项"对话框,打开"显示"选项卡,在右侧"显示性能"选项组中选中"应用实体填充"复选框。

5.6 上机实验

【练习 1】绘制如图 5-165 所示的紫荆花图形。

【练习 2】绘制如图 5-166 所示的圆锥滚子轴承。

图 5-165 紫荆花

图 5-166 圆锥滚子轴承

5.7 模拟考试

（1）同时填充多个区域，如果要修改一个区域的填充图案而不影响其他区域，则需要（　　）。

A. 将图案分解

B. 在创建图案填充时选择"关联"选项

C. 删除图案，重新对该区域进行填充

D. 在创建图案填充时选择"创建独立的图案填充"选项

（2）创建如图 5-167 所示的均布结构。

（3）绘制如图 5-168 所示的轴承座。

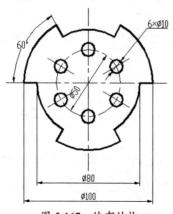
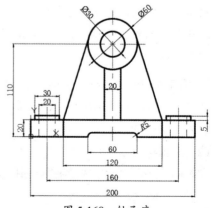

图 5-167 均布结构　　　　　　　图 5-168 轴承座

第 6 章　高级绘图和编辑命令

本章循序渐进地学习有关 AutoCAD 2020 的复杂绘图命令和编辑命令，熟练掌握用 AutoCAD 2020 绘制二维几何元素，包括多段线、样条曲线及多线等的方法，同时利用相应的编辑命令修正图形。

内容要点

- 多段线
- 样条曲线
- 多线

案例效果

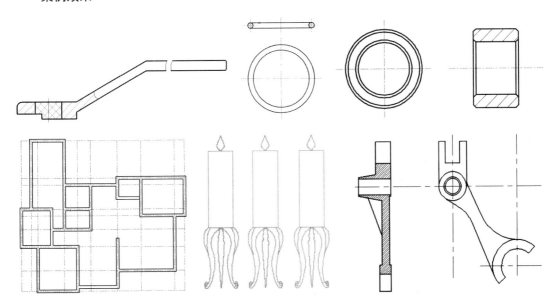

6.1　多段线

多段线是一种由线段和圆弧组合而成的不同线宽的多线，这种线由于其组合形式的多样性和线宽的不同，弥补了直线和圆弧功能的不足，适合绘制各种复杂的图形轮廓，因而得到了广泛的应用。

【预习重点】

- 比较多段线与直线、圆弧组合体的差异。
- 了解多段线命令行选项的含义。
- 了解如何编辑多段线。
- 对比编辑多段线与面域的区别。

6.1.1 绘制多段线

【执行方式】

- 命令行：PLINE（快捷命令：PL）。
- 菜单栏：选择菜单栏中的"绘图"→"多段线"命令。
- 工具栏：单击"绘图"工具栏中的"多段线"按钮 。
- 功能区：单击"默认"选项卡"绘图"面板中的"多段线"按钮 。

【操作步骤】

命令行提示与操作如下：

```
命令：PLINE✓
指定起点：（指定多段线的起点）
当前线宽为 0.0000
指定下一个点或 [圆弧(A)/半宽(H)/长度(L)/放弃(U)/宽度(W)]：（指定多段线的下一个点）
```

【选项说明】

多段线主要由连续的不同宽度的线段或圆弧组成，如果在上述提示中选择"圆弧"选项，则命令行提示与操作如下：

指定圆弧的端点(按住 Ctrl 键以切换方向) 或 [角度(A)/圆心(CE)/方向(D)/半宽(H)/直线(L)/半径(R)/第二个点(S)/放弃(U)/宽度(W)]：

绘制圆弧的方法与"圆弧"命令相似。

6.1.2 操作实例——绘制电磁管密封圈

绘制如图 6-1 所示的电磁管密封圈。操作步骤如下：

（1）单击"默认"选项卡"图层"面板中的"图层特性"按钮 ，创建 3 个图层，分别为"中心线""实体线""剖面线"，其中，"中心线"图层的颜色设置为红色，线型为 CENTER，线宽为默认值；"实体线"图层的颜色为白色，线型为实线，线宽为 0.30 毫米；"剖面线"图层设为默认的属性值。

（2）将"中心线"图层设定为当前图层。单击"默认"选项卡"绘图"面板中的"直线"按钮 ，绘制长度为 30 的水平直线和竖直直线，其交点为坐标原点。

（3）将"实体线"图层设定为当前图层。单击"默认"选项卡"绘图"面板中的"圆"按钮 ，圆心为十字交叉线的中点，绘制半径为 10.5 和 12.5 的同心圆，结果如图 6-2 所示。

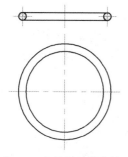

图 6-1 绘制电磁管密封圈

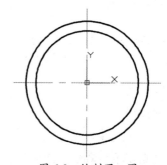

图 6-2 绘制同心圆

（4）将"中心线"图层设定为当前图层。单击"默认"选项卡"绘图"面板中的"直线"按钮

/，绘制直线，直线端点的坐标分别为{(0,16.6)、(0,22.6)}{(-11.5,16.1)、(-11.5,22.1)}{(-14,19.6)、(-9,19.6)}{(11.5,16.1)、(11.5,22.1)}{(14,19.6)、(9,19.6)}，如图6-3所示。

（5）将"实体线"图层设定为当前图层。单击"默认"选项卡"绘图"面板中的"多段线"按钮，绘制多段线，如图6-4所示。命令行提示与操作如下：

```
命令: _pline
指定起点: -11.5,18.6↙
当前线宽为 0.0000
指定下一个点或 [圆弧(A)/半宽(H)/长度(L)/放弃(U)/宽度(W)]: 11.5,18.6↙
指定下一点或 [圆弧(A)/闭合(C)/半宽(H)/长度(L)/放弃(U)/宽度(W)]: A↙
指定圆弧的端点(按住 Ctrl 键以切换方向)或[角度(A)/圆心(CE)/闭合(CL)/方向(D)/半宽(H)/直线(L)/半径(R)/第二个点(S)/放弃(U)/宽度(W)]: S↙
指定圆弧上的第二个点: 12.5,19.6↙
指定圆弧的端点: 11.5,20.6↙
指定圆弧的端点(按住 Ctrl 键以切换方向)或[角度(A)/圆心(CE)/闭合(CL)/方向(D)/半宽(H)/直线(L)/半径(R)/第二个点(S)/放弃(U)/宽度(W)]: L↙
指定下一点或 [圆弧(A)/闭合(C)/半宽(H)/长度(L)/放弃(U)/宽度(W)]: -11.5,20.6↙
指定下一点或 [圆弧(A)/闭合(C)/半宽(H)/长度(L)/放弃(U)/宽度(W)]: A↙
指定圆弧的端点(按住 Ctrl 键以切换方向)或[角度(A)/圆心(CE)/闭合(CL)/方向(D)/半宽(H)/直线(L)/半径(R)/第二个点(S)/放弃(U)/宽度(W)]: S↙
指定圆弧上的第二个点: -12.5,19.6↙
指定圆弧的端点(按住 Ctrl 键以切换方向)或[角度(A)/圆心(CE)/闭合(CL)/方向(D)/半宽(H)/直线(L)/半径(R)/第二个点(S)/放弃(U)/宽度(W)]: CL↙
```

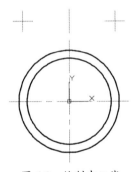

图6-3 绘制中心线

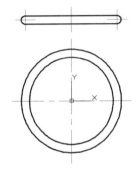

图6-4 绘制多段线

（6）单击"默认"选项卡"绘图"面板中的"圆弧"按钮，绘制圆弧，如图6-5所示。

（7）单击"默认"选项卡"修改"面板中的"镜像"按钮，将绘制的圆弧以中间的竖直中心线为轴，进行镜像处理，如图6-6所示。

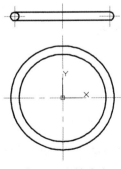

图6-5 绘制圆弧

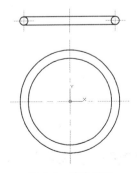

图6-6 镜像圆弧

（8）将"剖面线"图层设置为当前图层，单击"默认"选项卡"绘图"面板中的"图案填充"按钮，打开"图案填充创建"选项卡，如图 6-7 所示，选择"ANSI37"图案，"填充图案比例"为 0.2，单击"拾取点"按钮进行填充操作，结果如图 6-1 所示。

图 6-7 "图案填充创建"选项卡

6.1.3 编辑多段线

【执行方式】

- 命令行：PEDIT（快捷命令：PE）。
- 菜单栏：选择菜单栏中的"修改"→"对象"→"多段线"命令。
- 工具栏：单击"修改 II"工具栏中的"编辑多段线"按钮。
- 快捷菜单：选择要编辑的多线段，在绘图区右击，在弹出的快捷菜单中选择"多段线"→"编辑多段线"命令。
- 功能区：单击"默认"选项卡"修改"面板中的"编辑多段线"按钮。

【操作步骤】

命令行提示与操作如下：

```
命令：PEDIT↙
选择多段线或 [多条(M)]：（选择一条要编辑的多段线）
输入选项 [闭合(C)/合并(J)/宽度(W)/编辑顶点(E)/拟合(F)/样条曲线(S)/非曲线化(D)/线型生成(L)/反转(R)/放弃(U)]：
```

【选项说明】

编辑多段线命令的选项中允许用户进行移动、插入顶点和修改任意两点间的线的线宽等操作，具体含义如下。

（1）合并(J)：以选中的多段线为主体，合并其他直线段、圆弧或多段线，使其成为一条多段线。合并的条件是各段线的端点首尾相连，如图 6-8 所示。

（2）宽度(W)：修改整条多段线的线宽，使其具有同一线宽，如图 6-9 所示。

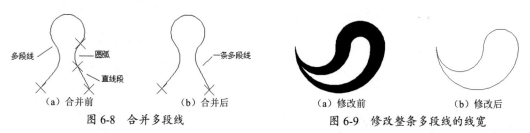

图 6-8 合并多段线　　　　　图 6-9 修改整条多段线的线宽

（3）拟合(F)：从指定的多段线生成由光滑圆弧连接而成的圆弧拟合曲线，该曲线经过多段线的各顶点，如图 6-10 所示。

（4）样条曲线(S)：以指定的多段线的各顶点作为控制点生成 B 样条曲线，如图 6-11 所示。

图 6-10　生成圆弧拟合曲线　　　　　　图 6-11　生成 B 样条曲线

（5）线型生成(L)：当多段线的线型为点划线时，控制多段线的线型生成方式开关。选择此选项，命令行提示与操作如下：

输入多段线线型生成选项 [开(ON)/关(OFF)] <关>：

选择"ON"选项时，将在每个顶点处允许以短划开始或结束生成线型，如图 6-12 所示，选择"OFF"选项时，将在每个顶点处允许以长划开始或结束生成线型。线型的生成不能用于包含带变宽的线段的多段线。如图 6-13 所示为控制多段线的线型效果。

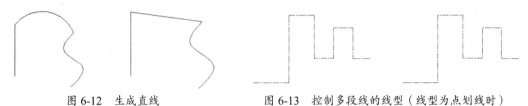

图 6-12　生成直线　　　　　　图 6-13　控制多段线的线型（线型为点划线时）

6.2　样条曲线

AutoCAD 使用一种称为非一致有理 B 样条（NURBS）曲线的特殊样条曲线类型。NURBS 曲线在控制点之间产生一条光滑的样条曲线，如图 6-14 所示。样条曲线可用于创建形状不规则的曲线，例如，为地理信息系统（GIS）或汽车设计、绘制轮廓线。

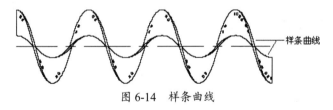

图 6-14　样条曲线

【预习重点】

- 观察绘制的样条曲线。
- 了解样条曲线中命令行中选项的含义。
- 对比观察利用夹点编辑与用编辑样条曲线命令调整曲线轮廓的区别。
- 练习样条曲线的应用。

6.2.1　绘制样条曲线

【执行方式】

- 命令行：SPLINE。
- 菜单栏：选择菜单栏中的"绘图"→"样条曲线"命令。
- 工具栏：单击"绘图"工具栏中的"样条曲线"按钮 ~。

● 功能区：单击"默认"选项卡"绘图"面板中的"样条曲线拟合"按钮 或"样条曲线控制点"按钮 。

【操作步骤】

命令行提示与操作如下：

```
命令：SPLINE↙
当前设置：方式=拟合  节点=弦
指定第一个点或 [方式(M)/节点(K)/对象(O)]：（指定一点或选择"对象(O)"选项）
输入下一个点或 [起点切向(T)/公差(L)]：（指定下一点）
输入下一个点或 [端点相切(T)/公差(L)/放弃(U)]：（指定第三点）
输入下一个点或 [端点相切(T)/公差(L)/放弃(U)/闭合(C)]：
```

【选项说明】

（1）对象(O)：将二维或三维的二次或三次样条曲线的拟合多段线转换为等价的样条曲线，然后（根据 DelOBJ 系统变量的设置）删除该拟合多段线。

（2）闭合(C)：将最后一点定义为与第一点一致，并使其在连接处与样条曲线相切，这样可以闭合样条曲线。选择该选项，系统继续提示如下：

```
指定切向：（指定点或按 Enter 键）
```

用户可以指定一点来定义切向矢量，或者通过使用"切点"和"垂足"对象捕捉模式，使样条曲线与现有对象相切或垂直。

（3）公差(L)：使用新的公差值将样条曲线重新拟合至现有的拟合点。

（4）起点切向(T)：定义样条曲线的第一点和最后一点的切向。

如果在样条曲线的两端都指定切向，可以通过输入一个点或者使用"切点"和"垂足"对象捕捉模式，使样条曲线与已有的对象相切或垂直。如果按 Enter 键，AutoCAD 将计算默认切向。

6.2.2 操作实例——绘制阀杆

绘制阀杆

绘制如图 6-15 所示的阀杆。操作步骤如下：

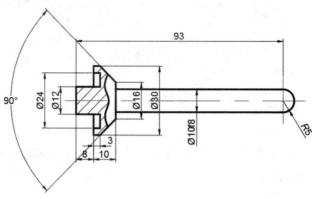

图 6-15 阀杆

（1）创建图层

单击"默认"选项卡"图层"面板中的"图层特性"按钮 ，打开"图层特性管理器"对话框，设置图层：

① 中心线：颜色为红色，线型为 CENTER，线宽为 0.15 毫米；

② 粗实线：颜色为白色，线型为 Continuous，线宽为 0.30 毫米；
③ 细实线：颜色为白色，线型为 Continuous，线宽为 0.15 毫米；
④ 尺寸标注：颜色为白色，线型为 Continuous，线宽为默认值；
⑤ 文字说明：颜色为白色，线型为 Continuous，线宽为默认值。

（2）绘制中心线

将"中心线"图层设定为当前图层。单击"默认"选项卡"绘图"面板中的"直线"按钮，以坐标点{（125,150），（233,150）}，{（223,160），（223,140）}为端点绘制中心线，结果如图 6-16 所示。

（3）绘制直线

将"粗实线"图层设定为当前图层。单击"默认"选项卡"绘图"面板中的"直线"按钮，以坐标点{（130,150）、（130,156）、（138,156）、（138,165）}，（141,165）、（148,158）、（148,150）}，{（148,155）、（223,155）}，{（138,156）、（141,156）、（141,162）、（138,162）}为端点依次绘制直线，结果如图 6-17 所示。

图 6-16　绘制中心线　　　　　　　图 6-17　绘制直线

（4）镜像处理

单击"默认"选项卡"修改"面板中的"镜像"按钮，以水平中心线为镜像轴，命令行提示与操作如下：

```
命令：_mirror
选择对象：（选择刚绘制的值线）
选择对象：✓
指定镜像线的第一点：（在水平中心线上选取一点）
指定镜像线的第二点：（在水平中心线上选取另一点）
要删除源对象吗？[是(Y)/否(N)] <否>：✓
```

结果如图 6-18 所示。

（5）绘制圆弧

单击"默认"选项卡"绘图"面板中的"圆弧"按钮，以中心线交点为圆心，以右侧两条水平直线右端两个端点为圆弧的两个端点，绘制圆弧。结果如图 6-19 所示。

图 6-18　镜像处理　　　　　　　图 6-19　绘制圆弧

（6）绘制局部剖切线

单击"默认"选项卡"绘图"面板中的"样条曲线拟合"按钮，绘制局部剖切线。命令行提示与操作如下：

```
命令：_SPLINE
当前设置：方式=拟合　节点=弦
指定第一个点或 [方式(M)/节点(K)/对象(O)]：_M
```

```
输入样条曲线创建方式 [拟合(F)/控制点(CV)] <拟合>: _FIT
当前设置: 方式=拟合   节点=弦
指定第一个点或 [方式(M)/节点(K)/对象(O)]:
输入下一个点或 [起点切向(T)/公差(L)]:
输入下一个点或 [端点相切(T)/公差(L)/放弃(U)]:
输入下一个点或 [端点相切(T)/公差(L)/放弃(U)/闭合(C)]:
```

结果如图 6-20 所示。

(7) 绘制剖面线

将"细实线"图层设定为当前图层。单击"默认"选项卡"绘图"面板中的"图案填充"按钮，设置填充图案为"ANSI31"，图案填充角度为 0，填充图案比例为 1，打开状态栏上的"线宽"按钮。结果如图 6-21 所示。

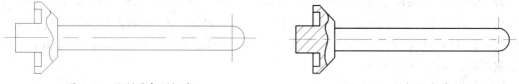

图 6-20　绘制局部剖切线　　　　　图 6-21　阀杆图案填充

6.3　多线

多线是一种复合线，由连续的直线段复合组成。多线的一个突出优点是能够提高绘图效率，保证图线之间的统一性。

【预习重点】

- 观察绘制的多线。
- 了解多线的不同样式。
- 观察如何编辑多线。

6.3.1　定义多线样式

【执行方式】

- 命令行: MLSTYLE。
- 菜单栏: 选择菜单栏中的"格式"→"多线样式"命令。

6.3.2　绘制多线

【执行方式】

- 命令行: MLINE。
- 菜单栏: 选择菜单栏中的"绘图"→"多线"命令。

【操作步骤】

命令行提示与操作如下:

```
命令: MLINE↙
当前设置: 对正 = 上, 比例 = 20.00, 样式 = STANDARD
```

指定起点或 [对正(J)/比例(S)/样式(ST)]:（指定起点）
指定下一点:（给定下一点）
指定下一点或 [放弃(U)]:（继续给定下一点绘制线段。输入"U"，则放弃前一段的绘制；右击或按Enter键，则结束命令）
指定下一点或 [闭合(C)/放弃(U)]:（继续给定下一点绘制线段。输入"C"，则闭合线段，结束命令）

【选项说明】

（1）对正(J)：该选项用于给定绘制多线的基准。共有"上""无""下"3种对正类型。其中，"上"表示以多线上侧的线为基准，以此类推。

（2）比例(S)：选择该选项，要求用户设置平行线的间距。输入值为0时，平行线重合；输入值为负时，多线的排列倒置。

（3）样式(ST)：该选项用于设置当前使用的多线样式。

6.3.3 操作实例——绘制滚轮

绘制滚轮

绘制如图6-22所示的滚轮。操作步骤如下：

1. 创建图层

单击"默认"选项卡"图层"面板中的"图层特性"按钮，创建3个图层，分别为"中心线""实体线""剖面线"，其中"中心线"图层的颜色设置为红色，线型为CENTER，线宽为默认值；"实体线"图层的颜色为白色，线型为实线，线宽为0.30毫米；"剖面线"图层为默认的属性值。

2. 绘制中心线

（1）切换图层：将"中心线"图层设定为当前图层。

（2）绘制中心线：单击"默认"选项卡"绘图"面板中的"直线"按钮，绘制长度为18.5的水平直线和竖直直线，结果如图6-23所示。

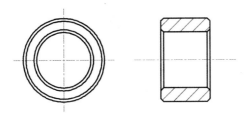

图 6-22　绘制滚轮

图 6-23　绘制中心线

3. 绘制滚轮

（1）切换图层：将"实体线"图层设定为当前图层。

（2）绘制实体线：单击"默认"选项卡"绘图"面板中的"圆"按钮，以中心线交点为圆心，绘制半径为5的圆，结果如图6-24所示。

（3）单击"默认"选项卡"修改"面板中的"偏移"按钮，指定偏移的距离为0.5、1.5和0.5，将圆向外侧偏移，如图6-25所示。

（4）切换图层：将"中心线"图层设定为当前图层。

（5）单击"默认"选项卡"绘图"面板中的"直线"按钮，在水平中心线的延长线上绘制长度为18.5的水平直线，如图6-26所示。

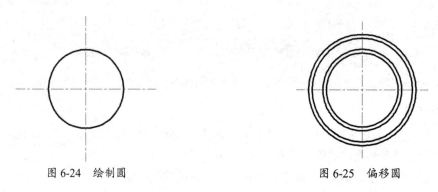

图 6-24 绘制圆　　　　　　　图 6-25 偏移圆

（6）单击"默认"选项卡"绘图"面板中的"矩形"按钮 ▭，绘制倒角距离为 0.5、长度为 9、宽度为 2.5 的矩形，如图 6-27 所示。

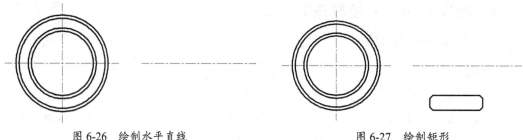

图 6-26 绘制水平直线　　　　　　　图 6-27 绘制矩形

（7）单击"默认"选项卡"修改"面板中的"移动"按钮 ✥，以矩形的中心为基点，以水平直线的中点为第二点，移动矩形，如图 6-28 所示。

（8）单击"默认"选项卡"修改"面板中的"镜像"按钮 ⊿，以矩形为要镜像的对象，以水平直线为轴，进行镜像，结果如图 6-29 所示。

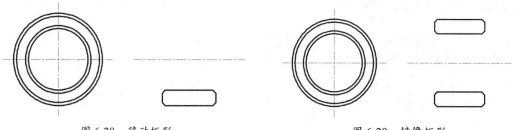

图 6-28 移动矩形　　　　　　　图 6-29 镜像矩形

（9）选择菜单栏中的"格式"→"多线样式"命令，打开如图 6-30 所示的"多线样式"对话框，选中样式，单击"修改"按钮，打开"修改多线样式"对话框，如图 6-31 所示，这里我们并不是要对偏移的数值进行修改，只是查看软件自带的偏移量，本例中为 0.5 和-0.5，也就是说，默认绘制的多线宽度为 0.5×2=1，单击"确定"按钮返回绘图状态。

（10）选择菜单栏中的"绘图"→"多线"命令，设置对正方式为无，比例设置为 9（默认的多线宽度为 1，比例设置为 9，即将多线宽度扩大 9 倍，绘制宽度为 9 的多线），样式保持不变，绘制多线，命令行提示与操作如下：

```
命令: mline
当前设置: 对正 = 下，比例 = 9.00，样式 = STANDARD
指定起点或 [对正(J)/比例(S)/样式(ST)]: J✓
输入对正类型 [上(T)/无(Z)/下(B)] <下>: Z✓
```

图 6-30 "多线样式"对话框

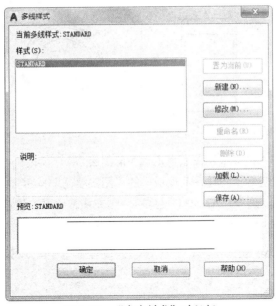

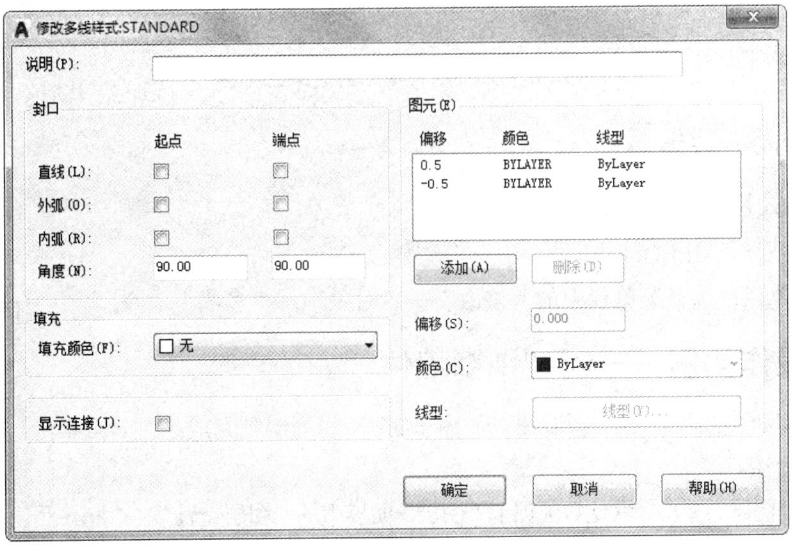

图 6-31 "修改多线样式"对话框

```
当前设置: 对正 = 无, 比例 = 9.00, 样式 = STANDARD
指定起点或 [对正(J)/比例(S)/样式(ST)]: S↙
输入多线比例 <8.00>: 9↙
当前设置: 对正 = 无, 比例 = 9.00, 样式 = STANDARD
指定起点或 [对正(J)/比例(S)/样式(ST)]: (选择上部矩形的下侧边)
指定下一点: (选择上部矩形的上侧边)
```

（11）选择菜单栏中的"绘图"→"多线"命令，设置对正方式为无，比例设置为 8（默认的多线宽度为 1，比例设置为 8，即将多线宽度扩大 8 倍，绘制宽度为 8 的多线），样式保持不变，绘制多线，如图 6-32 所示。

（12）单击"默认"选项卡"修改"面板中的"分解"按钮，将外侧的多线进行分解，然后单击"默认"选项卡"修改"面板中的"延伸"按钮，将多线延伸至矩形的边界，如图 6-33 所示。

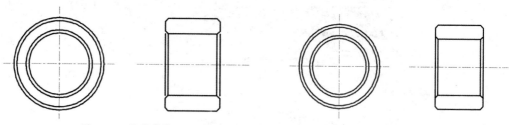

图 6-32 绘制多线　　　　　　　　图 6-33 调整多线长度

（13）切换图层：将"剖面线"图层设定为当前图层。

（14）单击"默认"选项卡"绘图"面板中的"图案填充"按钮 ▨，打开"图案填充创建"选项卡，如图 6-34 所示，选择"ANSI31"图案，"填充图案比例"设置为 0.5，单击"拾取点"按钮，进行填充，结果如图 6-22 所示。

图 6-34　"图案填充创建"选项卡

6.3.4　编辑多线

【执行方式】

- 命令行：MLEDIT。
- 菜单栏：选择菜单栏中的"修改"→"对象"→"多线"命令。

6.3.5　操作实例——绘制别墅墙体

本例采用"多线"命令绘制墙线，如图 6-35 所示为绘制完成的别墅墙体平面图。

（1）设置图层。单击"默认"选项卡"图层"面板中的"图层特性"按钮 ，打开"图层特性管理器"对话框，新建"轴线"和"墙体"图层，将"轴线"图层的颜色设置为红色，线型为 CENTER；"墙体"图层的线宽设为 0.30 毫米，其余属性为默认值，结果如图 6-36 所示。

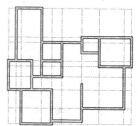

图 6-35　绘制别墅墙体

（2）绘制轴线。建筑轴线是绘制建筑平面图时布置墙体和门窗的依据，同样也是建筑施工定位的重要依据。在轴线的绘制过程中，主要使用"直线"和"偏移"命令。如图 6-37 所示为绘制完成的别墅平面轴线。

① 设置线型比例。选择"格式"→"线型"命令，弹出"线型管理器"对话框。选择线型为"CENTER"，单击"显示细节"按钮（单击"显示细节"按钮后该按钮变为"隐藏细节"按钮），将全局比例因子设置为 20，然后单击"确定"按钮，完成对轴线线型的设置，如图 6-38 所示。

② 绘制横向轴线。先绘制横向轴线基准线。将"轴线"图层设置为当前图层，单击"默认"选项卡"绘图"面板中的"直线"按钮 ∕，绘制一条横向基准轴线，长度为 14700，如图 6-39 所示。

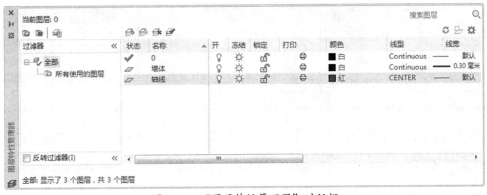

图 6-36 "图层特性管理器"对话框

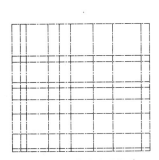

图 6-37 别墅平面轴线

图 6-38 设置线型比例

图 6-39 绘制横向基准轴线

然后绘制其余横向轴线。单击"默认"选项卡"修改"面板中的"偏移"按钮，将横向基准轴线依次向下偏移，偏移量分别为 3300、3900、6000、6600、7800、9300、11400 和 13200，如图 6-40 所示，依次完成横向轴线的绘制。

③ 绘制纵向轴线。先绘制纵向基准轴线。单击"默认"选项卡"绘图"面板中的"直线"按钮，以前面绘制的横向基准轴线的左端点为起点，垂直向下绘制一条纵向基准轴线，长度为 13200，如图 6-41 所示。

然后绘制其余纵向轴线。单击"默认"选项卡"修改"面板中的"偏移"按钮，将纵向基准轴线依次向右偏移，偏移量分别为 900、1500、3900、5100、6300、8700、10800、13800 和 14700，如图 6-42 所示，依次完成纵向轴线的绘制。

提示：
在绘制建筑轴线时，一般选择建筑横向、纵向的最大长度为轴线长度，但当建筑物形体过于复杂时，太长的轴线往往会影响图形效果。因此，也可以仅在一些需要轴线定位的建筑局部绘制轴线。

（3）绘制墙体。
① 定义多线样式。在使用"多线"命令绘制墙线前，应首先对多线样式进行设置。

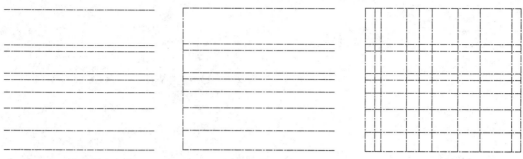

图 6-40 偏移横向轴线　　　图 6-41 绘制纵向基准轴线　　　图 6-42 偏移纵向轴线

② 选择菜单栏中的"格式"→"多线样式"命令，弹出"多线样式"对话框，如图 6-43 所示。单击"新建"按钮，在弹出的对话框中输入新样式名为"240 墙体"，如图 6-44 所示。

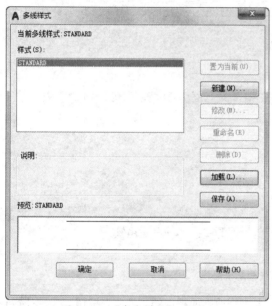

图 6-43 "多线样式"对话框　　　　图 6-44 "创建新的多线样式"对话框

③ 单击"继续"按钮，弹出"新建多线样式：240 墙体"对话框，如图 6-45 所示。在该对话框中进行以下设置：选择直线起点和端点均封口，图元偏移量首行设为 120，第二行设为-120。

④ 单击"确定"按钮，返回"多线样式"对话框，在"样式"列表框中选择多线样式"240 墙体"，单击"置为当前"按钮，将其置为当前样式，如图 6-46 所示。

⑤ 绘制墙线。在"图层"下拉列表中选择"墙体"图层，将其设置为当前图层。

选择菜单栏中的"绘图"→"多线"命令（或者在命令行中输入"ml"，执行"多线"命令）绘制墙线，绘制结果如图 6-47 所示。命令行提示与操作如下：

```
命令：_mline
当前设置：对正 = 上，比例 = 20.00，样式 = 240 墙体
指定起点或 [对正(J)/比例(S)/样式(ST)]：J✓（输入"J"，重新设置多线的对正方式）
输入对正类型 [上(T)/无(Z)/下(B)] <上>：Z✓（输入"Z"，选择"无"为当前对正方式）
当前设置：对正 = 无，比例 = 20.00，样式 = 240 墙体
指定起点或 [对正(J)/比例(S)/样式(ST)]：S✓（输入"S"，重新设置多线比例）
输入多线比例 <20.00>：1✓（输入"1"，作为当前多线比例）
当前设置：对正 = 无，比例 = 1.00，样式 = 240 墙体
```

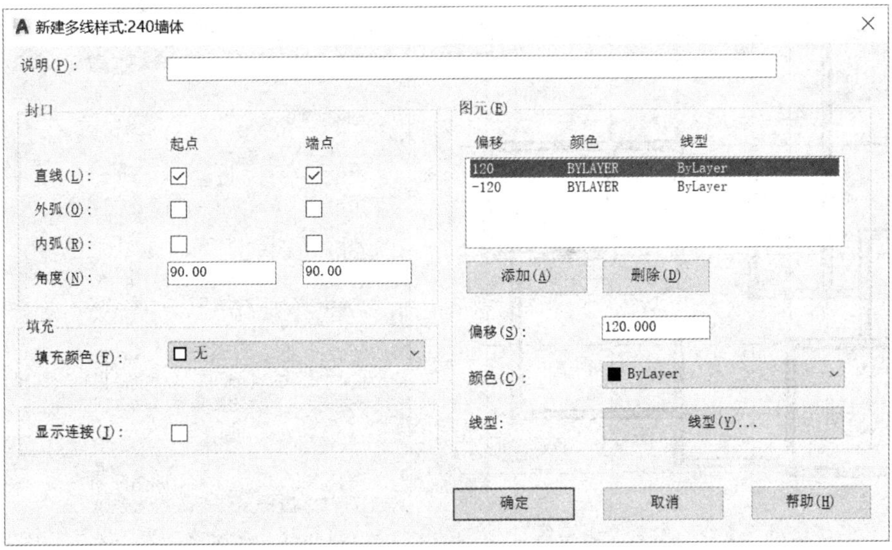

图 6-45 设置多线样式

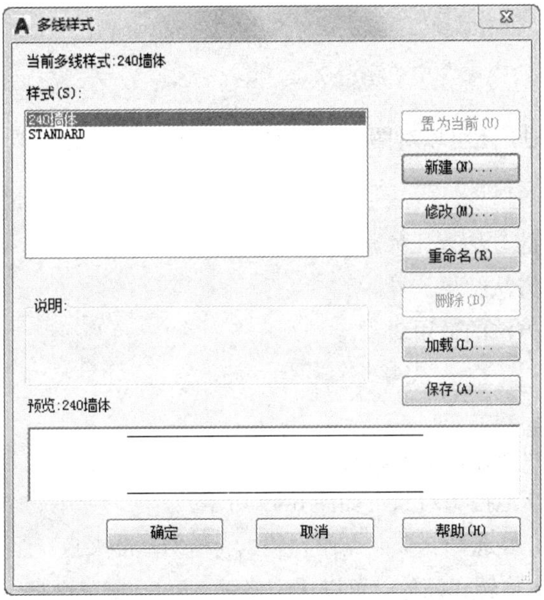

图 6-46 将所建"多线样式"置为当前样式

指定起点或 [对正(J)/比例(S)/样式(ST)]：(捕捉左上部墙体轴线交点作为起点)
指定下一点：
…（依次捕捉墙体轴线交点，绘制墙线）
指定下一点或 [放弃(U)]：✓（绘制完成后，按 Enter 键结束命令）

⑥ 编辑和修整墙线。选择菜单栏中的"修改"→"对象"→"多线"命令，在弹出的"多线编辑工具"对话框中提供了 12 种多线编辑工具，可根据不同的多线交叉方式选择相应的工具进行编辑，如图 6-48 所示。

少数较复杂的墙线结合处无法找到相应的多线编辑工具进行编辑，因此可以选择"分解"命令，将多线分解，然后利用"修剪"命令对该结合处的线条进行修剪。

另外，一些内部墙体并不在主要轴线上，可以通过添加辅助轴线，并结合"修剪"或"延伸"命令进行绘制和修剪。经过编辑和修剪后的墙线如图 6-35 所示。

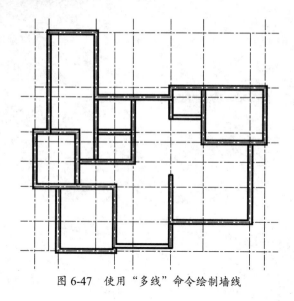

图 6-47 使用"多线"命令绘制墙线　　　　图 6-48 "多线编辑工具"对话框

6.4 对象编辑

在对图形进行编辑时,还可以对图形对象本身的某些特性进行编辑,从而方便图形的绘制。

【预习重点】
- 了解编辑对象的方法有几种。
- 观察几种编辑方法结果差异。
- 对比几种编辑方法的适用对象。

6.4.1 钳夹功能

利用钳夹功能可以快速方便地编辑对象。AutoCAD 在图形对象上定义了一些特殊点,称为夹点,利用夹点可以灵活地控制对象,如图 6-49 所示。

使用夹点编辑对象,要选择一个夹点作为基点,称为基准夹点。然后,选择一种编辑操作:删除、移动、复制选择、旋转和缩放。可以用空格键、Enter 键或键盘上的快捷键循环选择这些功能。

6.4.2 特性匹配

利用特性匹配功能可以将目标对象的属性与源对象的属性进行匹配,使目标对象的属性与源对象属性相同。利用特性匹配功能可以方便快捷地修改对象属性,并使不同对象的属性保持相同。

【执行方式】
- 命令行:MATCHPROP。
- 菜单栏:选择菜单栏中的"修改"→"特性匹配"命令。
- 工具栏:单击"标准"工具栏中的"特性匹配"按钮 。
- 功能区:单击"默认"选项卡"特性"面板中的"特性匹配"按钮 。

【操作步骤】

命令行提示与操作如下：

命令：MATCHPROP↙
选择源对象：（选择源对象）
选择目标对象或[设置(S)]：（选择目标对象）

如图 6-50（a）所示为两个属性不同的对象，以右边的圆为源对象，对左边的矩形进行特性匹配，结果如图 6-50（b）所示。

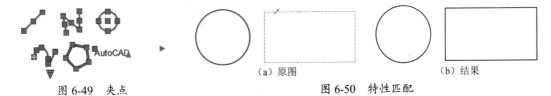

图 6-49　夹点　　　　　　　　　图 6-50　特性匹配

6.4.3　修改对象属性

【执行方式】

- 命令行：DDMODIFY 或 PROPERTIES。
- 菜单栏：选择菜单栏中的"修改"→"特性"命令或选择菜单栏中的"工具"→"选项板"→"特性"命令。
- 工具栏：单击"标准"工具栏中的"特性"按钮。
- 快捷键：Ctrl+1。
- 功能区：单击"视图"选项卡"选项板"面板中的"特性"按钮或单击"默认"选项卡"特性"面板中的"对话框启动器"按钮。

6.4.4　操作实例——绘制彩色蜡烛

绘制如图 6-51 所示的彩色蜡烛，操作步骤如下：

（1）单击"默认"选项卡"绘图"面板中的"矩形"按钮，绘制蜡烛，如图 6-52 所示。

（2）单击"默认"选项卡"绘图"面板中的"样条曲线拟合"按钮，绘制烛火，如图 6-53 所示。

图 6-51　彩色蜡烛　　　　图 6-52　绘制蜡烛　　　　图 6-53　绘制烛火

（3）选择绘制的图形，在一个夹点上右击，打开快捷菜单，选择其中的"特性"命令，如图 6-54 所示。系统打开"特性"对话框，在"颜色"下拉列表中选择"绿"，如图 6-55 所示。

（4）单击"默认"选项卡"修改"面板中的"复制"按钮，将绘制的蜡烛向右侧复制，绘制剩下的两根蜡烛，如图 6-56 所示。

图 6-54　快捷菜单

（5）单击"默认"选项卡"绘图"面板中的"样条曲线拟合"按钮 和"修改"面板中的"复制"按钮，绘制蜡烛下的蜡烛台，最终结果如图 6-57 所示。

（6）选择绘制的第一个图形，在一个夹点上右击，打开快捷菜单，选择其中的"特性"命令，系统打开"特性"对话框，在"颜色"下拉列表中选择"绿"，如图 6-58 所示。

（7）使用相同方法，将另外两个图形的颜色也进行调整，结果如图 6-51 所示。

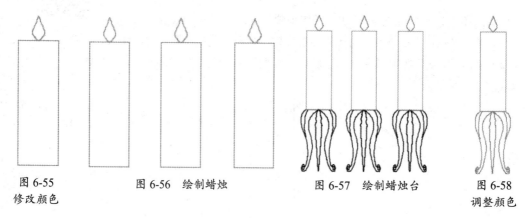

图 6-55　修改颜色　　　图 6-56　绘制蜡烛　　　图 6-57　绘制蜡烛台　　　图 6-58　调整颜色

6.5　综合演练——绘制手把

绘制手把

绘制如图 6-59 所示的手把。

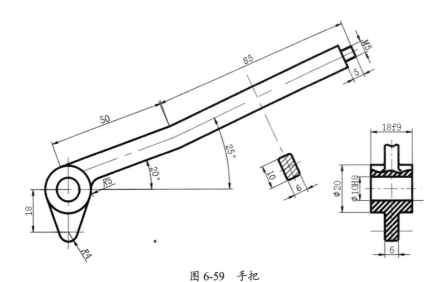

图 6-59 手把

6.5.1 绘制主视图

（1）创建图层

单击"默认"选项卡"图层"面板中的"图层特性"按钮，打开"图层特性管理器"对话框，设置图层：

① 中心线：颜色为红色，线型为 CENTER，线宽为 0.15 毫米；
② 粗实线：颜色为白色，线型为 Continuous，线宽为 0.30 毫米；
③ 细实线：颜色为白色，线型为 Continuous，线宽为 0.15 毫米；
④ 尺寸标注：颜色为白色，线型为 Continuous，线宽为默认值；
⑤ 文字说明：颜色为白色，线型为 Continuous，线宽为默认值。

（2）绘制中心线

将"中心线"图层设定为当前图层。单击"默认"选项卡"绘图"面板中的"直线"按钮，以坐标点{（85，100）、（115，100）}，{（100，115）、（100，80）}为端点绘制中心线。结果如图 6-60 所示。

（3）绘制圆

将"粗实线"图层设定为当前图层。单击"默认"选项卡"绘图"面板中的"圆"按钮，以两条中心线交点为圆心，分别以 10 和 5 为半径绘制圆，结果如图 6-61 所示。

（4）偏移中心线

单击"默认"选项卡"修改"面板中的"偏移"按钮，将水平中心线向下偏移，偏移量为 18。结果如图 6-62 所示。

（5）拉长中心线

选择竖直中心线，利用钳夹功能，将其拉长。用同样方法，将偏移的水平线左右两端缩短 5，结果如图 6-63 所示。

（6）绘制圆

单击"默认"选项卡"绘图"面板中的"圆"按钮，以中心线交点为圆心，绘制半径为 4 的圆，结果如图 6-64 所示。

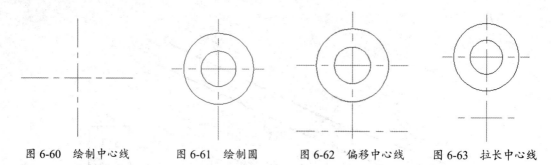

图 6-60　绘制中心线　　图 6-61　绘制圆　　图 6-62　偏移中心线　　图 6-63　拉长中心线

（7）绘制直线

首先在状态栏中选取"对象捕捉"并单击鼠标右键，在打开的右键快捷菜单中选择"设置"命令，系统弹出"草图设置"对话框，在对话框中勾选"切点"选项，如图 6-65 所示，单击"确定"按钮完成设置。再单击"默认"选项卡"绘图"面板中的"直线"按钮 ，绘制与圆相切的直线，结果如图 6-66 所示。

（8）修剪图形

单击"默认"选项卡"修改"面板中的"修剪"按钮 ，修剪图形，结果如图 6-67 所示。

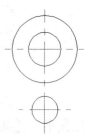

图 6-64　绘制圆

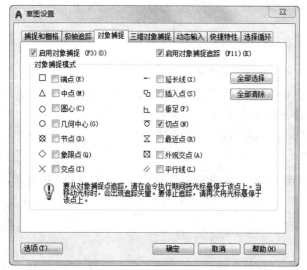

图 6-65　"草图设置"对话框

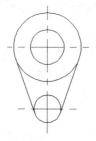

图 6-66　绘制切线

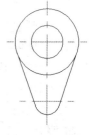

图 6-67　修剪图形

（9）绘制直线

首先在状态栏中选取"极轴追踪"并单击鼠标右键，在打开的右键快捷菜单中选择"设置"命令，系统弹出"草图设置"对话框，在对话框中输入增量角为 20，如图 6-68 所示，单击"确定"按钮完成设置。再单击"默认"选项卡"绘图"面板中的"直线"按钮 ，以中心线交点为起点绘制夹角为 20°、长度为 50 的直线，结果如图 6-69 所示。

（10）偏移并修剪图形

单击"默认"选项卡"修改"面板中的"偏移"按钮 ，将直线向上偏移，偏移距离分别为 5 和 10，将偏移距离为 5 的直线修改图层为"中心线"，单击"默认"选项卡"修改"面板中的"修剪"按钮 ，修剪图形，结果如图 6-70 所示。

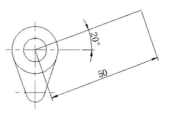

图 6-69 绘制直线

图 6-68 "草图设置"对话框

图 6-70 偏移并修剪图形

（11）绘制直线

首先在状态栏中选取"极轴追踪"并单击鼠标右键，在打开的右键快捷菜单中选择"设置"命令，系统弹出"草图设置"对话框，在对话框中输入增量角为 25，如图 6-71 所示，单击"确定"按钮完成设置。再单击"默认"选项卡"绘图"面板中的"直线"按钮 /，以图 6-70 中的线段端点 1 为起点绘制夹角为 25°、长度为 85 的直线，结果如图 6-72 所示。

图 6-71 "草图设置"对话框

（12）创建直线

首先单击"默认"选项卡"修改"面板中的"偏移"按钮 ⊆，将上步绘制的直线向下偏移，偏移距离分别为 5 和 10，并将中间的直线修改图层为"中心线"。结果如图 6-73 所示。

（13）放大视图

利用"缩放"工具将刚偏移的线段局部放大，如图 6-74 所示，可以发现，线段没有连接在一起。

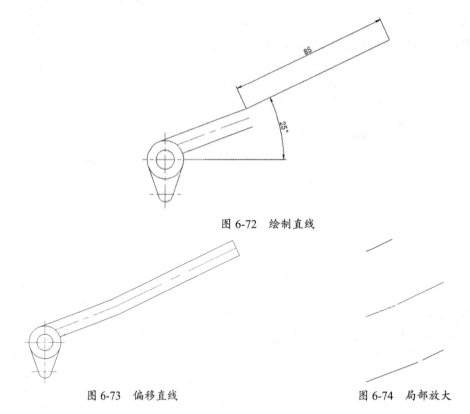

图 6-72 绘制直线

图 6-73 偏移直线 　　　　　　图 6-74 局部放大

（14）延伸直线

单击"默认"选项卡"修改"面板中的"延伸"按钮 ―→|，将线段连接在一起。用同样方法连接另两条断开的线段，结果如图 6-75 所示。

（15）连接端点

单击"默认"选项卡"绘图"面板中的"直线"按钮 ╱，连接线段端点，结果如图 6-76 所示。

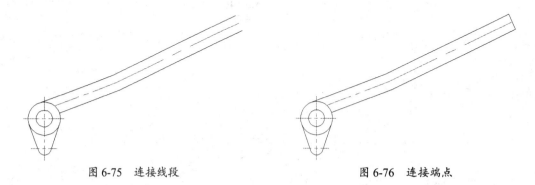

图 6-75 连接线段 　　　　　　图 6-76 连接端点

（16）偏移直线

首先单击"默认"选项卡"修改"面板中的"偏移"按钮 ⊆，将连接的线段向左偏移，距离为 5；再将中心线向两侧偏移，距离分别为 2 和 2.5，将偏移距离为 2 的直线修改图层为"细实线"，将偏移距离为 2.5 的直线修改图层为"粗实线"，结果如图 6-77 所示。

（17）修剪直线

单击"默认"选项卡"修改"面板中的"修剪"按钮，修剪图形，结果如图 6-78 所示。最终结果如图 6-79 所示。

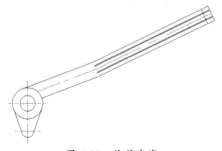

图 6-77 偏移直线

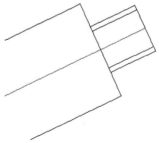

图 6-78 修剪图形

（18）完善主视图

单击"默认"选项卡"修改"面板中的"圆角"按钮，创建半径为 5 的圆角，命令行提示与操作如下：

```
命令：_fillet
当前设置：模式 = 修剪，半径 = 0.0000
选择第一个对象或 [放弃(U)/多段线(P)/半径(R)/修剪(T)/多个(M)]: R↙
指定圆角半径 <0.0000>: 5↙
选择第一个对象或 [放弃(U)/多段线(P)/半径(R)/修剪(T)/多个(M)]:（选择大圆）
选择第二个对象，或按住 Shift 键选择对象以应用角点或 [半径(R)]:（选择与大圆相交的三条平行斜线中最下面的一条）
```

结果如图 6-80 所示。

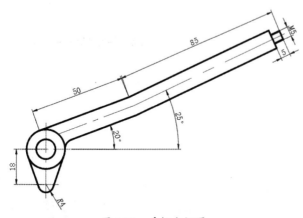

图 6-79 手把主视图

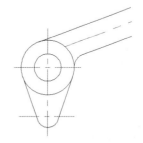

图 6-80 圆角处理

> **注意：**
> 此处初学者容易遇到无法出现倒圆效果的问题，主要原因是没有设置倒圆半径。后面的倒角操作与此情形类似。

6.5.2 绘制断面图

（1）绘制中心线

将"中心线"图层设定为当前图层。单击"默认"选项卡"绘图"面板中的"直线"按钮，首先绘制与倾斜角为25°的中心线相垂直的中心线；再以绘制的中心线为基准绘制与其相垂直的中心线。结果如图6-81所示。

（2）偏移中心线

单击"默认"选项卡"修改"面板中的"偏移"按钮⊆，将绘制的中心线向两侧偏移，偏移距离分别为3和5，结果如图6-82所示。

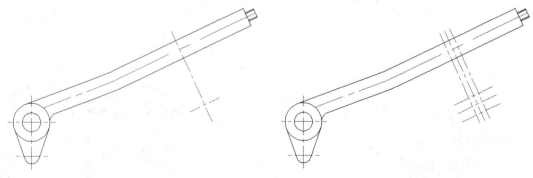

图6-81　绘制中心线　　　　　　　　图6-82　绘制辅助线

（3）修剪图形

单击"默认"选项卡"修改"面板中的"修剪"按钮，修剪图形并将修剪后的图形修改图层为"粗实线"。结果如图6-83所示。

（4）创建圆角

单击"默认"选项卡"修改"面板中的"圆角"按钮，创建半径为1的圆角。结果如图6-84所示。

（5）绘制剖面线

将"细实线"图层设定为当前图层。按前面所述方法填充剖面线。结果如图6-85所示。

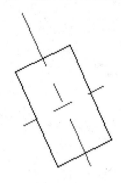 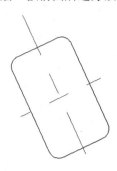 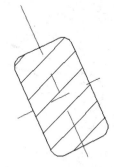

图6-83　修剪图形　　　　图6-84　创建圆角　　　　图6-85　移出剖视图图案填充

6.5.3　绘制左视图

（1）绘制中心线

将"中心线"图层设定为当前图层。单击"默认"选项卡"绘图"面板中的"直线"按钮，首先在如图6-86所示的中心线的延长线上绘制一段中心线，再绘制相垂直的中心线，修改线型比例为0.3，结果如图6-87所示。

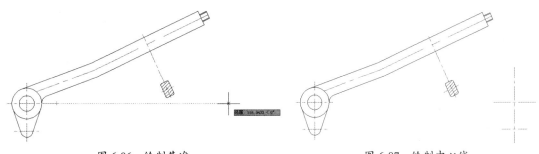

图 6-86 绘制基准 　　　　　　　　图 6-87 绘制中心线

（2）偏移中心线

单击"默认"选项卡"修改"面板中的"偏移"按钮，将竖直中心线分别向两侧偏移，偏移距离分别为 3 和 9，结果如图 6-88 所示。

（3）绘制辅助线

单击"默认"选项卡"绘图"面板中的"直线"按钮，根据主视图绘制辅助线，结果如图 6-89 所示。

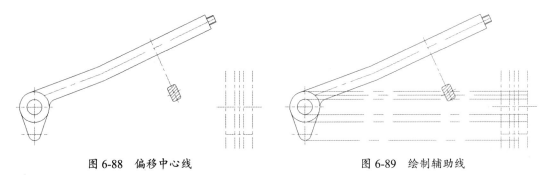

图 6-88 偏移中心线 　　　　　　　　图 6-89 绘制辅助线

（4）修剪图形

单击"默认"选项卡"修改"面板中的"修剪"按钮，修剪图形并将修剪后的图形修改图层为"粗实线"。结果如图 6-90 所示。

（5）创建圆角

单击"默认"选项卡"修改"面板中的"圆角"按钮，创建半径为 1 的圆角，并将多余的线段删除，结果如图 6-91 所示。

（6）绘制局部剖切线

将"粗实线"图层设定为当前图层。单击"默认"选项卡"绘图"面板中的"样条曲线拟合"按钮，绘制局部剖切线，并单击"默认"选项卡"修改"面板中的"修剪"按钮，修剪图形，结果如图 6-92 所示。

（7）绘制剖面线

将"细实线"图层设定为当前图层。单击"默认"选项卡"绘图"面板中的"图案填充"按钮，设置填充图案为"ANSI31"，"图案填充角度"为 0，"填充图案比例"为 0.5，结果如图 6-93 所示。

（8）完成绘制

最后打开状态栏上的"线宽"按钮完成绘制，最终结果如图 6-59 所示。

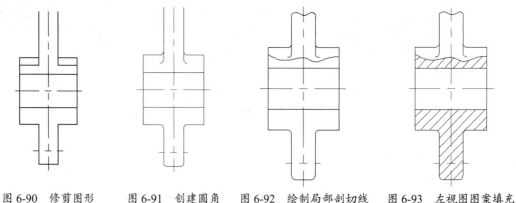

图 6-90　修剪图形　　图 6-91　创建圆角　　图 6-92　绘制局部剖切线　　图 6-93　左视图图案填充

6.6　名师点拨——如何画曲线

在绘制图样时，经常遇到画截交线、相贯线及其他曲线的问题。手工绘制很麻烦，不仅要找特殊点和一定数量的一般点，且画出的曲线误差大。在 AutoCAD 中画曲线可采用以下两种方法。

方法 1：

先用"多段线"或"3DPOLY"命令画 2D、3D 图形上通过特殊点的折线，再通过"PEDIT"（编辑多段线）命令中"拟合"选项或"样条曲线"选项，可将其变成光滑的平面、空间曲线。

方法 2：

用"SOLIDS"命令创建三维基本实体（长方体、圆柱、圆锥、球等），再经布尔组合运算——交、并、差和干涉等获得各种复杂实体，然后利用菜单栏中的"视图"→"三维视图"→"视点"命令，选择不同视点来产生标准视图，得到曲线的不同视图投影。

6.7　上机实验

【练习 1】绘制如图 6-94 所示的雨伞。

【练习 2】绘制如图 6-95 所示的道路网。

图 6-94　雨伞

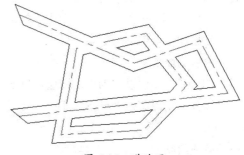
图 6-95　道路网

6.8 模拟考试

(1) 对圆对象的圆心夹点的默认操作是什么？（　　）
A. 移动　　　　　　B. 复制　　　　　　C. 镜像　　　　　　D. 拉伸

(2) 若需要编辑已知多段线，使用"多段线"命令中哪个选项可以创建宽度不等的对象？（　　）
A. 样条(S)　　　　B. 锥形(T)　　　　C. 宽度(W)　　　　D. 编辑顶点(E)

(3) 用夹点进行编辑时，要先选择作为基点的夹点，这个被选定的夹点称为基夹点。要将多个夹点作为基夹点，并且保持选定夹点之间的几何图形完好如初，在选择其他夹点时需要按什么键？（　　）
A. F2　　　　　　　B. Shift　　　　　C. F6　　　　　　　D. Ctrl

(4) 使用特性匹配进行编辑时，以下哪些选项不是对象的特殊特性？（　　）
A. 标注　　　　　　B. 厚度　　　　　　C. 文字　　　　　　D. 表

(5) 执行"样条曲线"命令后，某选项用来输入曲线的偏差值。值越大，曲线离指定的点越远；值越小，曲线离指定的点越近。该选项是（　　）。
A. 闭合　　　　　　B. 端点切向　　　　C. 拟合公差　　　　D. 起点切向

(6) 如图 6-96 所示的图形采用的多线编辑方法分别是（　　）。
A. T 字打开，T 字闭合，T 字合并　　　B. T 字闭合，T 字打开，T 字合并
C. T 字合并，T 字闭合，T 字打开　　　D. T 字合并，T 字打开，T 字闭合

(7) 关于样条曲线拟合点说法错误的是（　　）。
A. 可以删除样条曲线的拟合点　　　　B. 可以添加样条曲线的拟合点
C. 可以阵列样条曲线的拟合点　　　　D. 可以移动样条曲线的拟合点

(8) 在如图 6-97 所示的"特性"对话框中，不可以修改矩形的（　　）属性。
A. 面积　　　　　　B. 线宽　　　　　　C. 顶点位置　　　　D. 标高

(9) 半径为 72.5 的圆的周长为（　　）。
A. 455.5309　　　　B. 16512.9964　　　C. 910.9523　　　　D. 261.0327

(10) 利用"多段线"命令绘制如图 6-98 所示的图形，并填充图形。

图 6-96　图形 1

图 6-97　"特性"对话框

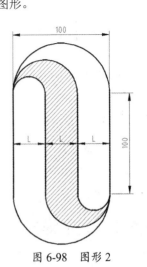

图 6-98　图形 2

第 7 章 文字与表格

> 文字注释是图形中很重要的一部分内容,在进行各种设计时,通常不仅要绘出图形,还要在图形中标注一些文字,如技术要求、注释说明等,对图形对象加以解释。
>
> AutoCAD 2020 提供了多种写入文字的方法,本章将介绍文本的注释和编辑功能。图表在 AutoCAD 图形中也有大量的应用,如明细表、参数表和标题栏等。本章主要内容包括文本标注、文本编辑及表格的定义等。

内容要点

- 文本标注
- 表格

案例效果

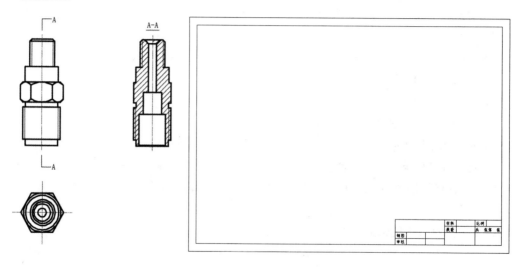

7.1 文本标注

在绘制图形的过程中,文字传递了很多设计信息,它可能是一个很复杂的说明,也可能是一个简短的文字信息。当需要标注文字的文本不太长时,可以利用"TEXT"命令创建单行文本;当需要标注很长、很复杂的文字信息时,可以利用"MTEXT"命令创建多行文本。

【预习重点】

- 设置文字样式。
- 练习多行文字应用。

7.1.1 文本样式

所有 AutoCAD 图形中的文字都有与其相对应的文本样式。当输入文字对象时,AutoCAD

使用当前设置的文本样式。文本样式是用来控制文字基本形状的一组设置。

【预习重点】

- 设置"文字样式"对话框。
- 设置新样式参数。

【执行方式】

- 命令行：STYLE（快捷命令：ST）或 DDSTYLE。
- 菜单栏：选择菜单栏中的"格式"→"文字样式"命令。
- 工具栏：单击"文字"工具栏中的"文字样式"按钮 。
- 功能区：单击"默认"选项卡"注释"面板中的"文字样式"按钮 。
- 单击"注释"选项卡"文字"面板上的"文字样式"下拉菜单中的"管理文字样式"按钮或单击"注释"选项卡"文字"面板中的"对话框启动器"按钮 。

【操作步骤】

执行上述操作后，系统打开"文字样式"对话框，如图 7-1 所示。

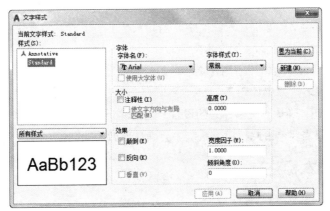

图 7-1 "文字样式"对话框

【选项说明】

（1）"样式"列表框：列出所有已设定的文字样式名或对已有样式名进行相关操作。单击"新建"按钮，系统打开如图 7-2 所示的"新建文字样式"对话框。在该对话框中可以为新建的文字样式输入名称。在图 7-1 中，从"样式"列表框中选中要改名的文本样式，右击，在弹出的快捷菜单中选择"重命名"命令，如图 7-3 所示，可以为所选文本样式输入新的名称。

（2）"字体"选项组：用于确定字体样式。文字的字体确定字符的形状，在 AutoCAD 中，除了固有的 SHX 形状字体，还可以使用 TrueType 字体（如宋体、楷体、italley 等）。一种字体可以设置不同的效果，从而被多种文本样式使用，如图 7-4 所示就是同一种字体（宋体）的不同样式。

（3）"大小"选项组：用于确定文本样式使用的字体文件、字体风格及字高。"高度"文本框用来设置创建文字时的固定字高，在用"TEXT"命令输入文字时，AutoCAD 不再提示输入字高参数。如果在此文本框中设置字高为 0，系统会在每一次创建文字时提示输入字高，所以，如果不想固定字高，就可以把"高度"文本框中的数值设置为 0。

图 7-2 "新建文字样式"对话框　　图 7-3 快捷菜单　　图 7-4 同一字体的不同样式

（4）"效果"选项组。

① "颠倒"复选框：选中该复选框，表示将文本文字倒置标注，如图 7-5（a）所示。

② "反向"复选框：确定是否将文本文字反向标注，如图 7-5（b）所示。

③ "垂直"复选框：确定文本是水平标注还是垂直标注。选中该复选框时为垂直标注，否则为水平标注，垂直标注如图 7-6 所示。

图 7-5 文字的倒置标注与反向标注　　图 7-6 垂直标注文字

④ "宽度因子"文本框：设置宽度系数，即确定文本字符的宽高比。当比例系数为 1 时，表示将按字体文件中定义的宽高比标注文字。当此系数小于 1 时，字会变窄，反之变宽。如图 7-4 所示是在不同比例系数下标注的文本文字。

⑤ "倾斜角度"文本框：用于确定文字的倾斜角度。角度为 0 时不倾斜，为正数时向右倾斜，为负数时向左倾斜，效果如图 7-4 所示。

（5）"应用"按钮：确认对文字样式的设置。当创建新的文字样式或对现有文字样式的某些特征进行修改后，都需要单击此按钮，系统才会确认所做的改动。

7.1.2 多行文本标注

【执行方式】

- 命令行：MTEXT（快捷命令：T 或 MT）。
- 菜单栏：选择菜单栏中的"绘图"→"文字"→"多行文字"命令。
- 工具栏：单击"绘图"工具栏中的"多行文字"按钮 A 或单击"文字"工具栏中的"多行文字"按钮 A。
- 功能区：单击"默认"选项卡"注释"面板中的"多行文字"按钮 A 或单击"注释"选项卡"文字"面板中的"多行文字"按钮 A。

【操作步骤】

命令行提示与操作如下：

命令：MTEXT✓
当前文字样式："Standard"　文字高度：1571.5998　注释性：否
指定第一角点：(指定矩形框的第一个角点)
指定对角点或 [高度(H)/对正(J)/行距(L)/旋转(R)/样式(S)/宽度(W)/栏(C)]：

【选项说明】

（1）指定对角点：在绘图区选择两个点作为矩形框的两个角点，AutoCAD 以这两个点为对角点构成一个矩形区域,其宽度作为将来要标注的多行文本的宽度,第一个点作为第一行文本的起点。响应后 AutoCAD 打开"文字编辑器"选项卡和多行文字编辑器,可利用此编辑器输入多行文本文字并对其格式进行设置。关于该对话框中各项的含义及编辑器功能,稍后再详细介绍。

(2) 对正(J):用于确定所标注文本的对齐方式。

这些对齐方式与"TEXT"命令中的各对齐方式相同。选择一种对齐方式后按 Enter 键,系统回到上一级提示。

(3) 行距(L):用于确定多行文本的行间距。这里所说的行间距是指相邻两行文本基线之间的垂直距离。

(4) 旋转(R):用于确定文本行的倾斜角度。

(5) 样式(S):用于确定当前的文本文字样式。

(6) 宽度(W):用于指定多行文本的宽度。可在绘图区选择一点,与前面确定的第一个角点组成一个矩形框,其宽度作为多行文本的宽度;也可以输入一个数值,精确设置多行文本的宽度。

7.1.3 操作实例——标注高压油管接头剖切符号

标注高压油管接头剖切符号

绘制如图 7-7 所示的标注高压油管接头剖切符号。操作步骤如下:

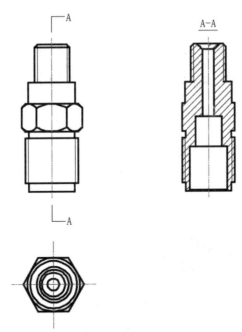

图 7-7 标注高压油管接头剖切符号

(1) 打开文件。单击快速访问工具栏中的"打开"按钮 ,打开本书电子资源中的"源文件\第 7 章\高压油管接头.dwg"文件。

(2) 保存文件。单击快速访问工具栏中的"另存为"按钮 ,将文件另存为"标注高压油管接头"。

(3) 单击"默认"选项卡"注释"面板中的"文字样式"按钮 ,弹出"文字样式"对话框,单击"新建"按钮,弹出"新建文字样式"对话框,输入"长仿宋体",如图 7-8 所示,单击"确定"按钮,返回"文字样式"对话框,设置新样式参数。在"字体名"下拉菜单中选择"仿宋",设置"高度"为2.5,其余参数为默认值,如图7-9所示。单击"置为当前"按钮,将新建文字样式置为当前样式。

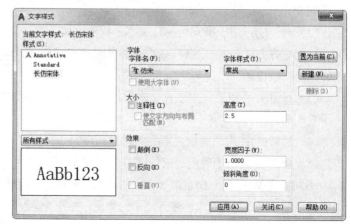

图7-8 新建文字样式　　　　　图7-9 设置"长仿宋体"

（4）单击"默认"选项卡"绘图"面板中的"直线"按钮，绘制引出线,如图7-10所示。

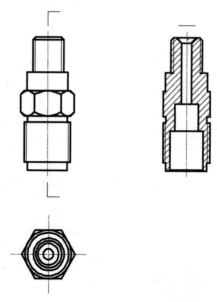

图7-10 绘制引出线

（5）单击"默认"选项卡"注释"面板中的"多行文字"按钮 A ,在空白处单击,指定第一角点,向右下角拖动出适当距离,单击指定第二点,打开多行文字编辑器和"文字编辑器"选项卡,输入文字"A",如图7-11所示。

使用相同方法继续绘制图形其他部位的文字,结果如图7-2所示。

多行文字编辑器和"文字编辑器"选项卡各项参数说明如下。

（1）"文字高度"下拉列表框:用于确定文本的字符高度,可在"文字编辑器"选项卡中输入新的字符高度,也可从此下拉列表框中选择已设定过的高度值。

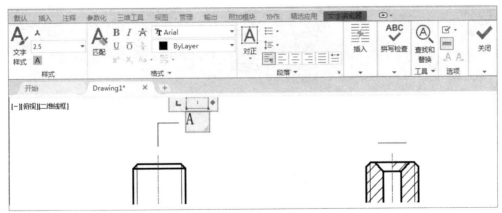

图 7-11 输入文字

（2）"粗体" **B** 和"斜体" *I* 按钮：用于设置加粗或斜体效果，但这两个按钮只对 TrueType 字体有效。

（3）"删除线"按钮 A̶：用于在文字上添加水平删除线。

（4）"下划线" U 和"上划线" ō 按钮：用于设置或取消文字的上、下划线。

（5）"堆叠"按钮：为层叠或非层叠文本按钮，用于层叠所选的文本文字，也就是创建文本的分数形式。当文本中某处出现"/""^""#"3 种层叠符号之一时，选中需层叠的文字，才可层叠文本。文字和层叠符号二者缺一不可。符号左边的文字作为分子，右边的文字作为分母进行层叠。

AutoCAD 提供了 3 种分数形式。

① 如果选中"abcd/efgh"后单击该按钮，得到如图 7-12（a）所示的分数形式。

② 如果选中"abcd^efgh"后单击该按钮，则得到如图 7-12（b）所示的形式，此形式多用于标注极限偏差。

③ 如果选中"abcd#efgh"后单击该按钮，则创建斜排的分数形式，如图 7-12（c）所示。

如果选中已经层叠的文本对象后单击该按钮，则恢复到非层叠形式。

（6）"倾斜角度"（0/）文本框：用于设置文字的倾斜角度。

> **举一反三**
>
> 倾斜角度与斜体效果是两个不同的概念，前者可以设置任意倾斜角度，后者是在任意倾斜角度的基础上设置斜体效果，如图 7-13 所示。第一行倾斜角度为 0°，非斜体效果；第二行倾斜角度为 12°，非斜体效果；第三行倾斜角度为 12°，斜体效果。

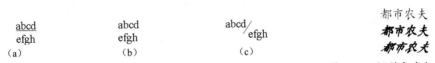

图 7-12 文本层叠　　　　　　　　　图 7-13 倾斜角度与斜体效果

（7）"符号"按钮 @：用于输入各种符号。单击该按钮，系统打开符号列表，如图 7-14 所示，可以从中选择符号输入到文本中。

（8）"插入字段"按钮：用于插入一些常用或预设字段。单击该按钮，系统打开"字段"对话框，如图 7-5 所示，用户可从中选择字段，插入到标注文本中。

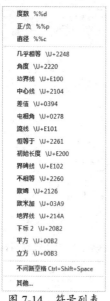

图 7-14 符号列表

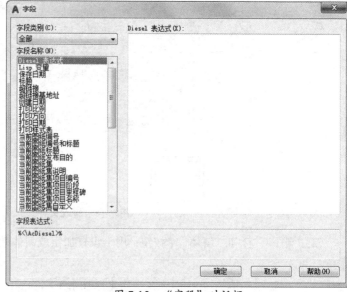

图 7-15 "字段"对话框

（9）"追踪"下拉列表框：用于增大或减小选定字符之间的间距。设置为 1.0 表示为常规间距，设置大于 1.0 表示增大间距，设置小于 1.0 表示减小间距。

（10）"宽度因子"下拉列表框：用于扩展或收缩选定字符宽度。设置为 1.0 表示此字体中字母的常规宽度，可以增大该宽度或减小该宽度。

（11）"上标"按钮 X^2：将选定文字转换为上标形式，即在输入线的上方设置稍小的文字。

（12）"下标"按钮 X_2：将选定文字转换为下标形式，即在输入线的下方设置稍小的文字。

（13）"清除格式"下拉列表：删除选定字符的字符格式，或删除选定段落的段落格式，或删除选定段落中的所有格式。

（14）关闭：如果选择该选项，将从应用了列表格式的选定文字中删除字母、数字和项目符号，不更改缩进状态。

（15）编辑器设置：显示"文字格式"工具栏的选项列表。有关详细信息请参见编辑器设置。

另外还有"默认"选项卡"注释"面板中的"单行文字"按钮，它的操作与"多行文字"的类似，因此这里不再赘述。

高手支招：

多行文字是由任意数目的文本行或段落组成的，布满指定的宽度，还可以沿垂直方向无限延伸。在多行文字中，无论行数是多少，单个编辑任务中创建的每个段落集将构成单个对象；用户可对其进行移动、旋转、删除、复制、镜像或缩放操作。

7.2 表格

在以前的 AutoCAD 版本中，要绘制表格必须采用绘制图线或结合偏移、复制等编辑命令来完成，这样的操作过程烦琐而复杂，不利于提高绘图效率。自从 AutoCAD 2005 新增加了"表格"绘图功能，创建表格就变得非常容易，用户可以直接插入设置好样式的表格。同时随着版本的不断升级，表格功能也在精益求精、日趋完善。

【预习重点】

- 练习定义表格样式。
- 观察"插入表格"对话框中选项的设置。
- 练习在表格中插入文字。

7.2.1 定义表格样式

和文字样式一样,所有 AutoCAD 图形中的表格都有与其相对应的表格样式。当插入表格对象时,系统使用当前设置的表格样式。表格样式是用来控制表格基本形状和间距的一组设置。模板文件 ACAD.DWT 和 ACADISO.DWT 中定义了名为"Standard"的默认表格样式。

【执行方式】

- 命令行:TABLESTYLE。
- 菜单栏:选择菜单栏中的"格式"→"表格样式"命令。
- 工具栏:单击"样式"工具栏中的"表格样式管理器"按钮 。
- 功能区:单击"默认"选项卡"注释"面板中的"表格样式"按钮 。

单击"注释"选项卡"表格"面板上的"表格样式"下拉菜单中的"管理表格样式"按钮或单击"注释"选项卡"表格"面板中的"对话框启动器"按钮 。

【操作步骤】

执行上述操作后,系统打开"表格样式"对话框,如图 7-16 所示。

【选项说明】

(1)"新建"按钮:单击该按钮,系统打开"创建新的表格样式"对话框,如图 7-17 所示。输入新的表格样式名后,单击"继续"按钮,系统打开"新建表格样式"对话框,如图 7-18 所示,从中可以定义新的表格样式。

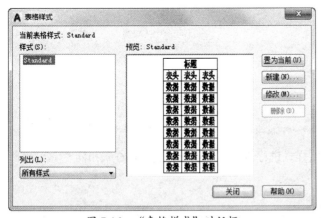

图 7-16 "表格样式"对话框

图 7-17 "创建新的表格样式"对话框

"新建表格样式"对话框的"单元样式"下拉列表框中有 3 个重要的选项:"数据""表头""标题",分别控制表格中数据、列标题和总标题的有关参数,如图 7-19 所示。该对话框中有 3 个重要的选项卡,分别介绍如下。

① "常规"选项卡:用于控制数据格与标题格的上下位置关系。

图 7-18 "新建表格样式"对话框

② "文字"选项卡：用于设置文字属性，选择该选项卡，在"文字样式"下拉列表框中可以选择已定义的文字样式并应用于数据格，也可以单击右侧的□按钮重新定义文字样式。其中"文字高度""文字颜色""文字角度"各选项设定的相应参数格式可供用户选择。

③ "边框"选项卡：用边框线按钮控制数据边框线的各种形式，如绘制所有数据边框线、只绘制数据边框外部边框线、只绘制数据边框内部边框线、无边框线、只绘制底部边框线等。"线宽""线型""颜色"下拉列表框则控制边框线的线宽、线型和颜色；"间距"文本框用于控制单元格边界和内容之间的间距。

如图 7-20 所示，数据文字样式为"Standard"，文字高度为 4.5，文字颜色为"红色"，对齐方式为"右下"；标题文字样式为"Standard"，文字高度为 6，文字颜色为"蓝色"，对齐方式为"正中"；表格方向为"上"，水平单元边距和垂直单元边距都为 1.5。

标题		
表头	表头	表头
数据	数据	数据
数据	数据	数据
数据	数据	数据
数据	数据	数据
数据	数据	数据
数据	数据	数据

图 7-19 表格样式

数据	数据	数据
数据	数据	数据
数据	数据	数据
数据	数据	数据
数据	数据	数据
数据	数据	数据
数据	数据	数据
标题		

图 7-20 表格示例

（2）"修改"按钮：用于对当前表格样式进行修改，方式与新建表格样式相同。

7.2.2 创建表格

设置好表格样式后，用户可以利用"TABLE"命令创建表格。

【执行方式】

- 命令行：TABLE。
- 菜单栏：选择菜单栏中的"绘图"→"表格"命令。

- 工具栏：单击"绘图"工具栏中的"表格"按钮▦。
- 功能区：单击"默认"选项卡"注释"面板中的"表格"按钮▦或单击"注释"选项卡"表格"面板中的"表格"按钮▦。

【操作步骤】

执行上述操作后，系统打开"插入表格"对话框，如图 7-21 所示。

图 7-21 "插入表格"对话框

【选项说明】

(1) "表格样式"选项组：可以在"表格样式"下拉列表框中选择一种表格样式。

(2) "插入选项"选项组：指定插入表格的方式。

① "从空表格开始"单选按钮：创建可以手动填充数据的空表格。

② "自数据链接"单选按钮：通过启动数据连接管理器来创建表格。

③ "自图形中的对象数据"单选按钮：通过启动"数据提取"向导来创建表格。

(3) "插入方式"选项组。

① "指定插入点"单选按钮：指定表格左上角的位置。可以使用定点设备，也可以在命令行中输入坐标值。如果表格样式中表格的方向设置为由下而上读取，则插入点位于表格的左下角。

② "指定窗口"单选按钮：指定表的大小和位置。可以使用定点设备，也可以在命令行中输入坐标值。选中该单选按钮时，行数、列数、列宽和行高取决于窗口的大小及列和行的设置。

(4) "列和行设置"选项组。

指定列和数据行的数目及列宽与行高。

(5) "设置单元样式"选项组。

指定"第一行单元样式""第二行单元样式""所有其他行单元样式"，分别为标题、表头和数据样式。

高手支招：
在"插入方式"选项组中选中"指定窗口"单选按钮后,"列和行设置"中的两个参数只能指定一个,另外一个由指定窗口的大小自动等分来确定。

在"插入表格"对话框中进行相应设置后,单击"确定"按钮,系统在指定的插入点或窗口中自动插入一个空表格,并显示"文字编辑器"选项卡,用户可以逐行逐列输入相应的文字或数据。

7.2.3 表格文字编辑

【执行方式】

- 命令行：TABLEDIT。
- 快捷菜单：选择表和一个或多个单元后右击,在弹出的快捷菜单中选择"编辑文字"命令。
- 定点设备：在表单内双击。

7.3 综合演练——绘制 A3 样板图

绘制 A3 样板图

要绘制的 A3 样板图如图 7-22 所示。

手把手教你学：
所谓样板图,就是将绘制图形时的一些基本内容和参数事先设置好,并绘制出来,以".dwt"格式保存起来。本实例中绘制的 A3 图纸,可以绘制好图框、标题栏,设置好图层、文字样式、标注样式等,然后作为样板图保存。以后需要绘制 A3 幅面的图形时,可打开此样板图并在此基础上绘图。

【操作步骤】

(1) 新建文件

单击快速访问工具栏中的"新建"按钮,弹出"选择样板"对话框,在"打开"下拉菜单中选择"无样板打开-公制"选项,新建空白文件。

(2) 设置图层

单击"默认"选项卡"图层"面板中的"图层特性"按钮,新建如下两个图层。

① 图框层：颜色为白色,其余参数为默认值。

② 标题栏层：颜色为白色,其余参数为默认值。

(3) 绘制图框

将"图框层"图层设定为当前图层。

单击"默认"选项卡"绘图"面板中的"矩形"按钮,指定矩形的角点坐标分别为{(0, 0)、(420, 297)}和{(10, 10)、(410, 287)},分别绘制图纸边和图框。绘制结果如图 7-23 所示。

(4) 绘制标题栏

将"标题栏层"图层设定为当前图层。

① 单击"默认"选项卡"注释"面板中的"文字样式"按钮,弹出"文字样式"对话框,新建"长仿宋体"样式,在"字体名"下拉列表框中选择"仿宋_GB2312"选项,"高度"为 4,其余参数为默认值。单击"置为当前"按钮,将新建文字样式置为当前样式。

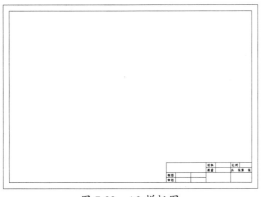
图 7-22　A3 样板图

图 7-23　绘制边框

② 单击"默认"选项卡"注释"面板中的"表格样式"按钮，系统弹出"表格样式"对话框。

③ 单击"修改"按钮，系统弹出"修改表格样式"对话框，在"单元样式"下拉列表框中选择"数据"选项，在下面的"文字"选项卡中单击"文字样式"下拉列表框右侧的按钮，弹出"文字样式"对话框，选择"长仿宋体"样式。再打开"常规"选项卡，将"页边距"选项组中的"水平"和"垂直"都设置成1，"对齐"为"正中"。

> **注意：**
> 表格的行高=文字高度+2×垂直页边距，此处设置为 3+2×1=5。

④ 单击"确定"按钮，系统回到"表格样式"对话框，单击"关闭"按钮退出。

⑤ 单击"默认"选项卡"注释"面板中的"表格"按钮，系统弹出"插入表格"对话框，在"列和行设置"选项组中将"列数"设置为 28，"列宽"设置为 5，"数据行数"设置为 2（加上标题行和表头行共 4 行），"行高"设置为 1 行（即行高为 10）；在"设置单元样式"选项组中将"第一行单元样式""第二行单元样式""所有其他行单元样式"都设置为"数据"，如图 7-24 所示。

图 7-24　"插入表格"对话框

⑥ 在图框线右下角附近指定表格位置，系统生成表格，不输入文字，如图 7-25 所示。

⑦ 单击表格中的任一单元格，系统显示其编辑夹点，右击，在弹出的快捷菜单中选择"特性"命令，如图 7-26 所示，系统弹出"特性"对话框，将"单元高度"参数改为 8，如图 7-27 所示，这

图 7-25 生成表格

样该单元格所在行的高度就统一改为 8。用同样方法将其他行的高度改为 8，如图 7-28 所示。

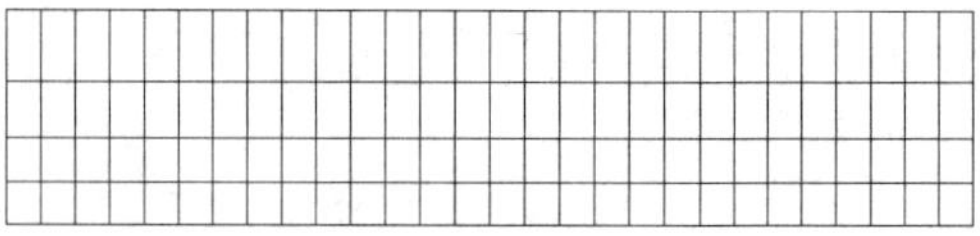

图 7-26 快捷菜单

图 7-27 "特性"对话框

⑧ 选择 A1 单元格，按住 Shift 键，同时选择右边的 12 个单元格及下面的 13 个单元格，右击，在弹出的快捷菜单中选择"合并"→"全部"命令，如图 7-29 所示，这些单元格完成合并，如图 7-30 所示。

图 7-28 修改表格高度

用同样方法合并其他单元格，结果如图 7-31 所示。

⑨ 在标题栏单元格处双击鼠标左键，将字体设置为"仿宋_GB2312"，文字高度设置为 4，在单元格中输入文字，如图 7-32 所示。

用同样方法，输入其他单元格文字，结果如图 7-33 所示。

（5）移动标题栏

单击"默认"选项卡"修改"面板中的"移动"按钮✥，将刚生成的标题栏移动到与图框的下侧、右侧重合的位置，最终如图 7-22 所示。

（6）保存样板图

单击快速访问工具栏中的"保存"按钮📄，输入名称为"A3 样板图 1"，保存绘制好的图形。

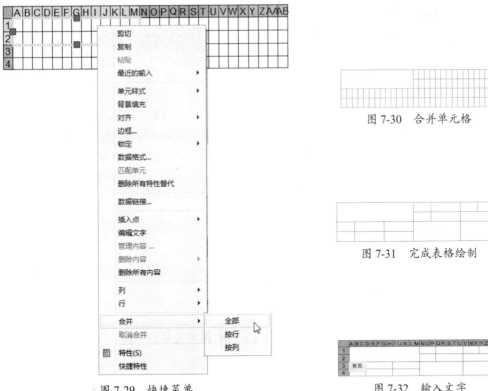

图 7-29　快捷菜单

图 7-30　合并单元格

图 7-31　完成表格绘制

图 7-32　输入文字

图 7-33　输入标题栏文字

7.4　名师点拨——细说文本

1. 在标注文字时，使用多行文字编辑命令标注上下标的方法

上标：输入"2^"，然后选中"2^"，单击 x 按钮即可。

下标：输入"^2"，然后选中"^2"，单击 按钮即可。

上下标：输入"2^2"，然后选中"2^2"，单击 按钮即可。

2. 为什么不能显示汉字？或输入的汉字变成了问号

原因可能有以下几种。

（1）对应的字型没有使用汉字字体，如"HZTXT.SHX"等。

（2）当前系统中没有汉字字体形状文件，应将所用到的形状文件复制到 AutoCAD 的字体目录中（一般为"...\fonts\"）。

（3）对于某些符号，如希腊字母等，同样必须使用对应的字体形状文件，否则会显示"？"。

3. 为什么输入的文字高度无法改变

设置文字的高度值不为 0 时，用"DTEXT"命令书写文本时都不提示输入高度，这样写出来的文本高度是不变的，包括尺寸标注。

4. 如何改变已经存在的字体格式

如果想改变已有文字的大小、字体、高宽比例、间距、倾斜角度、插入点等，最简单的方法是使用"特性"（DDMODIFY）命令。选择"特性"命令，打开"特性"对话框，单击"选择对象"按钮，选中要修改的文字，按 Enter 键，在"特性"对话框中选择要修改的项目进行修改即可。

7.5 上机实验

【练习1】标注如图 7-34 所示的技术要求。

【练习2】在【练习1】标注的技术要求中加入下面的文字。

3. 尺寸为Φ30$^{+0.05}_{-0.06}$的孔抛光处理。

【练习3】绘制如图 7-35 所示的变速箱组装图明细表。

14	端盖	1	HT150	
13	端盖	1	HT150	
12	定距环	1	Q235A	
11	大齿轮	1	40	
10	键 16×70	1	Q275	GB 1095-79
9	轴	1	45	
8	轴承	2		30208
7	端盖	1	HT200	
6	轴承	2		30211
5	轴	1	45	
4	键 8×50	1	Q275	GB 1095-79
3	端盖	1	HT200	
2	调整垫片	2组	08F	
1	减速器箱体	1	HT200	
序号	名 称	数量	材 料	备 注

1.当无标准齿轮时,允许检查下列三项代替检查径向综合公差和一齿径向综合公差
 a.齿圈径向跳动公差Fr为0.056
 b.齿形公差ff为0.016
 c.基节极限偏差±f_{pb}为0.018
2.未注倒角1x45°。

图 7-34 技术要求　　　　　　图 7-35 变速箱组装图明细表

7.6 模拟考试

（1）在表格中不能插入（　　）。

A. 块　　　　　　B. 字段　　　　　　C. 公式　　　　　　D. 点

（2）在设置文字样式时，设置了文字的高度，其效果是（　　）。

A. 在输入单行文字时，可以改变文字高度

B. 在输入单行文字时，不可以改变文字高度

C. 在输入多行文字时，不能改变文字高度

D. 都能改变文字高度

(3) 正常输入汉字时却显示"?",是什么原因?（　　）
A. 因为文字样式没有设定好　　　　B. 输入错误
C. 堆叠字符　　　　　　　　　　　D. 字高太高
(4) 如图 7-36 所示,右侧为镜像文字,则系统变量 mirrtext 是（　　）。
A. 0　　　　　　B. 1　　　　　　C. ON　　　　　　D. OFF
(5) 在插入字段的过程中,如果显示"####",则表示该字段（　　）。
A. 没有值　　　　B. 无效　　　　C. 字段太长,溢出　　D. 字段需要更新
(6) 以下哪种不是表格的单元格式数据类型?（　　）
A. 百分比　　　　B. 时间　　　　C. 货币　　　　　　D. 点
(7) 按如图 7-37 所示设置文字样式,则文字的高度、宽度因子是（　　）。
A. 0,5　　　　　B. 0,0.5　　　C. 5,0　　　　　　D. 0,0

图 7-36　镜像文字　　　　　　　　图 7-37　"文字样式"对话框

(8) 利用"MTEXT"命令输入如图 7-38 所示的文本。
(9) 绘制如图 7-39 所示的齿轮参数表。

技术要求:
1. φ20的孔配合。
2. 未注倒角 C1

齿数	Z	24
模数	m	3
压力角	α	30°
公差等级及配合类别	6H-GE	T3478.1-1995
作用齿槽宽最小值	Evmin	4.7120
实际齿槽宽最大值	Emax	4.8370
实际齿槽宽最小值	Emin	4.7590
作用齿槽宽最大值	Evmax	4.7900

图 7-38　技术要求　　　　　　　　图 7-39　齿轮参数表

第 8 章 尺寸标注

尺寸标注是绘图设计过程当中相当重要的一个环节。图形的主要作用是表达物体的形状，而物体各部分的真实大小和各部分之间的确切位置只能通过尺寸标注来表达。因此，没有正确的尺寸标注，绘制出的图样对于加工制造就没有意义。AutoCAD 提供了方便、准确的尺寸标注功能。本章介绍 AutoCAD 的尺寸标注功能。

内容要点

- 尺寸样式
- 尺寸标注方法
- 引线标注

案例效果

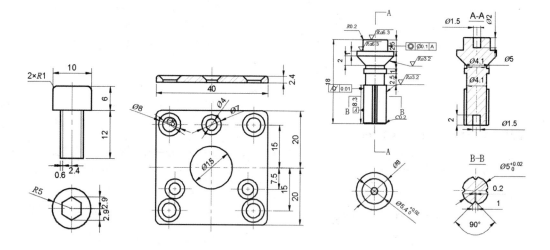

8.1 尺寸样式

组成尺寸标注的尺寸线、尺寸界线、尺寸文本和尺寸箭头可以采用多种形式，尺寸标注以什么形态出现，取决于当前所采用的尺寸标注样式。标注样式决定尺寸标注的形式，包括尺寸线、尺寸界线、尺寸箭头和中心标记的形式、尺寸文本的位置、特性等。在 AutoCAD 2020 中，用户可以利用"标注样式管理器"对话框方便地设置自己需要的尺寸标注样式。

【预习重点】

- 了解如何设置尺寸样式。
- 了解如何设置尺寸样式参数。

8.1.1 新建或修改尺寸样式

在进行尺寸标注前,要先创建尺寸标注的样式。如果用户不创建尺寸样式而直接进行标注,系统使用默认名称为"Standard"的样式。如果用户认为使用的标注样式的某些设置不合适,也可以修改标注样式。

【执行方式】

- 命令行:DIMSTYLE(快捷命令:D)。
- 菜单栏:选择菜单栏中的"格式"→"标注样式"命令或"标注"→"标注样式"命令。
- 工具栏:单击"标注"工具栏中的"标注样式"按钮 。
- 功能区:单击"默认"选项卡"注释"面板中的"标注样式"按钮 或单击"注释"选项卡"标注"面板上的"标注样式"下拉菜单中的"管理标注样式"按钮或单击"注释"选项卡"标注"面板中的"对话框启动器"按钮 。

【操作步骤】

执行上述操作后,系统打开"标注样式管理器"对话框,如图 8-1 所示。利用该对话框可方便直观地定制和浏览尺寸标注样式,包括创建新的标注样式、修改已存在的标注样式、设置当前尺寸标注样式、样式重命名及删除已有的标注样式等。

【选项说明】

(1)"置为当前"按钮

单击该按钮,将在"样式"列表框中选择的样式设置为当前标注样式。

(2)"新建"按钮

创建新的尺寸标注样式。单击该按钮,系统打开"创建新标注样式"对话框,如图 8-2 所示,利用该对话框可创建一个新的尺寸标注样式,其中各项功能说明如下。

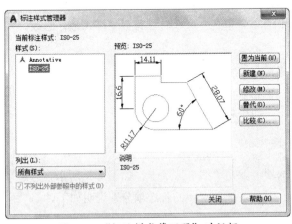

图 8-1 "标注样式管理器"对话框

图 8-2 "创建新标注样式"对话框

① "新样式名"文本框:为新的尺寸标注样式命名。

② "基础样式"下拉列表框:选择创建新样式所基于的标注样式。单击"基础样式"下拉列表框,打开当前已有的样式列表,从中选择一个作为定义新样式的基础,新的样式是在所选样式的基础上修改一些特性得到的。

③ "用于"下拉列表框：指定新样式应用的尺寸类型。单击该下拉列表框，打开尺寸类型列表，如果新建样式应用于所有尺寸，则选择"所有标注"选项；如果新建样式只应用于特定的尺寸标注（如只在标注直径时使用此样式），则选择相应的尺寸类型。

④ "继续"按钮：各选项设置好以后，单击该按钮，系统打开"新建标注样式"对话框，如图 8-3 所示，利用该对话框可对新标注样式的各项特性进行设置。该对话框中各部分的含义和功能将在后面介绍。

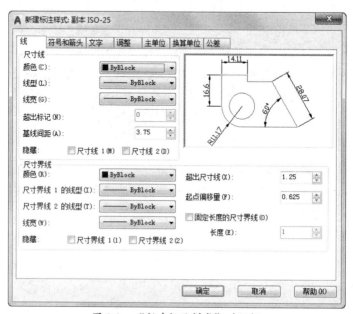

图 8-3 "新建标注样式"对话框

（3）"修改"按钮

修改一个已存在的尺寸标注样式。单击该按钮，系统打开"修改标注样式"对话框，该对话框中的各选项与"新建标注样式"对话框中的完全相同，可以对已有标注样式进行修改。

（4）"替代"按钮

设置临时覆盖尺寸标注样式。单击该按钮，系统打开"替代当前样式"对话框，该对话框中的各选项与"新建标注样式"对话框中的完全相同，用户可改变选项的设置，以覆盖原来的设置，但这种修改只对指定的尺寸标注起作用，而不影响当前其他尺寸变量的设置。

8.1.2 线

在"新建标注样式"对话框中，第一个选项卡就是"线"选项卡，如图 8-3 所示。该选项卡用于设置尺寸线、尺寸界线的形式和特性。现对该选项卡中的各选项分别说明如下。

1. "尺寸线"选项组

用于设置尺寸线的特性，其中各选项的含义如下。

（1）"颜色"（"线型"、"线宽"）下拉列表框：用于设置尺寸线的颜色（线型、线宽）。

（2）"超出标记"微调框：当尺寸箭头设置为短斜线、短波浪线等，或尺寸线上无箭头时，可利用此微调框设置尺寸线超出尺寸界线的距离。

(3)"基线间距"微调框：设置以基线方式标注尺寸时，相邻两尺寸线之间的距离。

(4)"隐藏"复选框组：确定是否隐藏尺寸线及相应的箭头。选中"尺寸线 1（2）"复选框，表示隐藏第一（二）段尺寸线。

2. "尺寸界线"选项组

用于确定尺寸界线的形式，其中各选项的含义如下。

(1)"颜色"("线宽")下拉列表框：用于设置尺寸界线的颜色（线宽）。

(2)"尺寸界线 1（2）的线型"下拉列表框：用于设置第一条尺寸界线的线型（系统变量 DIMLTEX1）。

(3)"超出尺寸线"微调框：用于确定尺寸界线超出尺寸线的距离。

(4)"起点偏移量"微调框：用于确定尺寸界线的实际起始点相对于指定尺寸界线起始点的偏移量。

(5)"隐藏"复选框组：确定是否隐藏尺寸界线。

(6)"固定长度的尺寸界线"复选框：选中该复选框，系统以固定长度的尺寸界线标注尺寸，可以在其下面的"长度"文本框中输入长度值。

3. 尺寸样式显示框

在"新建标注样式"对话框的右上方，有一个尺寸样式显示框，该显示框以样例的形式显示用户设置的尺寸样式。

8.1.3 符号和箭头

在"新建标注样式"对话框中，第二个选项卡是"符号和箭头"选项卡，如图 8-4 所示。该选项卡用于设置箭头、圆心标记、弧长符号和半径折弯标注的形式和特性，现对该选项卡中的各选项分别说明如下。

图 8-4 "符号和箭头"选项卡

1. "箭头"选项组

用于设置尺寸箭头的形式。AutoCAD 提供了多种箭头形状，列在"第一个"和"第二个"下拉列表框中。另外，还允许采用用户自定义的箭头形状。两个尺寸箭头可以采用相同的形式，也可采用不同的形式。

（1）"第一（二）个"下拉列表框：用于设置第一（二）个尺寸箭头的形式。单击此下拉列表框，打开各种箭头形式，其中列出了各类箭头的形状（即名称）。一旦选择了第一个箭头的类型，第二个箭头则自动与其匹配，要想第二个箭头取不同的形状，可在"第二个"下拉列表框中设定。

如果在列表框中选择了"用户箭头"选项，则打开"选择自定义箭头块"对话框，可以事先把自定义的箭头存成一个图块，在该对话框中输入该图块名即可。

（2）"引线"下拉列表框：确定引线箭头的形式，与"第一个"设置类似。

（3）"箭头大小"微调框：用于设置尺寸箭头的大小。

2. "圆心标记"选项组

用于设置半径标注、直径标注和中心标注中的中心标记和中心线形式。其中各项含义如下。

（1）"无"单选按钮：选中该单选按钮，既不产生中心标记，也不产生中心线。

（2）"标记"单选按钮：选中该单选按钮，中心标记为一个点记号。

（3）"直线"单选按钮：选中该单选按钮，中心标记采用中心线的形式。

（4）"大小"微调框：用于设置中心标记和中心线的大小和粗细。

8.1.4 文字

在"新建标注样式"对话框中，第三个选项卡是"文字"选项卡，如图 8-5 所示。该选项卡用于设置尺寸文本文字的形式、布置、对齐方式等，现对该选项卡中的各选项分别说明如下。

图 8-5 "文字"选项卡

1. "文字外观"选项组

（1）"文字样式"下拉列表框：用于选择当前尺寸文本采用的文字样式。

（2）"文字颜色"下拉列表框：用于设置尺寸文本采用的文字的颜色。

（3）"填充颜色"下拉列表框：用于设置标注中文字背景的颜色。

（4）"文字高度"微调框：用于设置尺寸文本的字高。如果选用的文本样式中已设置了具体的字高（不是0），则此处的设置无效；如果文本样式中设置的字高为0，才以此处设置为准。

（5）"分数高度比例"微调框：用于确定尺寸文本的比例系数。

（6）"绘制文字边框"复选框：选中该复选框，AutoCAD在尺寸文本的周围加上边框。

2. "文字位置"选项组

（1）"垂直"下拉列表框：用于确定尺寸文本相对于尺寸线在垂直方向的对齐方式，如图8-6所示。

图8-6 尺寸文本在垂直方向的放置

（2）"水平"下拉列表框：用于确定尺寸文本相对于尺寸线和尺寸界线在水平方向的对齐方式。单击此下拉列表框，可从中选择的对齐方式有5种：居中、第一条尺寸界线、第二条尺寸界线、第一条尺寸界线上方、第二条尺寸界线上方，如图8-7（a）～图8-7（e）所示。

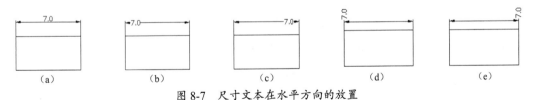

图8-7 尺寸文本在水平方向的放置

（3）"观察方向"下拉列表框：用于控制标注文字的观察方向（可用系统变量DIMTXTDIRECTION设置）。

（4）"从尺寸线偏移"微调框：当尺寸文本放在断开的尺寸线中间时，该微调框用来设置尺寸文本与尺寸线之间的距离。

3. "文字对齐"选项组

该选项组用于控制尺寸文本的排列方向。

（1）"水平"单选按钮：选中该单选按钮，尺寸文本沿水平方向放置。不论标注什么方向的尺寸，尺寸文本总保持水平。

（2）"与尺寸线对齐"单选按钮：选中该单选按钮，尺寸文本沿尺寸线方向放置。

（3）"ISO标准"单选按钮：选中该单选按钮，当尺寸文本在尺寸界线之间时，沿尺寸线方向放置；在尺寸界线之外时，沿水平方向放置。

8.1.5 主单位

在"新建标注样式"对话框中，第五个选项卡是"主单位"选项卡，如图8-8所示。该选项卡用来设置尺寸标注的主单位和精度,以及为尺寸文本添加固定的前缀或后缀。现对该选项卡中的各选项分别说明如下。

图 8-8 "主单位"选项卡

1. "线性标注"选项组

用来设置标注长度型尺寸时采用的单位和精度。

(1)"单位格式"下拉列表框:用于确定标注尺寸时使用的单位制(角度型尺寸除外)。在其下拉列表框中 AutoCAD 2020 提供了"科学""小数""工程""建筑""分数""Windows 桌面" 6 种单位制,可根据需要选择。

(2)"精度"下拉列表框:用于确定标注尺寸时的精度,也就是精确到小数点后几位。

> **高手支招:**
> 精度设置一定要和用户的需求吻合,如果设置的精度过低,标注会出现误差。

(3)"分数格式"下拉列表框:用于设置分数的形式。AutoCAD 2020 提供了"水平""对角""非堆叠"3 种形式供用户选用。

(4)"小数分隔符"下拉列表框:用于确定十进制单位(Decimal)的分隔符。AutoCAD 2020 提供了"句点"(.)"逗点"(,)"空格"3 种形式。

> **高手支招:**
> 系统默认的小数分隔符是"逗点",所以每次标注尺寸时要注意把此处设置为"句点"。

(5)"舍入"微调框:用于设置除角度之外的尺寸测量圆整规则。在文本框中输入一个值,如果输入"1",则所有测量值均为整数。

(6)"前缀"文本框:为尺寸标注设置固定前缀。可以输入文本,也可以利用控制符产生特殊字符,这些文本将被加在所有尺寸文本之前。

(7)"后缀"文本框:为尺寸标注设置固定后缀。

2. "测量单位比例"选项组

用于确定 AutoCAD 自动测量尺寸时的比例因子。其中"比例因子"微调框用来设置除角度之外所有尺寸测量的比例因子。例如,用户确定比例因子为 2,AutoCAD 则把实际测量为 1 的尺寸标注为 2。如果选中"仅应用到布局标注"复选框,则设置的比例因子只适用于布局标注。

8.1.6 公差

在"新建标注样式"对话框中,第七个选项卡是"公差"选项卡,如图 8-9 所示。该选项卡用于确定标注公差的方式,现对该选项卡中的各选项分别说明如下。

图 8-9 "公差"选项卡

1. "公差格式"选项组

该选项组用于设置公差的标注方式。

(1)"方式"下拉列表框:用于设置公差标注的方式。AutoCAD 提供了 5 种标注公差的方式,分别是"无""对称""极限偏差""极限尺寸""基本尺寸",其中"无"表示不标注公差,其余 4 种标注情况如图 8-10 所示。

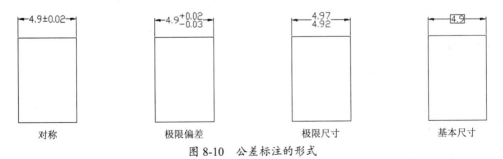

图 8-10 公差标注的形式

(2)"精度"下拉列表框:用于确定公差标注的精度。

> **高手支招:**
> 公差标注的精度设置一定要准确,否则标注出的公差值会出现错误。

(3)"上(下)偏差"微调框:用于设置尺寸的上(下)偏差。

(4)"高度比例"微调框:用于设置公差文本的高度比例,即公差文本的高度与一般尺寸文本的高度之比。

高手支招:

国家标准规定,公差文本的高度是一般尺寸文本高度的 0.5 倍,用户要注意设置。

---

(5)"垂直位置"下拉列表框:用于控制"对称"和"极限偏差"形式公差标注的文本对齐方式,如图 8-11 所示。

图 8-11　公差标注的文本对齐方式

2. "公差对齐"选项组

该选项组用于在堆叠时,控制上偏差值和下偏差值的对齐。

(1)"对齐小数分隔符"单选按钮:选中该单选按钮,通过值的小数分隔符堆叠值。

(2)"对齐运算符"单选按钮:选中该单选按钮,通过值的运算符堆叠值。

3. "换算单位公差"选项组

该选项组用于对几何公差标注的替换单位进行设置,各选项的设置方法与上面相同。

其他的选项卡,一般很少进行调整,因此这里不再详细讲述,感兴趣的读者可以自行查阅相关的资料。

8.2　尺寸标注方法

正确地进行尺寸标注是设计绘图工作中非常重要的一个环节,AutoCAD 2020 提供了方便快捷的尺寸标注方法,可通过执行命令实现,也可利用菜单或工具按钮实现。本节重点介绍如何对各种类型的尺寸进行标注。

【预习重点】
- 了解尺寸标注类型。
- 练习不同类型尺寸标注的应用。

8.2.1　线性标注

【执行方式】
- 命令行:DIMLINEAR(快捷命令:DIMLIN)。
- 菜单栏:选择菜单栏中的"标注"→"线性"命令。
- 工具栏:单击"标注"工具栏中的"线性"按钮 ⊢ 。

- 快捷键：D+L+I。
- 功能区：单击"默认"选项卡"注释"面板中的"线性"按钮或单击"注释"选项卡"标注"面板中的"线性"按钮。

【操作步骤】

命令行提示与操作如下：

命令：DIMLINEAR↙
指定第一个尺寸界线原点或<选择对象>：
指定尺寸线位置或 [多行文字(M)/文字(T)/角度(A)/水平(H)/垂直(V)/旋转(R)]：

【选项说明】

（1）指定尺寸线位置：用于确定尺寸线的位置。用户可移动鼠标选择合适的尺寸线位置，然后按 Enter 键或单击，AutoCAD 则自动测量要标注线段的长度并标注出相应的尺寸。

（2）多行文字(M)：用多行文本编辑器确定尺寸文本。

（3）文字(T)：用于在命令行提示下输入或编辑尺寸文本。

（4）角度(A)：用于确定尺寸文本的倾斜角度。

（5）水平(H)：水平标注尺寸，不论标注什么方向的线段，尺寸线总保持水平放置。

（6）垂直(V)：垂直标注尺寸，不论标注什么方向的线段，尺寸线总保持垂直放置。

（7）旋转(R)：输入尺寸线旋转的角度值，旋转标注尺寸。

8.2.2 半径与直径标注

【执行方式】

- 命令行：DIMRADIUS（快捷命令：DRA）。
- 菜单栏：选择菜单栏中的"标注"→"半径"命令。
- 工具栏：单击"标注"工具栏中的"半径"按钮。
- 功能区：单击"默认"选项卡"注释"面板中的"半径"按钮或单击"注释"选项卡"标注"面板中的"半径"按钮。

【操作步骤】

命令行提示与操作如下：

命令：dimradius↙
选择圆弧或圆：（选择要标注半径的圆或圆弧）
指定尺寸线位置或 [多行文字(M)/文字(T)/角度(A)]：（确定尺寸线的位置或选择某一选项）

【选项说明】

用户可以选择"多行文字""文字""角度"选项来输入、编辑尺寸文本或确定尺寸文本的倾斜角度，也可以直接确定尺寸线的位置，标注出指定圆或圆弧的半径。

对于"默认"选项卡"注释"面板中的"直径"命令，它的操作和"半径"命令类似，因此这里不再赘述。

8.2.3 操作实例——标注垫片线性尺寸

标注如图 8-12 所示的垫片尺寸。操作步骤如下：

(1) 打开本书的电子资源"源文件\第 8 章\标注垫片\垫片"图形文件。
(2) 新建图层。
新建"尺寸标注"图层，属性选择默认值，并将其设置为当前图层。
(3) 设置标注样式。

单击默认选项卡"注释"面板中的"标注样式"按钮，系统弹出如图 8-13 所示的"标注样式管理器"对话框。单击"新建"按钮，在弹出的"创建新标注样式"对话框中设置"新样式名"为"机械制图"，如图 8-14 所示。单击"继续"按钮，系统弹出"新建标注样式：机械制图"对话框。在如图 8-15 所示的"线"选项卡中，设置"基线间距"为 2，"超出尺寸线"为 1.25，"起点偏移量"为 0.625，其他设置保持默认值。在如图 8-16 所示的"符号和箭头"选项卡中，设置"箭头"均为"实心闭合"，"箭头大小"为 2，其他设置保持默认值。在如图 8-17 所示的"文字"选项卡中，设置"文字高度"为 2，其他设置保持默认值。在如图 8-18 所示的"主单位"选项卡中，设置"精度"为 0.0，"小数分隔符"为"句点"，其他设置保持默认值。完成后单击"确定"按钮退出。返回"标注样式管理器"对话框，将"机械制图"样式设置为当前样式，单击"关闭"按钮退出。

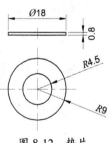

图 8-12 垫片

图 8-13 "标注样式管理器"对话框

图 8-14 "创建新标注样式"对话框

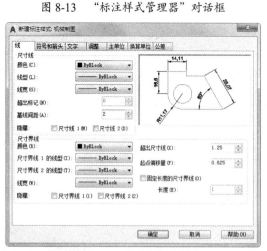

图 8-15 设置"线"选项卡

图 8-16 设置"符号和箭头"选项卡

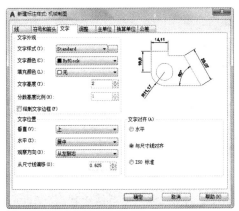

图 8-17　设置"文字"选项卡

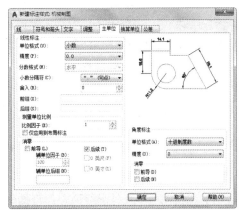

图 8-18　设置"主单位"选项卡

（4）标注尺寸。

单击"注释"功能区"标注"组中的"线性"按钮，对图形进行尺寸标注，命令行提示与操作如下：

```
命令：_dimlinear（标注厚度尺寸"0.8"）
指定第一个尺寸界线原点或 <选择对象>：（指定第一条尺寸界线位置）
指定第二条尺寸界线原点：（指定第二条尺寸界线位置）
指定尺寸线位置或[多行文字(M)/文字(T)/角度(A)/水平(H)/垂直(V)/旋转(R)]：（选取尺寸放置位置）
标注文字 = 0.8
命令：_dimlinear（标注直径尺寸"Φ18"）
指定第一个尺寸界线原点或 <选择对象>：（指定第一条尺寸界线位置）
指定第二条尺寸界线原点：（指定第二条尺寸界线位置）
指定尺寸线位置或[多行文字(M)/文字(T)/角度(A)/水平(H)/垂直(V)/旋转(R)]：t↙
输入标注文字 <18>：%%c18↙
指定尺寸线位置或[多行文字(M)/文字(T)/角度(A)/水平(H)/垂直(V)/旋转(R)]：（选取尺寸放置位置）
标注文字 = 18
```

结果如图 8-12 所示。

（5）半径标注。

单击"默认"选项卡"注释"面板中的"半径"按钮，标注右侧圆弧，命令行提示与操作如下：

```
命令：_dimradius
选择圆弧或圆：（选择外圆）
标注文字 = 9
指定尺寸线位置或 [多行文字(M)/文字(T)/角度(A)]：（选择外圆右侧一点）
命令：_dimradius
选择圆弧或圆：（选择内圆）
标注文字 = 4.5
指定尺寸线位置或 [多行文字(M)/文字(T)/角度(A)]：（选择内圆右侧一点）
```

最终结果如图 8-12 所示。

8.2.4　基线标注

基线标注用于产生一系列基于同一尺寸界线的尺寸标注，适用于长度、角度和坐标标注。在使用基线标注方式之前，应该先标注出一个相关的尺寸作为基线标准。

【执行方式】

● 命令行：DIMBASELINE（快捷命令：DBA）。

- 菜单栏：选择菜单栏中的"标注"→"基线"命令。
- 工具栏：单击"标注"工具栏中的"基线"按钮。
- 功能区：单击"注释"选项卡"标注"面板中的"基线"按钮。

【操作步骤】

命令行提示与操作如下：

命令：DIMBASELINE↙
指定第二个尺寸界线原点或[选择(S)/放弃(U)] <选择>：

【选项说明】

（1）指定第二个尺寸界线原点：直接确定另一个尺寸的第二条尺寸界线的起点，AutoCAD以上次标注的尺寸为基准标注，标注出相应尺寸。

（2）选择(S)：在上述提示下直接按 Enter 键。

8.2.5 连续标注

连续标注又叫尺寸链标注，用于产生一系列连续的尺寸标注，后一个尺寸标注均把前一个标注的第二条尺寸界线作为它的第一条尺寸界线，适用于长度、角度和坐标标注。在使用连续标注方式之前，应该先标注出一个相关的尺寸。

【执行方式】

- 命令行：DIMCONTINUE（快捷命令：DCO）。
- 菜单栏：选择菜单栏中的"标注"→"连续"命令。
- 工具栏：单击"标注"工具栏中的"连续"按钮。
- 功能区：单击"注释"选项卡"标注"面板中的"连续"按钮。

【操作步骤】

命令行提示与操作如下：

命令：DIMCONTINUE↙
选择连续标注：
指定第二个尺寸界线原点或 [放弃(U)/选择(S)] <选择>：

此提示下的各选项与基线标注中的选项完全相同，在此不再赘述。

8.2.6 操作实例——标注阀杆尺寸

标注阀杆尺寸

标注如图 8-19 所示的阀杆尺寸。操作步骤如下：

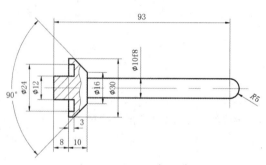

图 8-19 标注阀杆尺寸

（1）打开本书电子资源"源文件\第 8 章\标注阀杆\阀杆"图形文件。

（2）设置标注样式。

将"尺寸标注"图层设定为当前图层。按与 8.1.1 小节相同的方法设置标注样式。

（3）标注线性尺寸。单击"默认"选项卡"注释"面板中的"线性"按钮，标注线性尺寸，结果如图 8-20 所示。

（4）标注半径尺寸。单击"默认"选项卡"注释"面板中的"半径"按钮，标注半径尺寸，结果如图 8-21 所示。

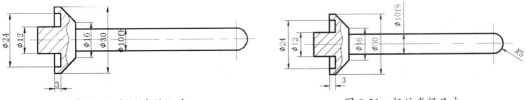

图 8-20　标注线性尺寸　　　　　图 8-21　标注半径尺寸

（5）设置角度标注样式。按与 8.2.7 小节相同的方法设置角度标注样式。

（6）标注角度尺寸。单击"默认"选项卡"注释"面板中的"角度"按钮，标注角度尺寸，结果如图 8-22 所示。

（7）标注基线尺寸。先单击"默认"选项卡"注释"面板中的"线性"按钮，标注线性尺寸 93，再单击"注释"选项卡"标注"面板中"连续"下拉菜单中的"基线"按钮，标注基线尺寸 8，命令行提示与操作如下：

```
命令: _dimbaseline
指定第二个尺寸界线原点或 [放弃(U)/选择(S)] <选择>:（选择尺寸界线）
标注文字 = 8
指定第二个尺寸界线原点或 [放弃(U)/选择(S)] <选择>:↙
```

选择刚标注的基线标注，利用钳夹功能将尺寸线移动到合适的位置，结果如图 8-23 所示。

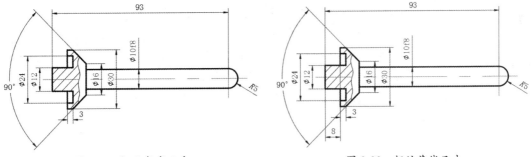

图 8-22　标注角度尺寸　　　　　图 8-23　标注基线尺寸

（8）标注连续尺寸。单击"注释"选项卡"标注"面板中的"连续"按钮，标注连续尺寸 10，命令行提示与操作如下：

```
命令: _dimcontinue
指定第二个尺寸界线原点或 [放弃(U)/选择(S)] <选择>:（选择尺寸界线）
标注文字 =10
指定第二个尺寸界线原点或 [放弃(U)/选择(S)] <选择>:↙
```

最终结果如图 8-19 所示。

8.2.7 角度尺寸标注

【执行方式】

- 命令行：DIMANGULAR（快捷命令：DAN）。
- 菜单栏：选择菜单栏中的"标注"→"角度"命令。
- 工具栏：单击"标注"工具栏中的"角度"按钮△。
- 功能区：单击"默认"选项卡"注释"面板中的"角度"按钮△（或单击"注释"选项卡"标注"面板中的"角度"按钮△）。

【操作步骤】

命令行提示与操作如下：

命令：DIMANGULAR↙
选择圆弧、圆、直线或 <指定顶点>：

【选项说明】

（1）选择圆弧：标注圆弧的中心角。

（2）选择圆：标注圆上某段圆弧的中心角。

（3）选择直线：标注两条直线间的夹角。

（4）指定顶点：直接按 Enter 键，命令行提示与操作如下：

指定角的顶点：（指定顶点）
指定角的第一个端点：（输入角的第一个端点）
指定角的第二个端点：（输入角的第二个端点）
创建了无关联的标注
指定标注弧线位置或 [多行文字(M)/文字(T)/角度(A)/象限点(Q)]：（输入一点作为角的顶点）

给定尺寸线的位置，AutoCAD 根据指定的 3 点标注出角度，如图 8-24 所示。另外，用户还可以选择"多行文字""文字""角度"等选项，编辑其尺寸文本或指定尺寸文本的倾斜角度。

图 8-24
用"DIMANGULAR"
命令标注 3 点确定的
角度

① 指定标注弧线位置：指定尺寸线的位置并确定绘制延伸线的方向。指定位置之后，"DIMANGULAR"命令将结束。

② 多行文字(M)：显示多行文字编辑器，可用它来编辑标注文字。要添加前缀或后缀，请在生成的测量值前后输入前缀或后缀。

③ 文字(T)：输入标注文字，或按 Enter 键接受生成的测量值。要包括生成的测量值，请用尖括号"<>"表示生成的测量值。

④ 角度(A)：修改标注文字的角度。

⑤ 象限点(Q)：指定标注应锁定到的象限。将标注文字放置在角度标注外时，尺寸线会延伸超过延伸线。

8.2.8 操作实例——标注压紧螺母尺寸

标注如图 8-25 所示的压紧螺母尺寸。操作步骤如下：

（1）打开本书电子资源"源文件\第 8 章\标注压紧螺母\压紧螺母"图形文件。

（2）设置标注样式。

将"尺寸标注"图层设定为当前图层。按与 8.1.1 小节相同的方法设置标注样式。

(3)标注线性尺寸。单击"默认"选项卡"注释"面板中的"线性"按钮，标注线性尺寸，结果如图 8-26 所示。

(4)标注直径尺寸。单击"默认"选项卡"注释"面板中的"直径"按钮，标注直径尺寸，结果如图 8-27 所示。

(5)设置角度标注尺寸样式。单击"默认"选项卡"注释"面板中的"标注样式"按钮，在系统弹出的"标注样式管理器"对话框"样式"列表中，选择已经设置的"机械制图"样式，单击"新建"按钮，在弹出的"创建新标注样式"对话框中的"用于"下拉列表中选择"角度标注"，如图 8-28 所示，单击"继续"按钮，弹出"新建标注样式"对话框，在"文字"选项卡"文字对齐"选项组选择"水平"单选按钮，其他选项按默认设置，如图 8-29 所示。单击"确定"按钮，回到"标注样式管理器"对话框，样式列表中新增加了"机械制图"样式下的"角度"标注样式，如图 8-30 所示，单击"关闭"按钮，"角度"标注样式被设置为当前标注样式，并只对角度标注有效。

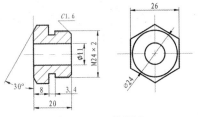

图 8-25 压紧螺母

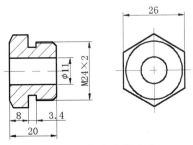

图 8-26 标注线性尺寸

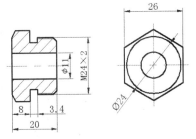

图 8-27 标注直径尺寸

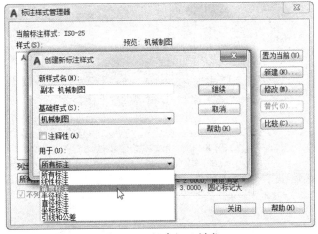

图 8-28 新建标注样式

> **注意：**
> 《机械制图 尺寸注法》国家标准（GB 4458.4—2003）规定，角度的尺寸数字必须水平放置，所以这里要对角度尺寸的标注样式进行重新设置。

(6)标注角度尺寸。单击"默认"选项卡"注释"面板中的"角度"按钮，标注角度尺寸，命令行提示与操作如下：

命令：_dimangular
选择圆弧、圆、直线或 <指定顶点>：(选择主视图上倒角的斜线)
选择第二条直线：(选择主视图最左端竖直直线)
指定标注弧线位置或 [多行文字(M)/文字(T)/角度(A)/象限点(Q)]：(选择合适位置)
标注文字 = 53

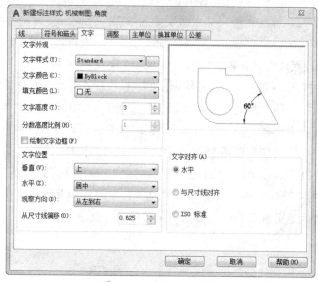

图 8-29　设置标注样式

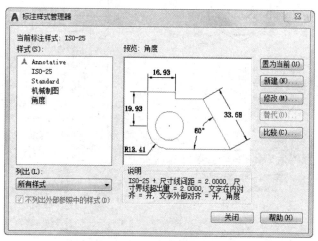

图 8-30　标注样式管理器

结果如图 8-31 所示。

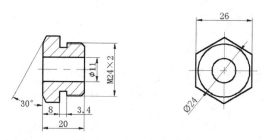

图 8-31　标注角度尺寸

（7）标注倒角尺寸 C1.6。该尺寸标注方法在后面讲述，这里暂且不讲，最终结果如图 8-25 所示。

8.2.9 对齐标注

【执行方式】

- 命令行：DIMALIGNED
- 菜单栏：选择菜单栏中"标注"→"对齐"命令。
- 工具栏：单击"标注"工具栏中"对齐标注"按钮 。

【操作步骤】

命令行提示与操作如下：

命令：DIMALIGNED✓
指定第一个尺寸界线原点或 <选择对象>：

这种命令标注的尺寸线与所标注轮廓线平行，标注的是起始点到终点之间的尺寸。

8.2.10 操作实例——标注手把尺寸

标注手把尺寸

标注如图 8-32 所示的手把尺寸。操作步骤如下：

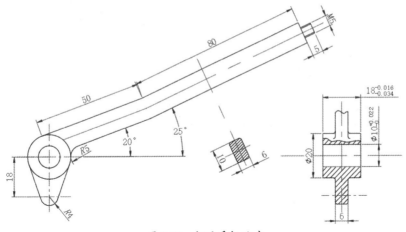

图 8-32　标注手把尺寸

（1）打开本书电子资源"源文件\第 8 章\标注手把\手把"图形文件。

（2）设置标注样式。

将"尺寸标注"图层设定为当前图层。按与 8.1.1 小节相同的方法设置标注样式。

（3）标注线性尺寸。单击"默认"选项卡"注释"面板中的"线性"按钮 ，标注线性尺寸，结果如图 8-33 所示。

（4）标注半径尺寸。单击"默认"选项卡"注释"面板中的"半径"按钮 ，标注半径尺寸，结果如图 8-34 所示。

（5）设置角度标注样式。按与 8.2.7 小节相同的方法设置角度标注样式。

（6）标注角度尺寸。单击"默认"选项卡"注释"面板中的"角度"按钮 ，标注角度尺寸，结果如图 8-35 所示。

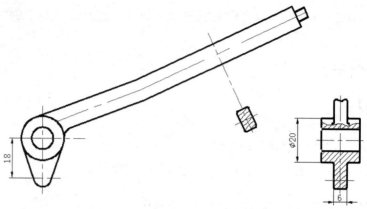

图 8-33 标注线性尺寸

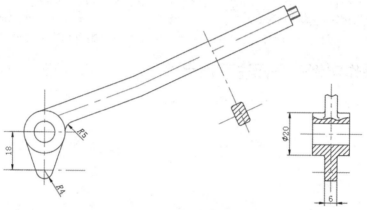

图 8-34 标注半径尺寸

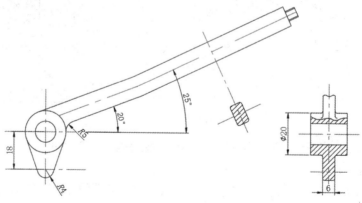

图 8-35 标注角度尺寸

（7）标注对齐尺寸。单击"默认"选项卡"注释"面板中的"对齐"按钮，对图形进行对齐尺寸标注，命令行提示与操作如下：

```
命令：_dimaligned
指定第一个尺寸界线原点或<选择对象>：（选择合适的标注起始位置点）
指定第二条尺寸界线原点：（选择合适的标注终止位置点）
指定尺寸线位置或[多行文字(M)/文字(T)/角度(A)]：（指定合适的尺寸线位置）
标注文字 = 50
```

用相同方法标注其他对齐尺寸，结果如图 8-36 所示。

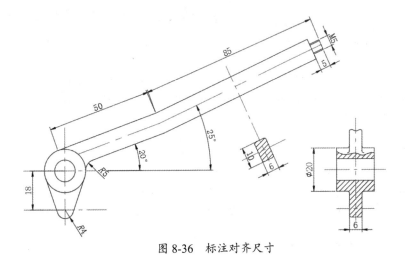

图 8-36　标注对齐尺寸

（8）设置公差尺寸标注样式。单击"默认"选项卡"注释"面板中的"标注样式"按钮，在系统弹出的"标注样式管理器"对话框"样式"列表中，选择已经设置的"机械制图"样式，单击"替代"按钮，打开"替代当前样式：机械制图"对话框，在其中的"公差"选项卡中，选择"方式"为"极限偏差"，"精度"为 0.000，在"上偏差"文本框中输入 0.022，在"下偏差"文本框中输入 0，在"高度比例"文本框中输入 0.5，在"垂直位置"下拉列表框中选择"中"，如图 8-37 所示。再打开"主单位"选项卡，在"前缀"文本框中输入"%%C"，如图 8-38 所示。单击"确定"按钮，退出"替代当前样式：机械制图"对话框，再单击"关闭"按钮，退出"标注样式管理器"对话框。

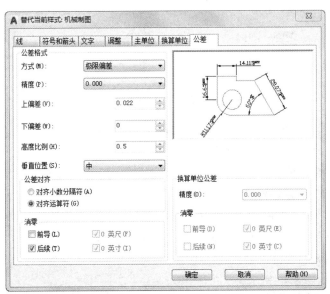

图 8-37　设置"公差"选项卡

> **注意：**
> ①"上（下）偏差"文本框中的数值不能随意填写，应该查阅相关工程手册中的标准公差数值，本例标注的是基准尺寸为 10 的孔公差系列为 H8 的尺寸，查阅相关手册，上偏差为+22（即 0.022），下偏差为 0。这样一来，每次标注新的不同的公差值的公差尺寸，就要重新设置一次替代标注样式，比较烦琐。

当然，也可以采取另一种相对简单的方法，后面会讲述，读者注意体会。

②系统默认在下偏差数值前加一个"-"号，如果下偏差为正值，一定要在"下偏差"文本框中输入一个负值。

③"精度"一定要选择0.000，即小数点后三位数字，否则显示的偏差会出错。

④"高度比例"文本框中一定要输入 0.5，这样竖直堆放在一起的两个偏差数字的总的高度就和前面的基准数值高度相近，符合《机械制图》相关要求。

⑤"垂直位置"下拉列表框中选择"中"，可以使偏差数值与前面的基准数值对齐，相对美观，也符合《机械制图》相关要求。

⑥在"主单位"选项卡的"前缀"文本框中输入"%%C"的目的是标注线性尺寸的直径符号"φ"。这里不能采用标注普通的不带偏差值的线性尺寸的处理方式，通过重新输入文字值来处理，因为重新输入文字时输入上下偏差值会很困难（设置过程非常烦琐，一般读者很难掌握，这里就不再介绍）。

图 8-38 设置"主单位"选项卡

（9）标注公差尺寸。单击"默认"选项卡"注释"面板中的"线性"按钮，标注公差尺寸，结果如图 8-39 所示。

（10）修改偏差值。单击"默认"选项卡"修改"面板中的"分解"按钮，将刚标注的公差尺寸分解。双击分解后的尺寸数字，打开"文字编辑器"选项卡，如图 8-40 所示，选择偏差数字，这时，"堆叠"按钮处于可用的亮显状态，单击该按钮，把公差数值展开，用空格键代替"-"号，如图 8-41 所示。再次选择展开后的公差数字，单击"堆叠"按钮，结果如图 8-42 所示。

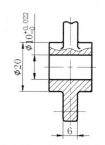

图 8-39 标注公差尺寸

注意：

从图 8-39 可以看出，下偏差标注的值是-0，这是因为系统默认在下偏差前添加一个负号，而《机械制图》国家标准中规定偏差 0 前不添加符号，所以需要修改。在修改时不能只把负号去掉，那样会导致上下偏差数值无法对齐，不符合《机械制图》国家标准。

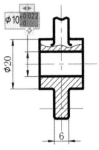

图 8-40 "文字编辑器"选项卡

（11）再次单击"默认"选项卡"注释"面板中的"线性"按钮，标注另一个公差尺寸，结果如图 8-43 所示。这个公差尺寸有两个地方不符合实际情况：一是前面多了一个直径符号"φ"，二是公差数值不符合实际公差系列中查阅到的数值，所以需要修改。

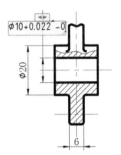 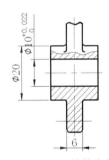 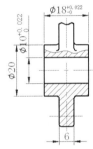

图 8-41 修改公差数字　　　图 8-42 完成公差数字修改　　　图 8-43 再次标注公差尺寸

（12）修改尺寸数字。按与步骤（9）相同的方法，分解尺寸，打开"文字编辑器"选项卡，如图 8-44 所示，将公差数字展开，去掉前面的直径符号"φ"，修改公差值，结果如图 8-45 所示。

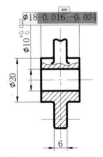

图 8-44 修改尺寸数字

最终结果如图 8-32 所示。

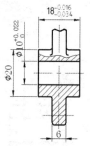

图 8-45 修改结果

8.2.11 几何公差标注

为方便机械设计工作，AutoCAD 提供了标注形状、位置公差的功能。在《机械制图》国家标准中称为"几何公差"，在以前国家标准中称为"形位公差"。几何公差的标注形式如下所示，主要包括指引线、特征符号、公差值、附加符号、基准代号及附加符号。本小节主要介绍几何公差的标注方法。

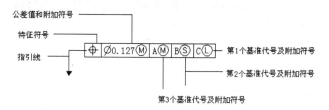

【预习重点】

- 对比新旧国家标准差异。
- 了解新标准新应用。
- 对比新旧标准执行方式变化。

【执行方式】

- 命令行：TOLERANCE（快捷命令：TOL）。
- 菜单栏：选择菜单栏中的"标注"→"公差"命令。
- 工具栏：单击"标注"工具栏中的"公差"按钮⌀。
- 功能区：单击"注释"选项卡"标注"面板中的"公差"按钮⌀。

执行上述操作，打开如图 8-46 所示"形位公差"对话框。

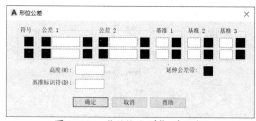

图 8-46 "形位公差"对话框

【选项说明】

（1）符号：用于设定或改变公差代号。单击下面的黑块，系统打开如图 8-47 所示的"特征符号"列表框,可从中选择需要的公差代号。

(2)公差1(2):用于产生第1(2)个公差的公差值及附加符号。文本框左侧的黑块控制是否在公差值之前加一个直径符号,单击它,则出现一个直径符号;再次单击,直径符号消失。文本框用于确定公差值,在其中输入一个具体数值。右侧黑块用于插入包容条件符号,单击它,系统打开如图8-48所示的"附加符号"列表框,用户可从中选择所需符号。

(3)基准1(2、3):用于确定第1(2、3)个基准代号及附加符号。在文本框中输入一个基准代号,单击其右侧的黑块,系统打开"附加符号"列表框,可从中选择适当的符号。

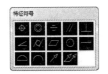
图8-47 "特征符号"列表框

图8-48 "附加符号"列表框

(4)高度:用于确定标注复合几何公差的高度。

(5)延伸公差带:单击该黑块,在复合公差带后面加一个复合公差符号,如图8-49(d)所示,其他几何公差标注如图8-49所示。

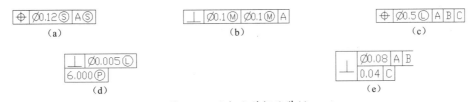
图8-49 几何公差标注举例

(6)基准标识符:用于产生一个标识符号,用一个字母表示。

高手支招:

"形位公差"对话框中有两行内容,可以同时对几何公差进行设置,可实现复合几何公差的标注。如果两行中输入的公差代号相同,则得到如图8-49(e)所示的形式。

8.3 引线标注

AutoCAD提供了引线标注功能,利用该功能不仅可以标注特定的尺寸,如圆角、倒角等,还可以实现在图中添加多行旁注、说明。在引线标注中指引线可以是折线,也可以是曲线,指引线端部可以有箭头,也可以没有箭头。

【预习重点】

- 熟悉打开引线标注的方法。
- 练习进行不同引线的标注。

8.3.1 一般引线标注

"LEADER"命令可以创建灵活多样的引线标注形式,可根据需要把指引线设置为折线或曲线,指引线可带箭头,也可不带箭头,注释文本可以是多行文本,也可以是几何公差,还可以从图形其他部位复制，还可以是一个图块。

【执行方式】

- 命令行：LEADER。

【操作步骤】

命令行提示与操作如下：

```
命令：LEADER↙
指定引线起点：（指定引线的起点）
指定下一点：（指定下一点）
指定下一点或 [注释(A)/格式(F)/放弃(U)] <注释>：（指定下一点）
指定下一点或 [注释(A)/格式(F)/放弃(U)] <注释>：（注释文字）
输入注释文字的第一行或 <选项>：
输入注释文字的下一行：
```

（1）指定下一点

直接输入一点，AutoCAD 根据前面的点画出折线作为指引线。

（2）注释(A)

输入注释文本，为默认项。在上面提示中直接按 Enter 键，命令行提示与操作如下：

```
输入注释文字的第一行或 <选项>：
```

① 输入注释文字的第一行：在此提示下输入第一行文本后按 Enter 键，可继续输入第二行文本，如此反复执行，直到输入全部注释文本，然后在此提示下直接按 Enter 键，AutoCAD 会在指引线终端标注出所输入的多行文本，并结束"LEADER"命令。

② 直接按 Enter 键：如果在上面的提示下直接按 Enter 键，命令行提示与操作如下。

```
输入注释选项 [公差(T)/副本(C)/块(B)/无(N)/多行文字(M)] <多行文字>：
```

选择一个注释选项或直接按 Enter 键选择默认的"多行文字"选项。其中各选项的含义如下：

- 公差(T)：标注几何公差。
- 副本(C)：把已由"LEADER"命令创建的注释复制到当前指引线末端。

执行"副本"选项，命令行提示与操作如下：

```
选择要复制的对象：
```

在此提示下选取一个已创建的注释文本，则 AutoCAD 把它复制到当前指引线的末端。

- 块(B)：插入块，把已经定义好的图块插入到指引线的末端。

执行"块"选项，命令行提示与操作如下。

```
输入块名或 [?]：
```

在此提示下输入一个已定义好的图块名，AutoCAD 把该图块插入到指引线的末端。或输入"?"列出当前已有图块，用户可从中选择。

- 无(N)：不进行注释，没有注释文本。
- 多行文字(M)：用多行文字编辑器标注注释文本并定制文本格式，为默认选项。

（3）格式(F)

确定指引线的形式。选择该选项，命令行提示与操作如下：

```
输入引线格式选项 [样条曲线(S)/直线(ST)/箭头(A)/无(N)] <退出>：（选择指引线形式，或直接按 Enter 键回到上一级提示）
```

① 样条曲线(S)：设置指引线为样条曲线。
② 直线(ST)：设置指引线为直线。
③ 箭头(A)：在指引线的起始位置画箭头。
④ 无(N)：在指引线的起始位置不画箭头。
⑤ 退出：该选项为默认选项，选择该选项退出"格式"选项，返回"指定下一点或[注释(A)/格式(F)/放弃(U)] <注释>:"提示，并且指引线形式按默认方式设置。

8.3.2 操作实例——标注内六角螺钉

标注如图 8-50 所示的内六角螺钉尺寸。操作步骤如下：
（1）打开文件
单击快速访问工具栏中的"打开"按钮，打开本书电子资源"源文件\第 8 章\标注内六角螺钉\内六角螺钉.dwg"文件，如图 8-50 所示。
（2）新建图层
单击"默认"选项卡"图层"面板中的"图层特性"按钮，新建"标注层"图层，设置颜色为蓝色，线宽为 0.15 毫米，其余参数为默认值。将"标注层"设为当前图层。
（3）设置标注样式
单击默认选项卡"注释"面板中的"标注样式"按钮，系统弹出"标注样式管理器"对话框。单击"新建"按钮，在弹出的"创建新标注样式"对话框中设置"新样式名"为"机械制图"。单击"继续"按钮，系统弹出新建标注样式：机械制图"对话框。在"符号和箭头"选项卡中，设置"箭头"均为"实心闭合"，"箭头大小"为 1.5，其他设置保持默认值。在"文字"选项卡中，设置"文字高度"为 1.5，其他设置保持默认值。在"主单位"选项卡中，设置"精度"为 0.0，"小数分隔符"为"句点"，其他设置保持默认值。完成后单击"确定"按钮退出。在"标注样式管理器"对话框中将"机械制图"样式设置为当前样式，单击"关闭"按钮退出。
（4）标注视图
① 单击"默认"选项卡"注释"面板中的"线性"按钮和"连续"按钮，标注主视图线性尺寸 0.6、2.4、6、10 和 12，结果如图 8-51 所示。
② 在命令行中输入"LEADER"命令，在主视图左侧单击，捕捉圆角上点，命令行提示与操作如下：

```
命令：LEADER↙
指定引线起点：(指定引线起点)
指定下一点：(指定下一点)
指定下一点或 [注释(A)/格式(F)/放弃(U)] <注释>：(指定下一点)
指定下一点或 [注释(A)/格式(F)/放弃(U)] <注释>：(注释文字)
输入注释文字的第一行或 <选项>：2×R1↙
输入注释文字的下一行：
```

双击标注的文字，将圆角符号设置为斜体"R"，最终结果如图 8-52 所示。
③ 单击"默认"选项卡"注释"面板中的"半径"按钮，标注俯视图中圆的半径为 R5，结果如图 8-53 所示。

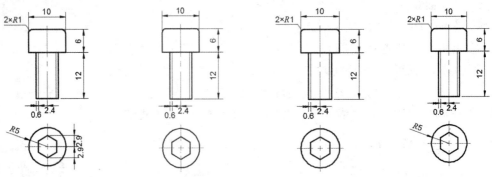

图 8-50 标注内六角螺钉   图 8-51 标注主视图尺寸   图 8-52 标注圆角   图 8-53 标注半径

④ 单击"默认"选项卡"注释"面板中的"线性"按钮和"连续"按钮，标注俯视图线性尺寸 2.9，结果如图 8-50 所示。

8.3.3 快速引线标注

利用"QLEADER"命令可快速生成指引线及注释，而且可以通过命令行优化对话框进行用户自定义，由此可以消除不必要的命令行提示。

【执行方式】

● 命令行：QLEADER。

【操作步骤】

命令行提示与操作如下：

```
命令: QLEADER✓
指定第一个引线点或 [设置(S)] <设置>:
```

【选项说明】

（1）指定第一个引线点：在上面的提示下确定一点作为指引线的第一点。命令行提示与操作如下：

```
指定下一点：（输入指引线的第二点）
指定下一点：（输入指引线的第三点）
```

AutoCAD 提示用户输入的点的数目由"引线设置"对话框确定。输入完指引线的点后命令行提示与操作如下：

```
指定文字宽度 <0.0000>:（输入多行文本的宽度）
输入注释文字的第一行 <多行文字(M)>:
```

此时，有两种命令输入选择，含义如下：

① 输入注释文字的第一行：在命令行输入第一行文本。

② 多行文字(M)：打开多行文字编辑器，输入、编辑多行文字。

直接按 Enter 键，结束"QLEADER"命令，并把多行文本标注在指引线的末端附近。

（2）设置(S)：直接按 Enter 键或输入"S"，打开"引线设置"对话框，允许对引线标注进行设置。该对话框包含"注释""引线和箭头""附着"3 个选项卡，下面分别进行介绍。

① "注释"选项卡（如图 8-54 所示）：用于设置引线标注中注释的类型、多行文字的格式并确定注释文字是否多次使用。

图 8-54 "注释"选项卡

② "引线和箭头"选项卡（如图 8-55 所示）：用来设置引线标注中指引线和箭头的形式。其中"点数"选项组设置执行"QLEADER"命令时 AutoCAD 提示用户输入点的数目。例如，设置"点数"为 3，执行"QLEADER"命令时当用户在提示下指定 3 个点后，AutoCAD 自动提示用户输入注释文本。注意设置的点数要比用户希望的指引线的段数多 1。可利用微调框进行设置，如果选中"无限制"复选框，AutoCAD 会一直提示用户输入点直到连续按两次 Enter 键为止。"角度约束"选项组用于设置第一段和第二段指引线的角度约束。

图 8-55 "引线和箭头"选项卡

③ "附着"选项卡（如图 8-56 所示）：设置注释文字和指引线的相对位置。如果最后一段指引线指向右边，系统自动把注释文字放在右侧；反之放在左侧。利用该选项卡左侧和右侧的单选按钮分别设置位于左侧和右侧的注释文字与最后一段指引线的相对位置，二者可相同也可不相同。

图 8-56 "附着"选项卡

绘制底座

8.3.4 操作实例——绘制底座

绘制底座过程分为两步：左视图由多边形和圆构成，可直接绘制；主视图则需要利用其与左视图的投影对应关系进行定位和绘制，如图 8-57 所示。

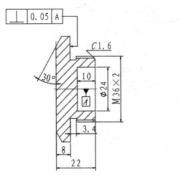
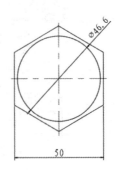

图 8-57 底座

1. 绘制视图

（1）单击"图层"面板中的"图层特性"按钮，打开"图层特性管理器"对话框，新建如下 5 个图层。

① 中心线：颜色为红色，线型为 CENTER，线宽为 0.15 毫米。

② 粗实线：颜色为白色，线型为 Continuous，线宽为 0.30 毫米。

③ 细实线：颜色为白色，线型为 Continuous，线宽为 0.15 毫米。

④ 尺寸标注：颜色为白色，线型为 Continuous，线宽为默认。

⑤ 文字说明：颜色为白色，线型为 Continuous，线宽为默认。

（2）绘制左视图。

① 将"中心线"图层设置为当前图层。单击"默认"选项卡"绘图"面板中的"直线"按钮，以坐标点{（200,150）、（300,150）}，{（250,200）、（250,100）}为端点绘制中心线，修改线型比例为 0.5，效果如图 8-58 所示。

② 将"粗实线"图层设置为当前图层。单击"默认"选项卡"绘图"面板中的"多边形"按钮，绘制外切于圆且直径为 50 的正六边形，并单击"默认"选项卡"修改"面板中的"旋转"按钮，将绘制的正六边形旋转 90°，效果如图 8-59 所示。

图 8-58 绘制中心线　　　　　　图 8-59 绘制正六边形

③ 单击"默认"选项卡"绘图"面板中的"圆"按钮，以中心线交点为圆心，绘制半径为 23.3 的圆，效果如图 8-60 所示。

（3）绘制主视图。

① 将"中心线"图层设置为当前图层。单击"默认"选项卡"绘图"面板中的"直线"按钮，以坐标点{（130,150）、（170,150）}，{（140,190）、（140,110）}为端点绘制中心线，修改线型比例为 0.5，效果如图 8-61 所示。

② 单击"默认"选项卡"绘图"面板中的"直线"按钮，以图 8-61 中的点 1 和点 2 为基准向左侧绘制辅助线，效果如图 8-62 所示。

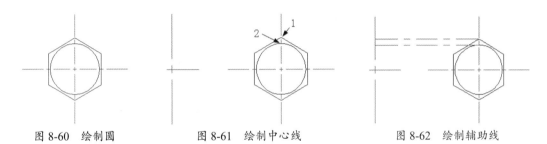

图 8-60 绘制圆　　　　　图 8-61 绘制中心线　　　　　图 8-62 绘制辅助线

③ 将"粗实线"图层设置为当前图层。单击"默认"选项卡"绘图"面板中的"直线"按钮 ∕，根据辅助线及尺寸绘制图形，效果如图 8-63 所示。

④ 单击"默认"选项卡"绘图"面板中的"直线"按钮 ∕ 和"修改"面板中的"修剪"按钮 ，绘制退刀槽，效果如图 8-64 所示。

⑤ 单击"默认"选项卡"修改"面板中的"倒角"按钮 ，以 1.6 为边长绘制倒角，效果如图 8-65 所示。

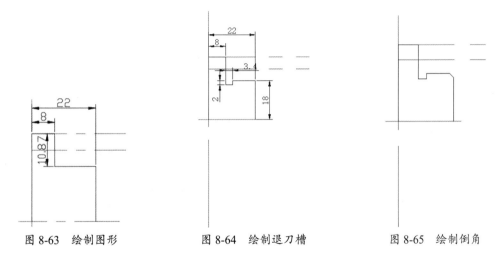

图 8-63 绘制图形　　　　　图 8-64 绘制退刀槽　　　　　图 8-65 绘制倒角

⑥ 选取极轴追踪角度为 30°，将"极轴追踪"功能打开，单击"默认"选项卡"绘图"面板中的"直线"按钮 ∕ 和"修改"面板中的"修剪"按钮 ，绘制倒角，效果如图 8-66 所示。

⑦ 单击"默认"选项卡"修改"面板中的"偏移"按钮 ，将水平中心线向上偏移，偏移距离为 16.9，并单击"默认"选项卡"修改"面板中的"修剪"按钮 ，修剪线段，将修剪后的线段图层修改为"细实线"，效果如图 8-67 所示。

⑧ 将"粗实线"图层设置为当前图层。单击"默认"选项卡"绘图"面板中的"直线"按钮 ∕，绘制螺纹线，效果如图 8-68 所示。

⑨ 单击"默认"选项卡"修改"面板中的"镜像"按钮 ，将绘制好的图形镜像到另一侧，效果如图 8-69 所示。

⑩ 将"细实线"图层设置为当前图层。单击"默认"选项卡"绘图"面板中的"图案填充"按钮 ，设置填充图案为"ANSI31"，设置"图案填充角度"为 0，"填充图案比例"为 1，效果如图 8-70 所示。

⑪ 删除多余的辅助线，并利用"打断"命令修剪过长的中心线。最后打开状态栏上的"线宽"按钮 进行设置，最终效果如图 8-71 所示。

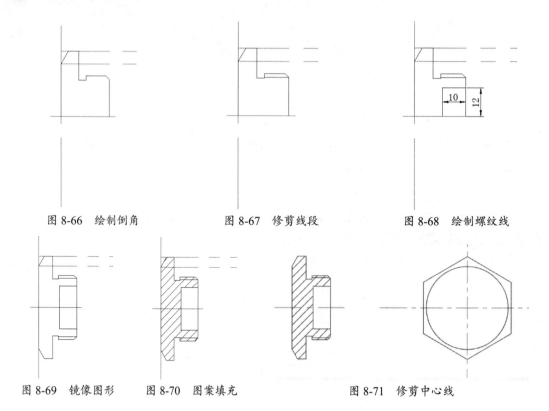

图 8-66　绘制倒角　　　图 8-67　修剪线段　　　图 8-68　绘制螺纹线

图 8-69　镜像图形　　　图 8-70　图案填充　　　图 8-71　修剪中心线

2. 标注底座尺寸

绘制思路：首先标注一般尺寸，然后再标注倒角尺寸，最后标注几何公差，效果如图 8-72 所示。

（1）将"尺寸标注"图层设置为当前图层。设置标注的"箭头大小"为 1.5，字体为"仿宋-GB2312"，"文字高度"为 4，其他为默认值。

（2）单击"默认"选项卡"注释"面板中的"线性"按钮，标注线性尺寸，效果如图 8-72 所示。

（3）单击"默认"选项卡"注释"面板中的"直径"按钮，标注直径尺寸，效果如图 8-73 所示。

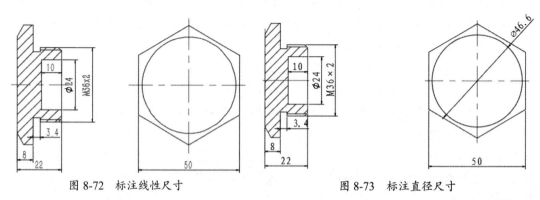

图 8-72　标注线性尺寸　　　　　　　图 8-73　标注直径尺寸

（4）单击"默认"选项卡"注释"面板中的"角度"按钮，标注角度尺寸，效果如图 8-74 所示。

（5）先利用"QLEADER"命令设置引线，再利用"LEADER"命令绘制引线，命令行提示与操作如下：

```
命令：QLEADER↙
指定第一个引线点或 [设置(S)]<设置>：↙
```

弹出"引线设置"对话框，在"引线和箭头"选项卡中选择"箭头"为"无"。

```
命令：LEADER↙
指定引线起点：（选择引线起点）
指定下一点：（指定第二点）
指定下一点或 [注释(A)/格式(F)/放弃(U)]<注释>：（指定第三点）
指定下一点或 [注释(A)/格式(F)/放弃(U)]<注释>：A
输入注释文字的第一行或<选项>：C1.6↙
输入注释文字的下一行：↙
```

将完成倒角标注后的文字改为斜体"C"，最后效果如图8-75所示。

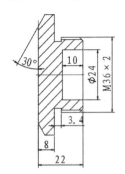

图8-74　标注角度尺寸

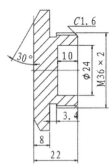

图8-75　标注引线尺寸

（6）单击"注释"选项卡"标注"面板中的"公差"按钮 ⊞，打开"形位公差"对话框，单击"符号"黑框，打开"特征符号"列表框，选择"⊥"符号，在"公差1"文本框中输入0.05，在"基准1"文本框中输入字母"A"，单击"确定"按钮。在图形的合适位置放置几何公差，如图8-76所示。

（7）先利用"QLEADER"命令设置引线，再利用"LEADER"命令绘制引线，命令行提示与操作如下：

```
命令：QLEADER↙
指定第一个引线点或 [设置(S)]<设置>：↙
```

弹出"引线设置"对话框，在"引线和箭头"选项卡中选择"箭头"为"实心闭合"。

```
命令：LEADER↙
指定引线起点：（适当指定一点）
指定下一点：（适当指定一点）
指定下一点或 [注释(A)/格式(F)/放弃(U)] <注释>：适当指定一点）
指定下一点或 [注释(A)/格式(F)/放弃(U)] <注释>：（适当指定一点）
指定下一点或 [注释(A)/格式(F)/放弃(U)] <注释>：↙
输入注释文字的第一行或 <选项>：↙
输入注释选项 [公差(T)/副本(C)/块(B)/多行文字(M)]<多行文字>：↙
```

系统打开文字编辑器，不输入文字，单击"确定"按钮，效果如图8-77所示。

（8）利用"直线""矩形""多行文字"等命令绘制基准符号。最终结果如图8-57所示。

> **注意**
> 基准符号上面的短横线是"粗实线"，其他图线是"细实线"，要注意设置线宽或转换图层。

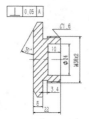
图 8-76 放置几何公差

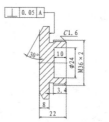 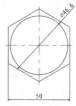
图 8-77 绘制引线

8.3.5 多重引线标注

多重引线标注可创建为"箭头优先""引线基线优先""内容优先"样式。

【执行方式】
- 命令行：MLEADER。
- 菜单栏：选择菜单栏中的"标注"→"多重引线"命令。
- 工具栏：单击"标注"工具栏中的"多重引线"按钮 。
- 功能区：单击"注释"选项卡"引线"面板上的"多重引线样式"下拉菜单中的"管理多重引线样式"按钮 或单击"注释"选项卡"引线"面板中的"对话框启动器"按钮 。

【操作步骤】

执行上述操作后，系统打开"多重引线样式管理器"对话框，如图 8-78 所示。利用该对话框可方便、直观地定制和浏览多重引线样式，包括创建新的多重引线样式、修改已存在的多重引线样式、设置当前多重引线样式等。

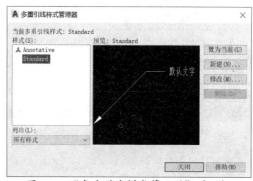
图 8-78 "多重引线样式管理器"对话框

命令行提示与操作如下：
```
命令:_mleader
指定引线箭头的位置或[引线基线优先(L)/内容优先(C)/选项(O)]<选项>:
指定引线基线的位置:
```

【选项说明】

（1）引线箭头的位置

指定多重引线对象箭头的位置。

（2）引线基线优先(L)

指定多重引线对象的基线的位置。如果先前绘制的多重引线对象是基线优先的，则后续的多重引线也将先创建基线(除非另外指定)。

(3) 内容优先(C)

指定与多重引线对象相关联的文字或块的位置。如果先前绘制的多重引线对象是内容优先的,则后续的多重引线对象也将先创建内容(除非另外指定)。

(4) 选项(O)

指定用于放置多重引线对象的选项。选择该选项,命令行提示与操作如下:

输入选项 [引线类型(L)/引线基线(A)/内容类型(C)/最大节点数(M)/第一个角度(F)/第二个角度(S)/退出选项(X)] <退出选项>:

① 引线类型(L):指定要使用的引线类型。命令行提示与操作如下:

选择引线类型 [直线(S)/样条曲线(P)/无(N)] <直线>:

② 内容类型(C):指定要使用的内容类型。命令行提示与操作如下:

选择内容类型 [块(B)/多行文字(M)/无(N)] <多行文字>:

③ 最大节点数(M):指定新引线的最大节点数。命令行提示与操作如下:

输入引线的最大节点数 <2>:

④ 第一个角度(F):约束新引线中的第一个点的角度。命令行提示与操作如下:

输入第一个角度约束 <0>:

⑤ 第二个角度(S):约束新引线中的第二个点的角度。命令行提示与操作如下:

输入第二个角度约束 <0>:

⑥ 退出选项(X):返回到第一个"MLEADER"命令提示。

8.4 综合演练——绘制并标注出油阀座

绘制并标注出油阀座

绘制如图 8-79 所示的出油阀座。

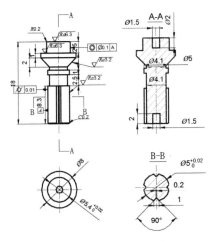

图 8-79 绘制出油阀座

1. 设置图层

单击"默认"选项卡"图层"面板中的"图层特性"按钮,设置图层如图 8-80 所示。

2. 绘制视图

(1) 将"中心线"图层设置为当前图层。单击"默认"选项卡"绘图"面板中的"直线"

按钮 /，绘制两条相互垂直的中心线，竖直中心线和水平中心线长度分别为 10 和 10。

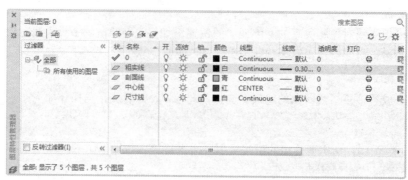

图 8-80 "图层特性管理器"对话框

（2）将"粗实线"图层设置为当前的图层，单击"默认"选项卡"绘图"面板中的"圆"按钮 ⊙，分别绘制半径为 0.75、2.7 和 4 的圆，如图 8-81 所示。

（3）将"中心线"图层设置为当前图层。单击"默认"选项卡"绘图"面板中的"直线"按钮 /，在主视图的上方，以竖直中心线的延长线上的一点为直线的起点，绘制长度为 22 的竖直直线，如图 8-82 所示。

（4）将"粗实线"图层设置为当前的图层，单击"默认"选项卡"绘图"面板中的"直线"按钮 /，绘制一条长度为 4.9 的水平直线，其中点在竖直直线上，如图 8-83 所示。

（5）单击"默认"选项卡"修改"面板中的"偏移"按钮 ⊆，将水平直线向上侧偏移，其中偏移的距离分别为 8.3、2.5、1、1.2、0.7、2、1 和 2.5，如图 8-84 所示。

图 8-81 绘制同心圆　　图 8-82 绘制竖直直线　　图 8-83 绘制水平直线　　图 8-84 偏移直线

（6）单击"默认"选项卡"修改"面板中的"复制"按钮 ⊙，将竖直直线（轴线）向左侧复制，复制的间距分别为 2.05、2.45、2.5、2.7 和 4，如图 8-85 所示。

（7）将复制后的轴线转换到"粗实线"图层，如图 8-86 所示。

（8）单击"默认"选项卡"修改"面板中的"延伸"按钮 →|，将水平直线进行延伸，延伸到最外侧的竖直直线，如图 8-87 所示。

（9）单击"默认"选项卡"修改"面板中的"修剪"按钮 ▼，进行修剪操作，修剪多余的直线，结果如图 8-88 所示。

（10）单击"默认"选项卡"绘图"面板中的"直线"按钮 /，补全左侧的图形，如图 8-89 所示。

（11）单击"默认"选项卡"修改"面板中的"镜像"按钮 ⚠，将左侧的图形以竖直中心线为轴，进行镜像，如图 8-90 所示。

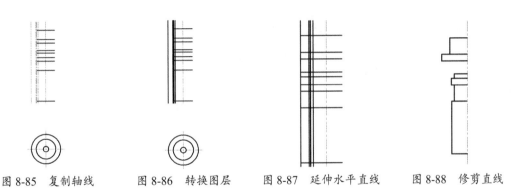

图 8-85　复制轴线　　图 8-86　转换图层　　图 8-87　延伸水平直线　　图 8-88　修剪直线

（12）单击"默认"选项卡"修改"面板中的"偏移"按钮，将竖直中心线向左右两侧分别偏移 0.1 和 0.4，并将偏移后的直线转换到"粗实线"图层，将最下侧的水平直线向上侧偏移 0.2，如图 8-91 所示。

（13）单击"默认"选项卡"修改"面板中的"修剪"按钮，进行修剪操作，绘制主视图内部的图形，如图 8-92 所示。

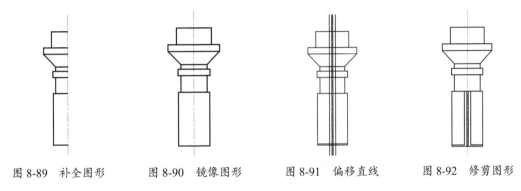

图 8-89　补全图形　　图 8-90　镜像图形　　图 8-91　偏移直线　　图 8-92　修剪图形

（14）单击"默认"选项卡"修改"面板中的"倒角"按钮，指定倒角距离为 0.2，对主视图下部的直线进行倒角操作，如图 8-93 所示。

（15）单击"默认"选项卡"修改"面板中的"圆角"按钮，对上部图形进行圆角操作，圆角半径设置为 0.2，如图 8-94 所示。

（16）单击"默认"选项卡"修改"面板中的"复制"按钮，将主视图向右侧复制，复制的间距为 20，如图 8-95 所示。

（17）单击"默认"选项卡"修改"面板中的"删除"按钮和"修剪"按钮，删除和修剪主视图内部多余的图形，如图 8-96 所示。

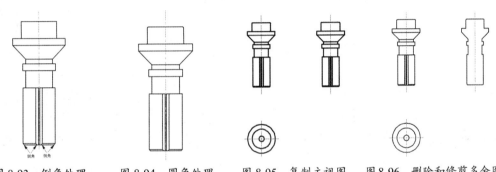

图 8-93　倒角处理　　图 8-94　圆角处理　　图 8-95　复制主视图　　图 8-96　删除和修剪多余图形

（18）单击"默认"选项卡"绘图"面板中的"矩形"按钮 ▭，绘制长度为 1.3、宽度为 2 的矩形和长度为 1.5、宽度为 2 的矩形，如图 8-97 所示。

（19）单击"默认"选项卡"绘图"面板中的"直线"按钮 ╱，绘制竖直直线，如图 8-98 所示。

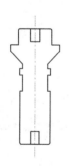
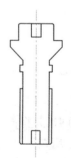

图 8-97　绘制矩形　　　　　　　　　图 8-98　绘制直线

（20）将"剖面线"图层设置为当前图层。单击"默认"选项卡"绘图"面板中的"图案填充"按钮 ▨，打开"图案填充创建"选项卡，如图 8-99 所示，选择"ANSI31"图案，"图案填充比例"设置为 0.5，单击"拾取点"按钮，进行填充，结果如图 8-100 所示。

图 8-99　"图案填充创建"选项卡

（21）单击"默认"选项卡"修改"面板中的"复制"按钮 ⌘，以主视图中心线的下端点为基点，以剖面图中心线的下端点为第二点，将俯视图中的十字交叉中心线向右侧复制，结果如图 8-101 所示。

（22）单击"默认"选项卡"绘图"面板中的"圆"按钮 ⊙，以十字交叉线的交点为圆心，绘制半径为 2.5 的圆，如图 8-102 所示。

（23）单击"默认"选项卡"修改"面板中的"偏移"按钮 ⊑，将水平中心线分别向上、下两侧偏移 0.1 和 0.4，将竖直中心线向左侧偏移 2.05，如图 8-103 所示。

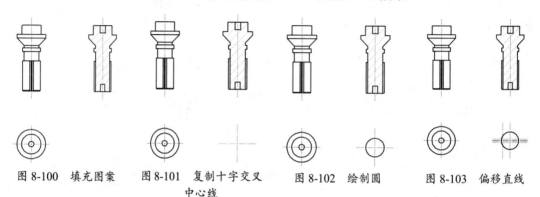

图 8-100　填充图案　　图 8-101　复制十字交叉中心线　　图 8-102　绘制圆　　图 8-103　偏移直线

（24）单击"默认"选项卡"绘图"面板中的"直线"按钮，绘制直线，如图 8-104 所示。

（25）单击"默认"选项卡"修改"面板中的"删除"按钮，删除偏移后的辅助线，如图 8-105 所示。

（26）单击"默认"选项卡"修改"面板中的"环形阵列"按钮，以交点为阵列的中心点，阵列的项目数为 4，进行环形阵列，结果如图 8-106 所示。

（27）单击"默认"选项卡"修改"面板中的"修剪"按钮，对多余的圆弧进行修剪，结果如图 8-107 所示。

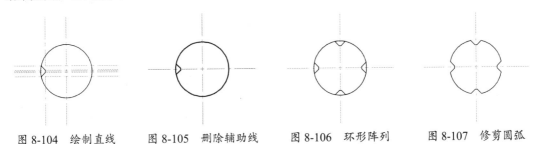

图 8-104　绘制直线　　图 8-105　删除辅助线　　图 8-106　环形阵列　　图 8-107　修剪圆弧

（28）将"剖面线"图层设置为当前图层。单击"默认"选项卡"绘图"面板中的"图案填充"按钮，打开"图案填充创建"选项卡，如图 8-108 所示，选择"ANSI31"图案，"图案填充比例"设置为 0.5，单击"拾取点"按钮，进行填充，结果如图 8-109 所示。

图 8-108　"图案填充创建"选项卡

3. 标注尺寸

（1）单击默认选项卡"注释"面板中的"标注样式"按钮，系统弹出"标注样式管理器"对话框。单击"修改"按钮，系统弹出"修改标注样式：ISO-25"对话框。在"线"选项卡中，设置"基线间距"为 2，"超出尺寸线"为 1.25，"起点偏移量"为 0.625，其他设置保持默认值。在"符号和箭头"选项卡中，设置"箭头"均为"实心闭合"，"箭头大小"为 1，其他设置保持默认值。在"文字"选项卡中，设置"文字高度"为 1，其他设置保持默认值。在"主单位"选项卡中，设置"精度"为 0.0，"小数分隔符"为"句点"，其他设置保持默认值。完成后单击"确定"按钮退出。在"标注样式管理器"对话框中将"机械制图"样式设置为当前样式，单击"关闭"按钮退出。

（2）将"尺寸线"图层设置为当前图层。单击"默认"选项卡"注释"面板中的"线性"按钮，标注主视图中的线性尺寸 1、2、2.5、8.3、18，如图 8-110 所示。

（3）标注主视图中的圆角和倒角。圆角半径为 0.2，其中"R"字体为"Times New Roman"，并将其设置为倾斜，倒角距离为 0.2，其中"C"字体为"Times New Roman"，并将其设置为倾斜，如图 8-111 所示。

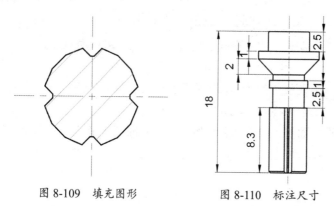

图 8-109　填充图形　　　图 8-110　标注尺寸　　　图 8-111　标注圆角和倒角

4．标注主视图中的几何公差

（1）在命令行中输入"QLEADER"命令，命令行提示与操作如下：

命令：QLEADER↙
指定第一个引线点或［设置(S)］<设置>：S↙（在弹出的"引线设置"对话框中，设置各个选项卡，如图 8-112 和图 8-113 所示。设置完成后，单击"确定"按钮）
指定第一个引线点或［设置(S)］<设置>：（捕捉主视图尺寸为 2.5 的竖直直线上的一点）
指定下一点：（向右移动鼠标，在适当位置处单击，弹出"形位公差"对话框，对其进行设置，如图 8-114 所示。单击"确定"按钮，结果如图 8-115 所示）

图 8-112　"注释"选项卡

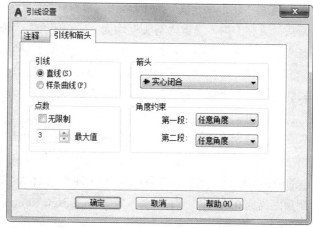

图 8-113　"引线和箭头"选项卡

（2）利用相同方法标注下侧的几何公差，结果如图 8-115 所示。

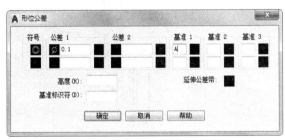

图 8-114 "形位公差"对话框

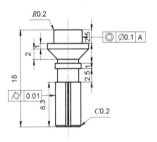

图 8-115 标注几何公差

（3）单击"默认"选项卡"绘图"面板中的"多边形"按钮，绘制等边三角形，边长为 0.7，命令行提示与操作如下：

命令：_polygon
输入侧面数 <4>：3↙
指定正多边形的中心点或 [边(E)]：E↙
指定边的第一个端点：（在尺寸为 8.3 的竖直直线上选取一点为起点）
指定边的第二个端点：0.7↙（指定三角形的边长为 0.7）

（4）单击"默认"选项卡"绘图"面板中的"直线"按钮和"矩形"按钮，绘制长度为 0.5 的水平直线和边长为 1.25 的矩形，如图 8-116 所示。

（5）单击"默认"选项卡"绘图"面板中的"图案填充"按钮，选择"SOLID"图案，进行填充，结果如图 8-117 所示。

（6）单击"默认"选项卡"注释"面板中的"多行文字"按钮A，输入基准符号"A"，其字体为"Times New Roman"，并将其设置为倾斜，"文字高度"设置为 1，如图 8-118 所示。

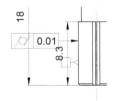

图 8-116 绘制直线和矩形

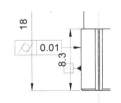

图 8-117 填充图案

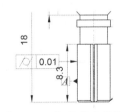

图 8-118 标注基准符号

（7）单击"默认"选项卡"修改"面板中的"复制"按钮，复制引线，然后单击"默认"选项卡"绘图"面板中的"直线"按钮和"多行文字"按钮A，绘制粗糙度符号，并标注粗糙度数值，如图 8-119 所示。

（8）使用相同的方法绘制剩余部位的粗糙度符号，结果如图 8-120 所示，标注主视图后观察一下绘制的图形，可以发现标注的文字高度跟图形不太协调，因此单击"默认"选项卡"修改"面板中的"缩放"按钮，将除尺寸以外的标注文字缩为原来大小的 0.8，结果如图 8-121 所示。

（9）将"剖面线"图层设置为当前图层。单击"默认"选项卡"绘图"面板中的"直线"按钮，绘制剖切的符号，直线的长度可以设置为 2.5，如图 8-122 所示。

（10）将"尺寸线"图层设置为当前图层，单击"默认"选项卡"注释"面板中的"直径"按钮，标注俯视图中的直径尺寸"φ8"和"φ5.4"，"φ"字体为"Times New Roman"，并将其设置为倾斜，然后双击"φ5.4"，输入"+0.02^ 0"，标注极限偏差数值，结果如图 8-123 所示。

使用相同的方法标注剖面图的尺寸，最终结果如图 8-79 所示。

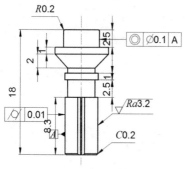
图 8-119 标注粗糙度符号

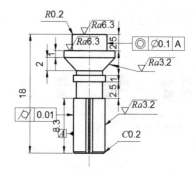
图 8-120 标注其余粗糙度符号

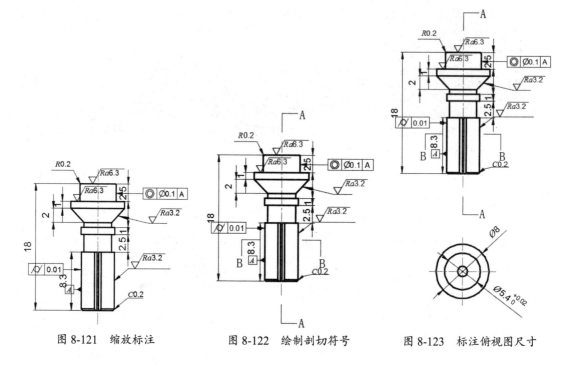

图 8-121 缩放标注　　　图 8-122 绘制剖切符号　　　图 8-123 标注俯视图尺寸

8.5　名师点拨——跟我学标注

1. 如何修改尺寸标注的比例

方法1：系统变量 DIMSCALE 决定了尺寸标注的比例，其值为整数，默认为1，在图形有了一定比例缩放时最好将其改为缩放比例。

方法2：单击"默认"选项卡"注释"面板中的"标注样式"按钮 ，选择要修改的标注样式，单击"修改"按钮，在弹出的对话框中选择"主单位"选项卡，设置"比例因子"，则图形大小不变，标注结果成倍率发生变化。

2. 如何修改尺寸标注的关联性

改为关联：选择需要修改的尺寸标注，执行"DIMREASSOCIATE"命令。

改为不关联：选择需要修改的尺寸标注，执行"DIMDISASSOCIATE"命令。

3. 标注样式的操作技巧

可利用 DWT 模板文件创建 CAD 制图的统一文字及标注样式，方便下次制图直接调用，而不必重复设置样式。用户也可以从 CAD 设计中心查找所需的标注样式，直接导入至新建的图纸中，即完成了对其的调用。

4. 如何设置标注与图的间距

可执行"DIMEXO"命令，再输入数字调整距离。

5. 如何将图中所有的"Standard"样式的标注文字改为"Simplex"样式

可在 ACAD.LSP 文件中加一句：
vl-cmdf ".style" "standard." "simplex.shx"

8.6 上机实验

【练习 1】标注如图 8-124 所示的垫片尺寸。

【练习 2】给如图 8-125 所示的卡槽设置标注样式。

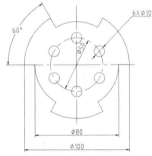

图 8-124　标注垫片尺寸

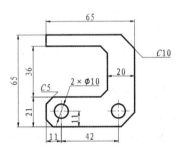

图 8-125　设置卡槽标注样式

【练习 3】给如图 8-126 所示的轴套设置标注样式。

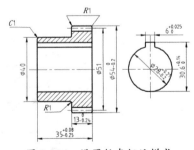

图 8-126　设置轴套标注样式

8.7 模拟考试

（1）若尺寸的公差是 20±0.034，则应该在"公差"选项卡中，显示公差的（　　　）设置。

A. 极限偏差　　　　B. 极限尺寸　　　　C. 基本尺寸　　　　D. 对称

（2）如图 8-127 所示标注位置应该设置为（　　）。

A. 尺寸线旁边　　　　　　　　　B. 尺寸线上方，不带引线
C. 尺寸线上方，带引线　　　　　D. 多重引线上方，带引线

图 8-127　标注

（3）如果显示的标注对象小于被标注对象的实际长度，应采用（　　）。

A. 折弯标注　　　B. 打断标注　　　C. 替代标注　　　D. 检验标注

（4）在尺寸公差的上偏差中输入"0.021"，下偏差中输入"0.015"，则标注尺寸公差的结果是（　　）。

A. 上偏 0.021，下偏 0.015　　　　B. 上偏–0.021，下偏 0.015
C. 上偏 0.021，下偏–0.015　　　　D. 上偏–0.021，下偏–0.015

（5）下列尺寸标注中共用一条基线的是（　　）。

A. 基线标注　　　B. 连续标注　　　C. 公差标注　　　D. 引线标注

（6）在标注样式设置中，将"使用全局比例"值增大，将改变尺寸的哪些内容？（　　）

A. 使所有标注样式设置增大　　　B. 使标注的测量值增大
C. 使全图的箭头增大　　　　　　D. 使尺寸文字增大

（7）将图和已标注的尺寸同时放大 2 倍，其结果是（　　）。

A. 尺寸值是原尺寸的 2 倍　　　　B. 尺寸值不变，字高是原尺寸 2 倍
C. 尺寸箭头是原尺寸的 2 倍　　　D. 原尺寸不变

（8）尺寸公差中的上下偏差可以在线性标注的哪个选项中堆叠起来？（　　）

A. 多行文字　　　B. 文字　　　C. 角度　　　D. 水平

（9）将尺寸标注对象如尺寸线、尺寸界线、箭头和文字作为单一的对象，必须将（　　）尺寸标注变量设置为"ON"。

A. DIMASZ　　　B. DIMASO　　　C. DIMON　　　D. DIMEXO

（10）绘制并标注如图 8-128 所示的图形。

（11）绘制并标注如图 8-129 所示的图形。

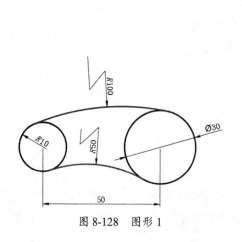

图 8-128　图形 1

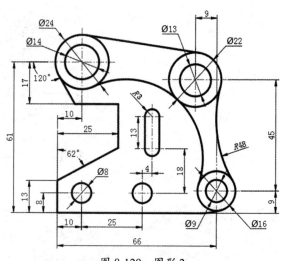

图 8-129　图形 2

第 9 章　快速绘图工具

在设计绘图过程中经常会遇到一些重复出现的图形（如机械设计中的螺钉、螺母，建筑设计中的桌椅、门窗等），如果每次都重新绘制这些图形，不仅造成大量的重复工作，而且存储这些图形及其信息要占据相当大的磁盘空间。AutoCAD 提供了一些快速绘图工具来解决这些问题。

本章主要介绍图块工具、设计中心与工具选项板等知识。

内容要点

- 图块
- 图块属性
- 设计中心
- 工具选项板

案例效果

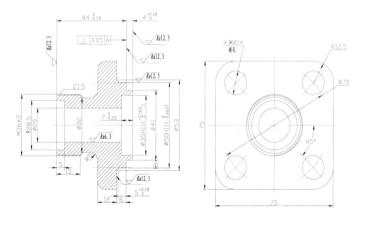

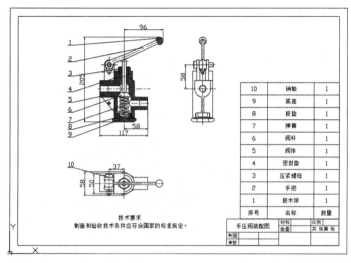

9.1 图块

图块又称块，它是由一组图形对象组成的集合，一组对象一旦被定义为图块，它们将成为一个整体，选中图块中任意一个图形对象即可选中构成图块的所有对象。AutoCAD 把一个图块作为一个对象进行编辑、修改等操作，用户可根据绘图需要把图块插入到指定的位置，在插入时还可以指定不同的缩放比例和旋转角度。如果需要对组成图块的单个图形对象进行修改，还可以利用"分解"命令把图块炸开，分解成若干个对象。图块还可以重新定义，一旦被重新定义，整个图中基于该块的对象都将随之改变。

【预习重点】
- 了解图块定义。
- 练习图块应用操作。

9.1.1 定义图块

【执行方式】
- 命令行：BLOCK（快捷命令：B）。
- 菜单栏：选择菜单栏中的"绘图"→"块"→"创建"命令。
- 工具栏：单击"绘图"工具栏中的"创建块"按钮 。
- 功能区：单击"默认"选项卡"块"面板中的"创建"按钮 或单击"插入"选项卡"块定义"面板中的"创建块"按钮 。

【操作步骤】

执行上述操作后，系统打开如图 9-1 所示的"块定义"对话框，利用该对话框可定义图块并为之命名。

图 9-1 "块定义"对话框

【选项说明】

（1）"基点"选项组：确定图块的基点，默认坐标值是（0,0,0），也可以在下面的"X""Y""Z"文本框中输入块的基点坐标值。单击"拾取点"按钮，系统临时切换到绘图区，在绘图区中选择一点后，返回"块定义"对话框中，把选择的点作为图块的放置基点。

（2）"对象"选项组：用于选择制作图块的对象，以及设置图块对象的相关属性。如图 9-2 所示，把图 9-2（a）中的正五边形定义为图块，图 9-2（b）为选中"删除"单选按钮的结果，图 9-2（c）为选中"保留"单选按钮的结果。

图 9-2　设置图块对象

（3）"设置"选项组：指定从 AutoCAD 设计中心拖动图块时用于测量图块的单位，以及超链接的设置。

（4）"在块编辑器中打开"复选框：选中该复选框，可以在块编辑器中定义动态块，后面将详细介绍。

（5）"方式"选项组：指定块的行为。"注释性"复选框指定在图纸空间中块参照的方向与布局方向匹配，"按统一比例缩放"复选框指定是否按统一比例缩放，"允许分解"复选框指定块参照是否可以被分解。

9.1.2　图块的存盘

利用"BLOCK"命令定义的图块保存在其所属的图形当中，该图块只能在该图形中插入，而不能插入到其他的图形中。但是有些图块在许多图形中要经常用到，这时可以用"WBLOCK"命令把图块以图形文件的形式（后缀为.dwg）写入磁盘。图形文件可以在任意图形中用"INSERT"命令插入。

【执行方式】

- 命令行：WBLOCK（快捷命令：W）。
- 功能区：单击"插入"选项卡"块定义"面板中的"写块"按钮。

【操作步骤】

执行上述操作后，系统打开"写块"对话框，如图 9-3 所示。

【选项说明】

（1）"源"选项组：确定要保存为图形文件的图块或图形对象。选中"块"单选按钮，单击右侧的下拉列表框，在其展开的列表中选择一个图块，将其保存为图形文件；选中"整个图形"单选按钮，则把当前的整个图形保存为图形文件；选中"对象"单选按钮，则把不属于图块的图形对象保存为图形文件。对象的选择通过"对象"选项组来完成。

（2）"基点"选项组：用于选择图形。

（3）"目标"选项组：用于指定图形文件的名称、保存路径和插入单位。

图 9-3 "写块"对话框

9.1.3 操作实例——定义并保存"螺栓"图块

将如图 9-4 所示的图形定义为图块,命名为"螺栓"并保存。操作步骤如下:

(1)打开本书电子资源"源文件\第 9 章\定义保存'螺栓'图块\螺栓.dwg"文件,单击"绘图"工具栏中的"创建块"按钮 ,打开"块定义"对话框,如图 9-5 所示。

图 9-4 定义图块   图 9-5 "块定义"对话框

(2)在"名称"下拉列表框中输入"螺栓"。

(3)单击"拾取点"按钮 ,切换到绘图区,选择上端中心点为插入基点,返回"块定义"对话框。

(4)单击"选择对象"按钮 ,切换到绘图区,选择如图 9-4 所示的对象后,按 Enter 键返回"块定义"对话框。

(5)单击"确定"按钮,关闭对话框。

（6）在命令行中输入"WBLOCK"命令，按 Enter 键，系统打开"写块"对话框，如图 9-6 所示。在"源"选项组中选中"块"单选按钮，在右侧的下拉列表框中选择"螺栓"图块。单击"确定"按钮，即完成"螺栓"图块的存盘。

图 9-6　"写块"对话框

9.1.4　图块的插入

在 AutoCAD 绘图过程中，可根据需要随时把已经定义好的图块或图形文件插入到当前图形的任意位置，在插入的同时还可以改变图块的大小、旋转一定角度或把图块炸开等。插入图块的方法有多种，本小节将逐一进行介绍。

【执行方式】

- 命令行：INSERT（快捷命令：I）。
- 菜单栏：选择菜单栏中的"插入"→"块"命令。
- 工具栏：单击"插入点"工具栏中的"插入块"按钮 或"绘图"工具栏中的"插入块"按钮 。
- 功能区：单击"默认"选项卡"块"面板中的"插入"按钮 或单击"插入"选项卡"块"面板中的"插入"按钮 。

【操作步骤】

执行上述操作后，系统打开"插入"下拉菜单，如图 9-7 所示。

【操作步骤】

执行上述操作后，即可单击并放置所显示功能区库中的块。该库显示当前图形中的所有块定义，单击并放置这些块。其他两个选项（即"最近使用的块"和"其他图形的块"）会将"块"选项板打开到相应选项卡，如图 9-8 所示，从选项卡中可以指定要插入的图块及插入位置。

图 9-7 "插入"下拉菜单

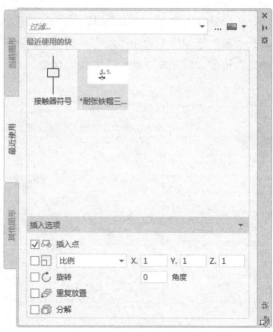

图 9-8 "块"选项板

【选项说明】

(1)"当前图形"选项卡：显示当前图形中可用的块定义的预览或列表。

(2)"最近使用"选项卡：显示当前和上一个任务中最近插入或创建的块定义的预览或列表。这些块可能来自各种图形。

> 提示：
> 可以删除"最近使用"选项卡中显示的块（方法是在其上右击，在右键菜单中选择"从最近列表中删除"命令）。若要删除"最近使用"选项卡中显示的所有块，请将系统变量 BLOCKMRULIST 设置为 0。

(3)"其他图形"选项卡：显示单个指定图形中的块定义的预览或列表。将图形文件作为块插入到当前图形中。单击选项板顶部的"浏览"按钮...，以浏览其他图形文件。

> 提示：
> 可以创建存储所有相关块定义的"块库图形"。如果使用此方法，则在插入块库图形时选择选项板中的"分解"选项，可防止图形本身在预览区域中显示或列出。

(4)"插入选项"下拉列表。

① "插入点"复选框：指定插入点，插入图块时该点与图块的基点重合。

② "比例"复选框：指定插入块的缩放比例。如图 9-9（a）所示是被插入的图块；X 轴方向和 Y 轴方向的比例系数也可以取不同值，如图 9-9（d）所示，插入的图块 X 轴方向的比例系数为 1，Y 轴方向的比例系数为 1.5。另外，比例系数还可以是一个负数，当为负数时表示插入图块的镜像，其效果如图 9-10 所示。单击比例后的三角形箭头，选择统一比例，可以按照同等比例缩放图块，如图 9-9（b）所示为按比例系数 1.5 插入该图块的结果；如图 9-9（c）所示为按比例系数 0.5 插入该图块的结果。如果选中该复选框，将在绘图区调整比例。

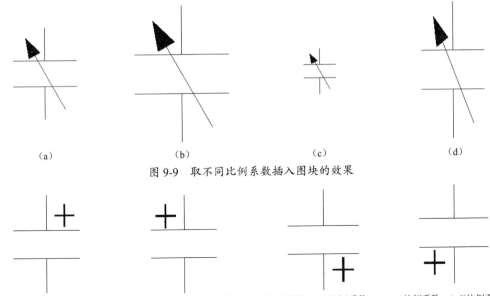

图 9-9 取不同比例系数插入图块的效果

X 比例系数=1,Y 比例系数=1　　X 比例系数=-1,Y 比例系数=1　　X 比例系数=1,Y 比例系数=-1　　X 比例系数=-1,Y 比例系数=-1

图 9-10 取比例系数为负值插入图块的效果

③ "旋转"复选框:指定插入图块时的旋转角度。图块被插入到当前图形中时,可以绕其基点旋转一定的角度,角度可以是正数(表示沿逆时针方向旋转),也可以是负数(表示沿顺时针方向旋转)。如图 9-11(a)所示为直接插入图块的效果,如图 9-11(b)所示为图块旋转 45°后插入的效果,如图 9-11(c)所示为图块旋转-45°后插入的效果。

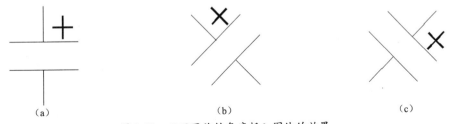

图 9-11 以不同旋转角度插入图块的效果

如果选中"旋转"复选框,系统切换到绘图区,在绘图区选择一点,AutoCAD 自动测量插入点与该点连线和 X 轴正方向之间的夹角,并将其作为块的旋转角。也可以在"角度"文本框中直接输入插入图块时的旋转角度。

④ "重复放置"复选框:控制是否自动重复进行插入块操作。如果选中该选项,系统将自动提示其他插入点,直到按 Esc 键取消命令。如果取消选中该选项,将只插入指定的块一次。

⑤ "分解"复选框:选中此复选框,则在插入块的同时将其炸开,插入到图形中的组成块的对象不再是一个整体,可对每个对象单独进行编辑操作。

9.1.5 操作实例——标注阀盖表面粗糙度

标注如图 9-12 所示阀盖表面粗糙度符号。操作步骤如下:

(1)单击快速访问工具栏中的"打开"按钮 ,打开本书电子资源"源文件\第 9 章\标注阀盖表面粗糙度\标注阀盖.dwg"文件,如图 9-13 所示。

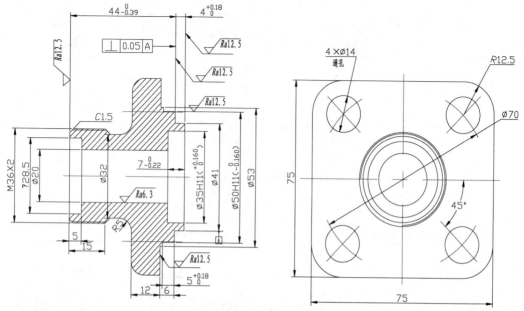

图 9-12 标注阀盖表面粗糙度

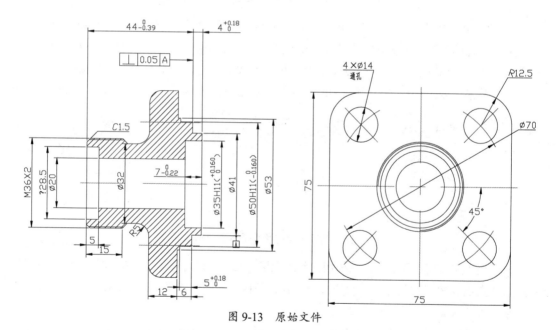

图 9-13 原始文件

（2）单击"默认"选项卡"绘图"面板中的"直线"按钮，在空白处捕捉一点，依次输入点坐标（@5, 0）、（@5<60）、（@10<60），绘制结果如图 9-14 所示。

图 9-14 绘制粗糙度符号

（3）在命令行中输入"WBLOCK"命令，按 Enter 键，打开"写块"对话框。单击"拾取点"按钮，选择图形的下尖点为基点，单击"选择对象"按钮，选择上面的图形为对象，输入图块名称"粗糙度符号"，并指定路径保存图块，单击"确定"按钮退出。

（4）单击"默认"选项卡"块"面板中的"插入"按钮，选择"最近使用的块"选项，打开"块"选项板。单击"浏览"按钮,找到刚才保存的图块,插入时选择适当的插入点、比例和旋转角度,将该图块插入到如图9-13所示的图形中。

(5)单击"默认"选项卡"注释"面板中的"多行文字"按钮 A,标注文字,标注时注意对文字进行旋转。

(6)采用相同的方法,标注其他粗糙度符号,最终结果如图9-12所示。

9.1.6 动态块

动态块具有灵活性和智能性的特点。用户在操作时可以轻松地更改图形中的动态块参照,通过自定义夹点或自定义特性来操作动态块参照中的几何图形,使用户可以根据需要调整块,而不用搜索另一个块以插入或重定义现有的块。

如果在图形中插入一个"门"块参照,编辑图形时可能需要更改"门"的大小。如果该块是动态的,并且定义为可调整大小,那么只需拖动自定义夹点或在"特性"选项板中指定不同的大小就可以修改"门"的大小,如图9-15所示。用户可能还需要修改"门"的打开角度,如图9-16所示。该"门"块还可能包含对齐夹点,使用对齐夹点可以轻松地将"门"块参照与图形中的其他几何图形对齐,如图9-17所示。

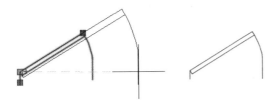

图 9-15 改变大小

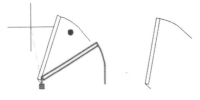

图 9-16 改变角度

可以使用块编辑器创建动态块。块编辑器是一个专门的编写区域,用于添加能够使块成为动态块的元素。用户可以创建新的块,也可以向现有的块定义中添加动态行为,还可以像在绘图区中一样创建几何图形。

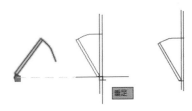

图 9-17 对齐角点

【执行方式】

- 命令行:BEDIT(快捷命令:BE)。
- 菜单栏:选择菜单栏中的"工具"→"块编辑器"命令。
- 工具栏:单击"标准"工具栏中的"块编辑器"按钮。
- 快捷菜单:选择一个块参照,在绘图区右击,在弹出的快捷菜单中选择"块编辑器"命令。
- 功能区:单击"默认"选项卡"块"面板中的"块编辑器"按钮 或单击"插入"选项卡"块定义"面板中的"块编辑器"按钮 。

9.1.7 操作实例——用动态块功能标注阀体表面粗糙度

利用动态块功能标注如图9-14所示表面粗糙度符号。操作步骤如下:

(1)单击快速访问工具栏中的"打开"按钮,打开本书电子资源"源文件\第9章\标注阀盖表面粗糙度\标注阀盖.dwg"文件。

（2）单击"默认"选项卡"绘图"面板中的"直线"按钮，绘制如图 9-18 所示的表面粗糙度符号。

（3）在命令行中输入"WBLOCK"命令，打开"写块"对话框，拾取表面粗糙符号下角点为基点，以表面粗糙符号为对象，输入图块名称并指定路径，确认后退出。

（4）单击"默认"选项卡"块"面板中的"块编辑器"按钮，选择刚才保存的块，打开块编辑器和"块编写选项板"，在"块编写选项板"中选择"旋转"选项，命令行提示与操作如下：

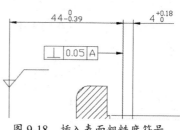

图 9-18　插入表面粗糙度符号

```
命令：_BParameter（旋转）
指定基点或［名称(N)/标签(L)/链(C)/说明(D)/选项板(P)/值集(V)］:(指定表面粗糙度图块下角点为基点)
指定参数半径：（指定适当半径）
指定默认旋转角度或［基准角度(B)］<0>：0（指定适当角度）
指定标签位置：（指定适当夹点数）
```

在"块编写选项板"中选择"旋转"选项，命令行提示与操作如下：

```
命令：_BActionTool（旋转）
选择参数：（选择刚设置的旋转参数）
指定动作的选择集
选择对象：（选择表面粗糙度图块）
```

（5）关闭块编辑器。

（6）在当前图形中选择刚才标注的图块，系统显示图块的动态旋转标记，选中该标记，按住鼠标拖动，如图 9-19 所示。直到图块旋转到满意的位置为止，如图 9-20 所示。

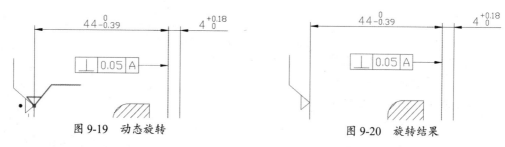

图 9-19　动态旋转　　　　　　　　　图 9-20　旋转结果

（7）单击"默认"选项卡"注释"面板中的"多行文字"按钮 A，标注文字，标注时注意对文字进行旋转。

（8）同样利用插入图块的方法标注其他表面粗糙度。

9.2　图块属性

　　图块除了包含图形对象，还可以具有非图形信息，例如把一个椅子的图形定义为图块后，还可把椅子的号码、材料、重量、价格及说明等文本信息一并加入到图块当中。图块的这些非图形信息，叫作图块的属性，它是图块的一个组成部分，与图形对象一起构成一个整体，在插入图块时 AutoCAD 把图形对象连同属性一起插入到图形中。

【预习重点】
- 编辑图块属性。
- 练习编辑图块的应用。

9.2.1 定义图块属性

【执行方式】
- 命令行：ATTDEF（快捷命令：ATT）。
- 菜单栏：选择菜单栏中的"绘图"→"块"→"定义属性"命令。
- 功能区：单击"默认"选项卡"块"面板中的"定义属性"按钮◎或单击"插入"选项卡"块定义"面板中的"定义属性"按钮◎。

【操作步骤】

执行上述命令后，系统打开如图 9-21 所示的"属性定义"对话框。

图 9-21 "属性定义"对话框

【选项说明】

1. "模式"选项组

该选项组用于确定属性的模式。

（1）"不可见"复选框：选中该复选框，属性为不可见显示方式，即插入图块并输入属性值后，属性值在图中并不显示出来。

（2）"固定"复选框：选中该复选框，属性值为常量，即属性值在定义属性时给定，在插入图块时系统不再提示输入属性值。

（3）"验证"复选框：选中该复选框，当插入图块时，系统重新显示属性值，提示用户验证该值是否正确。

（4）"预设"复选框：选中该复选框，当插入图块时，系统自动把事先设置好的默认值赋予属性，而不再提示输入属性值。

(5)"锁定位置"复选框：锁定块参照中属性的位置。解锁后，属性可以相对于使用夹点编辑块的其他部分移动，并且可以调整多行文字属性的大小。

(6)"多行"复选框：选中该复选框，可以指定属性值包含多行文字，可以指定属性的边界宽度。

2. "属性"选项组

该选项组用于设置属性值。在每个文本框中，AutoCAD 允许输入不超过 256 个字符。

(1)"标记"文本框：输入属性标签。属性标签可由除空格和感叹号以外的字符组成，系统自动把小写字母改为大写字母。

(2)"提示"文本框：输入属性提示。属性提示是插入图块时系统要求输入属性值的提示，如果不在此文本框中输入文字，则以属性标签作为提示。如果在"模式"选项组中选中"固定"复选框，即设置属性为常量，则不需设置属性提示。

(3)"默认"文本框：设置默认的属性值。可把使用次数较多的属性值作为默认值，也可不设默认值。

3. "插入点"选项组

该选项组用于确定属性文本的位置。可以在插入时由用户在图形中确定属性文本的位置，也可在"X""Y""Z"文本框中直接输入属性文本的位置坐标。

4. "文字设置"选项组

该选项组用于设置属性文本的对齐方式、文字样式、字高和旋转角度。

5. "在上一个属性定义下对齐"复选框

选中该复选框表示把属性标签直接放在前一个属性的下面，而且该属性继承前一个属性的文字样式、字高和旋转角度等特性。

高手支招：
在动态块中，由于属性的位置包括在动作的选择集中，因此必须将其锁定。

9.2.2 操作实例——用属性功能标注阀体表面粗糙度

利用属性功能标注如图 9-14 所示表面粗糙度符号。操作步骤如下：

(1)单击快速访问工具栏中的"打开"按钮，打开本书电子资源"源文件\第 9 章\标注阀盖表面粗糙度\标注阀盖.dwg"文件。

(2)单击"默认"选项卡"绘图"面板中的"直线"按钮，绘制表面粗糙度符号图形。

(3)单击"默认"选项卡"块"面板中的"定义属性"按钮，系统打开"属性定义"对话框，进行如图 9-22 所示的设置，其中插入点为粗糙度符号水平线下方，确认后退出。

(4)在命令行中输入"WBLOCK"命令，按 Enter 键，打开"写块"对话框。单击"拾取点"按钮，选择图形的下角点为基点，单击"选择对象"按钮，选择表面粗糙度符号图形为对象，输入图块名称并指定路径保存图块，单击"确定"按钮退出。

(5)单击"默认"选项卡"块"面板中的"插入"按钮，打开"块"选项板。单击"浏览"按钮，找到保存的表面粗糙度图形符号图块，在绘图区指定插入点、文字高度和旋转角度，将该图块插入到绘图区的任意位置，这时，命令行会提示输入属性，并要求验证属性值，此时输入表面粗糙度"Ra12.5"，这就完成了一个表面粗糙度图形符号的标注。

图 9-22 "属性定义"对话框

（6）继续插入表面粗糙度图形符号图块，输入不同属性值作为表面粗糙度，直到完成所有表面粗糙度标注。

9.2.3 修改属性的定义

在定义图块之前，可以对其属性的定义加以修改，不仅可以修改属性标签，还可以修改属性提示和属性默认值。

【执行方式】

- 命令行：DDEDIT（快捷命令：ED）。
- 菜单栏：选择菜单栏中的"修改"→"对象"→"文字"→"编辑"命令。

【操作步骤】

执行上述操作后，选择定义的图块，打开"编辑属性定义"对话框。在该对话框中可修改属性的"标记""提示""默认值"，可在各文本框中对各项进行修改。

9.2.4 图块属性的编辑

当属性被定义到图块当中，甚至图块被插入到图形当中之后，用户还可以对图块属性进行编辑。利用"ATTEDIT"命令可以通过对话框对指定图块的属性值进行修改，利用"ATTEDIT"命令不仅可以修改属性值，而且可以对属性的位置、文本等其他设置进行编辑。

【执行方式】

- 命令行：ATTEDIT（快捷命令：ATE）。
- 菜单栏：选择菜单栏中的"修改"→"对象"→"属性"→"单个"命令。
- 工具栏：单击"修改 II"工具栏中的"编辑属性"按钮 。
- 功能区：单击"默认"选项卡"块"面板中的"编辑属性"按钮 。

【操作步骤】

执行上述命令后,光标变为拾取框,选择要修改属性的图块,系统打开如图 9-23 所示的"编辑属性"对话框。

图 9-23 "编辑属性"对话框

【选项说明】

对话框中显示出所选图块中包含的前 8 个属性的值,用户可对这些属性值进行修改。如果该图块中还有其他的属性,可单击"上一个"按钮和"下一个"按钮对它们进行观察和修改。

当用户通过菜单栏或工具栏执行上述命令时,系统打开"增强属性编辑器"对话框,如图 9-24 所示。该对话框不仅可以编辑属性值,还可以编辑属性的文字选项和图层、线型、颜色等特性值。

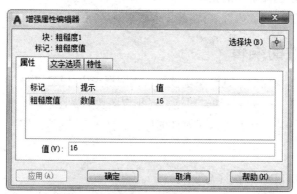

图 9-24 "增强属性编辑器"对话框

另外,还可以通过"块属性管理器"对话框来编辑属性。单击"默认"选项卡"块"面板中的"块属性管理器"按钮,系统打开"块属性管理器"对话框,如图 9-25 所示。选中图块,单击"编辑"按钮,系统打开"编辑属性"对话框,如图 9-26 所示,可以通过该对话框编辑属性。

图 9-25 "块属性管理器"对话框

图 9-26 "编辑属性"对话框

9.2.5 操作实例——标注手压阀阀体

1. 设置标注样式

(1)单击快速访问工具栏中的"打开"按钮,打开本书电子资源"源文件\第 9 章\标注手压阀阀体.dwg"文件。

(2)将"尺寸标注"图层设定为当前图层。单击"默认"选项卡"注释"面板中的"标注样式"按钮,系统弹出如图 9-27 所示的"标注样式管理器"对话框。单击"新建"按钮,在弹出的"创建新标注样式"对话框中设置"新样式"名为"机械制图",如图 9-28 所示。

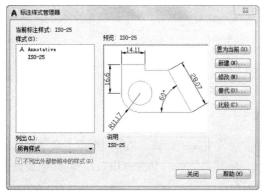

图 9-27 "标注样式管理器"对话框

图 9-28 "创建新标注样式"对话框

(3)单击"继续"按钮,系统弹出"新建标注样式:机械制图"对话框。在如图9-29所示的"线"选项卡中,设置"基线间距"为2,"超出尺寸线"为1.25,"起点偏移量"为0.625,其他设置保持默认值。

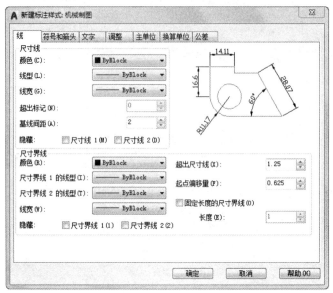

图9-29 设置"线"选项卡

(4)在如图9-30所示的"符号和箭头"选项卡中,设置"箭头"均为"实心闭合","箭头大小"为2.5,其他设置保持默认值。

图9-30 设置"符号和箭头"选项卡

(5)在如图9-31所示的"文字"选项卡中,设置"文字高度"为3,单击"文字样式"后面的 按钮,弹出"文字样式"对话框,设置"字体名"为"仿宋-GB2312",其他设置保持默认值。

图 9-31 设置"文字"选项卡

（6）在如图 9-32 所示的"主单位"选项卡中，设置"精度"为 0.0，"小数分隔符"为"句点"，其他设置保持默认值。完成后单击"确认"按钮退出。在"标注样式管理器"对话框中将"机械制图"样式设置为当前样式，单击"关闭"按钮退出。

图 9-32 设置"主单位"选项卡

2. 标注尺寸

（1）单击"默认"选项卡"注释"面板中的"线性"按钮，标注线性尺寸，结果如图 9-33 所示。

（2）单击"默认"选项卡"注释"面板中的"半径"按钮，标注半径尺寸，结果如图 9-34 所示。

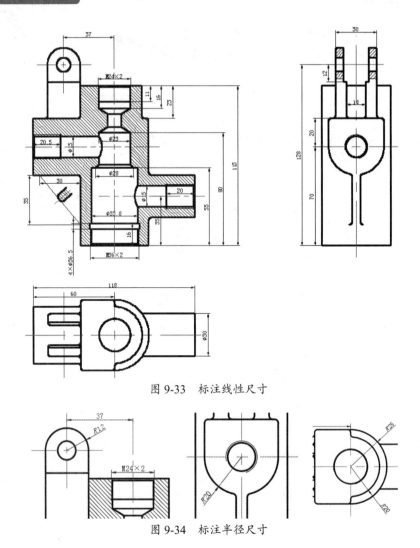

图 9-33　标注线性尺寸

图 9-34　标注半径尺寸

（3）单击"默认"选项卡"注释"面板中的"对齐"按钮，标注对齐尺寸，结果如图 9-35 所示。

（4）设置角度标注样式，单击"默认"选项卡"注释"面板中的"角度"按钮，标注角度尺寸，结果如图 9-36 所示。

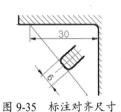

图 9-35　标注对齐尺寸

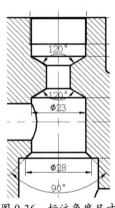

图 9-36　标注角度尺寸

(5）设置公差尺寸替代标注样式，单击"默认"选项卡"注释"面板中的"线性"按钮，标注公差尺寸，结果如图9-37所示。

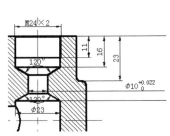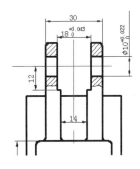

图9-37 标注公差尺寸

3. 标注倒角尺寸

先利用"QLEADER"命令设置引线，再利用"LEADER"命令绘制引线，命令行提示与操作如下：

命令：QLEADER↙
指定第一个引线点或 [设置(S)]<设置>：↙

系统弹出"引线设置"对话框，在"引线和箭头"选项卡中选择"箭头"为"无"，如图9-38所示，单击"确定"按钮。命令行提示与操作如下：

指定第一个引线点或 [设置(S)]<设置>：(按"Esc"键)
命令：LEADER↙
指定引线起点：(选择引线起点)
指定下一点：(指定第二点)
指定下一点或 [注释(A)/格式(F)/放弃(U)]<注释>：(指定第三点)
指定下一点或 [注释(A)/格式(F)/放弃(U)]<注释>：A↙
输入注释文字的第一行或 <选项>：C1.5↙
输入注释文字的下一行：↙

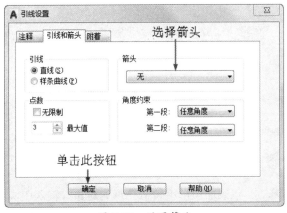

图9-38 设置箭头

重复上述操作，标注其他倒角尺寸。

将完成倒角标注后的文字改为斜体"C"，最后效果如图9-39所示。

单击"注释"选项卡"标注"面板中的"公差"按钮，标注几何公差，并利用"直线""矩形""多行文字"等命令绘制基准符号，效果如图9-40所示。

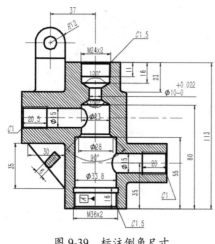

图 9-39 标注倒角尺寸

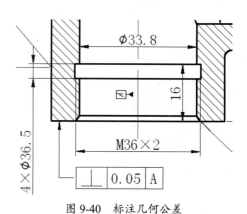

图 9-40 标注几何公差

4. 插入粗糙度符号

（1）单击"默认"选项卡"绘图"面板中的"直线"按钮，绘制如图 9-41 表面粗糙度符号图形。

（2）单击"默认"选项卡"块"面板中的"定义属性"按钮，系统打开"属性定义"对话框，进行如图 9-42 所示的设置，单击"确定"按钮后关闭对话框，将标记放置在适当的位置，如图 9-43 所示。

图 9-41 绘制表面粗糙度符号

图 9-42 "属性定义"对话框　　　图 9-43 标记属性

（3）在命令行中输入"WBLOCK"，打开如图 9-44 所示的"写块"对话框，拾取表面粗糙度符号图形的下角点为基点，以表面粗糙度符号图形为对象，输入图块名称并指定路径，单击"确定"按钮后退出。

（4）单击"默认"选项卡"块"面板中的"插入"下拉菜单中的"最近使用的块"选项，打开如图 9-45 所示的"块"选项板，在"最近使用的块"选项中单击已保存的图块，在屏幕上指定插入点，打开如图 9-46 所示的"编辑属性"对话框，输入所需的粗糙度数值，单击"确定"按钮，完成表面粗糙度符号的标注，将标注的表面粗糙度符号数值的字母改为斜体，结果如图 9-47 所示。按照同样的方法完成其他粗糙度的标注，最终如图 9-48 所示。

第 9 章 快速绘图工具

图 9-44 "写块"对话框

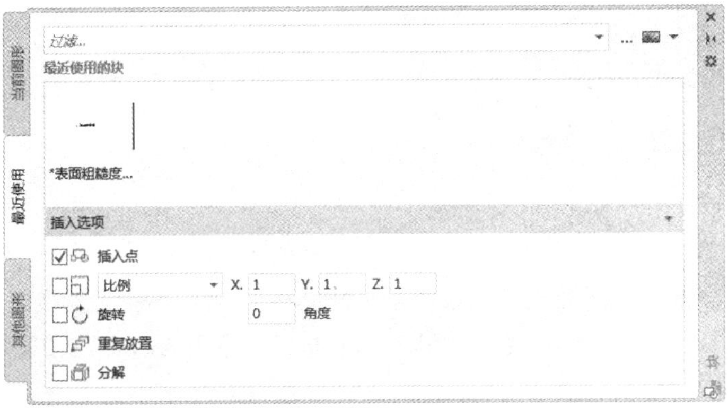

图 9-45 "块"选项板

图 9-46 "编辑属性"对话框

235

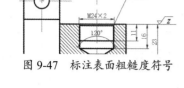 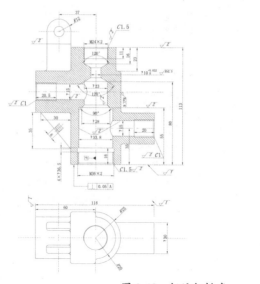

图 9-47　标注表面粗糙度符号　　　　图 9-48　标注粗糙度

9.3　设计中心

使用 AutoCAD 2020 设计中心可以很容易地组织设计内容，并把它们拖动到自己的图形中。可以使用 AutoCAD 2020 设计中心窗口的内容显示框，观察用 AutoCAD 2020 设计中心资源管理器所浏览资源的细目。

【执行方式】

- 命令行：ADCENTER（快捷命令：ADC）。
- 菜单栏：选择菜单栏中的"工具"→"选项板"→"设计中心"命令。
- 工具栏：单击标准工具栏中的"设计中心"按钮 ▦。
- 功能区：单击"视图"选项卡的"选项板"面板中的"设计中心"按钮 ▦。
- 快捷键：Ctrl+2。

【操作步骤】

执行上述操作后，系统打开"设计中心"选项板。第一次启动设计中心时，默认打开的选项卡为"文件夹"选项卡。内容显示区采用大图标显示，左边的资源管理器显示系统的树形结构，浏览资源的同时，在内容显示区显示所浏览资源的有关细目或内容，如图 9-49 所示。

在该区域中，左侧方框为 AutoCAD 2020 设计中心的资源管理器，右侧方框为 AutoCAD 2020 设计中心的内容显示区。其中，上面窗口为文件显示框，中间窗口为图形预览显示框，下面窗口为说明文本显示框。

【选项说明】

可以利用鼠标拖动边框的方法来改变 AutoCAD 2020 设计中心资源管理器和内容显示区及 AutoCAD 2020 绘图区的大小，但内容显示区的最小尺寸应能显示两列大图标。

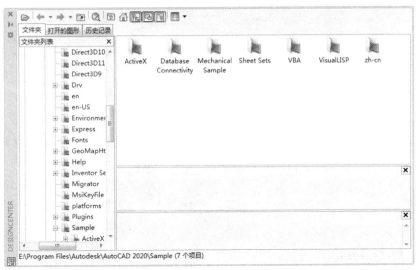

图 9-49 "设计中心"选项板

如果要改变 AutoCAD 2020 设计中心的位置，可以选中后按住鼠标左键拖动，松开鼠标左键后，AutoCAD 2020 设计中心便处于当前位置，到新位置后，仍可用鼠标改变各窗口的大小。也可以通过设计中心边框左上方的"自动隐藏"按钮来自动隐藏设计中心。

提示：
利用设计中心插入图块。

在利用 AutoCAD 2020 绘制图形时，可以将图块插入到图形当中。将一个图块被插入到图形中时，块定义就被复制到图形数据库当中。在一个图块被插入到图形中之后，如果原来的图块被修改，则插入到图形当中的图块也随之改变。

正在执行其他命令时，不能插入图块到图形当中。例如，如果在插入块时，在提示行正在执行一个命令，此时光标变成一个带斜线的圆，提示操作无效。另外，一次只能插入一个图块。

AutoCAD 2020 设计中心提供了两种插入图块的方法："利用鼠标指定比例和旋转方式""精确指定坐标、比例和旋转角度方式"。

（1）"利用鼠标指定比例和旋转方式"插入图块

系统根据光标拖动出的线段长度、角度确定比例与旋转角度，插入图块的步骤如下。

① 从文件夹列表或查找结果列表中选择要插入的图块，按住鼠标左键，将其拖动到打开的图形中。松开鼠标左键，此时选择的对象被插入到当前被打开的图形当中。利用当前设置的捕捉方式，可以将对象插入到已存在的任何图形当中。

② 在绘图区单击，指定一点作为插入点，移动鼠标，光标位置点与插入点之间距离为缩放比例，单击确定比例。采用同样的方法移动鼠标，光标指定位置和插入点的连线与水平线的夹角为旋转角度。被选择的对象就根据光标指定的比例和角度插入到图形当中。

（2）"精确指定坐标、比例和旋转角度方式"插入图块

利用该方法可以设置插入图块的参数，插入图块的步骤如下。

从文件夹列表或查找结果列表框中选择要插入的对象，右击，在打开的快捷菜单中选择"插入块"命令，打开"插入"对话框，可以在对话框中设置比例、旋转角度等，如图 9-50 所示，被选择的对象根据指定的参数插入到图形当中。

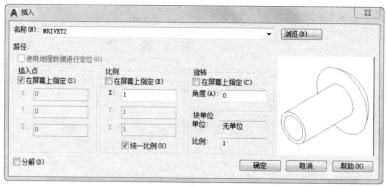

图 9-50 "插入"对话框

9.4 工具选项板

工具选项板中的选项卡提供了组织、共享、放置块及填充图案的有效方法。工具选项板还可以包含由第三方开发人员提供的自定义工具。

9.4.1 打开工具选项板

可在工具选项板中整理块、图案填充和自定义工具。

【执行方式】

- 命令行：TOOLPALETTES（快捷命令：TP）。
- 菜单栏：选择菜单栏中的"工具"→"选项板"→"工具选项板"命令。
- 工具栏：单击标准工具栏中的"工具选项板窗口"按钮 。
- 功能区：单击"视图"选项卡的"选项板"面板中的"工具选项板"按钮 。
- 快捷键：Ctrl+3。

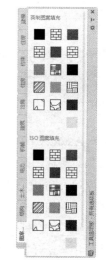

【操作步骤】

执行上述操作后，系统会自动打开工具选项板，如图 9-51 所示。

在工具选项板中，系统设置了一些常用图形选项卡，这些常用图形可以使用户绘图更方便。

图 9-51 工具选项板

9.4.2 新建工具选项板

用户可以创建新的工具选项板，这样既有利于个性化绘制图，又能够满足特殊绘图的需要。

【执行方式】

- 命令行：CUSTOMIZE。
- 菜单栏：选择菜单栏中的"工具"→"自定义"→"工具选项板"命令。
- 快捷菜单：在快捷菜单中选择"自定义"命令。

【操作步骤】

（1）选择菜单栏中的"工具"→"自定义"→"工具选项板"命令，系统打开"自定义"对话框，如图 9-52 所示。在"选项板"列表框中右击，在弹出的快捷菜单中选择"新建选项板"命令。

（2）在"选项板"列表框中出现一个"新建选项板"，可以为其命名，确定后，工具选项板中就增加了一个新的选项卡，如图 9-53 所示。

图 9-52 "自定义"对话框

图 9-53 新建选项卡

9.4.3 操作实例——从设计中心创建选项板

从设计中心创建选项板

将图形、块和图案填充从设计中心拖动到工具选项板中。操作步骤如下：

（1）单击"视图"选项卡的"选项板"面板中的"设计中心"按钮，打开"设计中心"选项板。

（2）在"DesignCenter"文件夹上右击，在弹出的快捷菜单中选择"创建块的工具选项板"命令，如图 9-54 所示。设计中心中存储的图元就出现在工具选项板中新建的"DesignCenter"选项卡中，如图 9-55 所示。

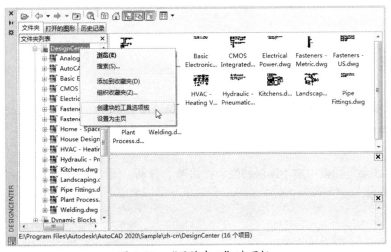

图 9-54 "设计中心"选项板

图 9-55 新创建的工具选项板

这样就可以将设计中心与工具选项板结合起来，建立一个快捷、方便的工具选项板。将工具选项板中的图形拖动到另一个图形中时，图形将作为块被插入其中。

9.5 综合演练——绘制手压阀装配平面图

标注手压阀装配平面图

手压阀装配图由阀体、阀杆、手把、底座、弹簧、胶垫、压紧螺母、销轴、胶木球、密封垫零件图组成，如图 9-56 所示。装配图是零部件加工和装配过程中重要的技术文件。在设计过程中要用到剖视及放大等表达方式，还要标注装配尺寸、绘制和填写明细表等。因此，通过绘制手压阀装配平面图，可以提高综合设计能力。

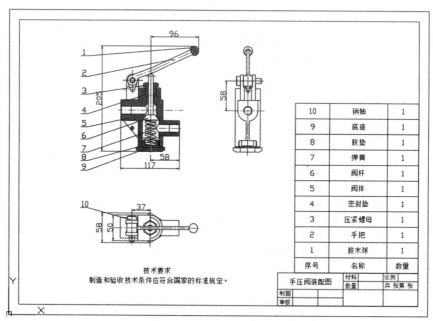

图 9-56 手压阀装配平面图

本实例的制作思路是：将零件图的视图进行修改，制作成块，然后将这些块插入到装配图中。

9.5.1 配置绘图环境

（1）建立新文件

启动 AutoCAD 2020 应用程序，打开本书电子资源"源文件\第 9 章\A3.dwg"文件，将其命名为"手压阀装配平面图.dwg"并另存。

（2）创建新图层

单击"默认"选项卡"图层"面板中的"图层特性"按钮，打开"图层特性管理器"对话框，设置结果如图 9-57 所示。

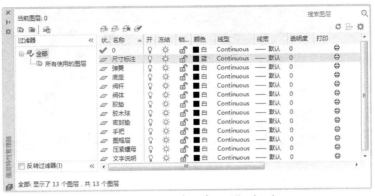

图 9-57 "图层特性管理器"对话框

9.5.2 创建图块

(1) 打开本书电子资源"源文件\第 9 章\装配体"文件夹中的"阀体.dwg"文件,将阀体平面图中的"尺寸标注和文字说明"图层关闭。

(2) 将阀体平面图进行修改,将多余的线条删除,效果如图 9-58 所示。

(3) 在命令行中输入"WBLOCK"命令,弹出"写块"对话框,单击"拾取点"按钮,在主视图中选取基点,再单击"选择对象"按钮,选取主视图,最后选取保存路径,输入名称,如图 9-59 所示,单击"确定"按钮,保存图块。

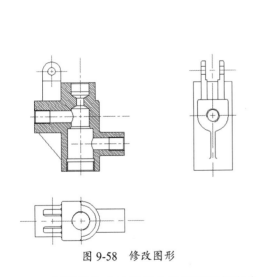

图 9-58 修改图形

图 9-59 "写块"对话框

(4) 用同样的方法将其余的平面图保存为图块。

9.5.3 装配零件图

1. 插入阀体平面图

(1) 将"阀体"图层设置为当前图层。单击"默认"选项卡"块"面板中的"插入"按钮,选择"其他图形中的块"选项,弹出"选择图形文件"对话框,选取"阀体主视图图块.dwg"文件,如图 9-60 所示,将图形插入到手压阀装配平面图中,效果如图 9-61 所示。

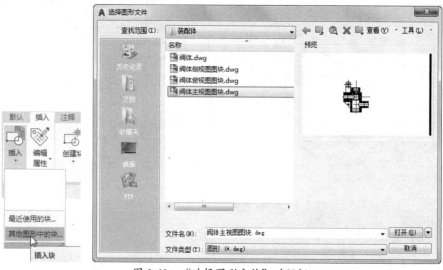

图 9-60 "选择图形文件"对话框

（2）用同样的方法将左视图图块和俯视图图块插入到图形中，对齐中心线，效果如图 9-62 所示。

2. 插入胶垫平面图

（1）将"胶垫"图层设置为当前图层。单击"默认"选项卡"块"面板中的"插入"按钮，将胶垫图块插入到手压阀装配平面图中，效果如图 9-63 所示。

（2）单击"默认"选项卡"修改"面板中的"旋转"按钮 和"移动"按钮 ，将胶垫图块调整到适当位置，效果如图 9-64 所示。

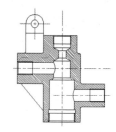

图 9-61 阀体主视图图块

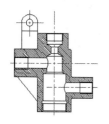
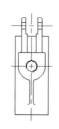
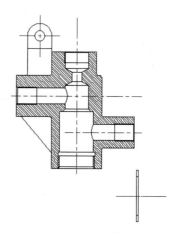

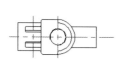

图 9-62 插入阀体视图图块　　　　图 9-63 插入胶垫图块

（3）单击"默认"选项卡"绘图"面板中的"图案填充"按钮，设置填充图案为"NET"，"图案填充角度"为 45°，"填充图案比例"为 0.5，选取填充范围，为胶垫图块添加剖面线，效果如图 9-65 所示。

（4）单击"默认"选项卡"块"面板中的"插入"按钮，将胶垫图块插入到手压阀装配平面图中，效果如图 9-66 所示。

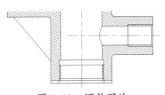
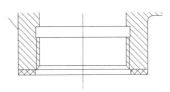
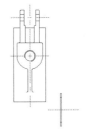

图 9-64　调整图块　　　　图 9-65　胶垫图块图案填充　　　图 9-66　插入胶垫图块

（5）单击"默认"选项卡"修改"面板中的"旋转"按钮 ○ 和"移动"按钮 ✥，将胶垫图块调整到适当位置，效果如图 9-67 所示。

（6）单击"默认"选项卡"修改"面板中的"分解"按钮 ⬚，将插入的胶垫图块进行分解，删除多余线条，效果如图 9-68 所示。

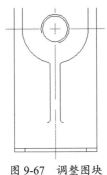
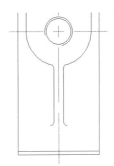

图 9-67　调整图块　　　　　　　　　　图 9-68　修改图块

3．插入阀杆平面图

（1）将"阀杆"图层设置为当前图层。单击"默认"选项卡"块"面板中的"插入"按钮 ⬚，将阀杆图块插入到手压阀装配平面图中，效果如图 9-69 所示。

（2）单击"默认"选项卡"修改"面板中的"分解"按钮 ⬚，将插入的阀杆图块进行分解，并利用"直线"和"偏移"等命令修改图形，效果如图 9-70 所示。

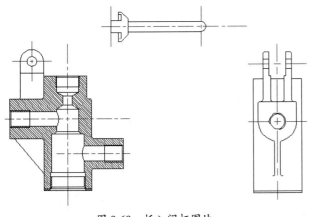
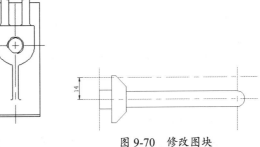

图 9-69　插入阀杆图块　　　　　　　　图 9-70　修改图块

（3）单击"默认"选项卡"修改"面板中的"旋转"按钮 ○ 和"移动"按钮 ✥，将阀杆图块调整到适当位置，效果如图 9-71 所示。

（4）单击"默认"选项卡"修改"面板中的"分解"按钮🗐，将插入的阀体主视图图块进行分解，并利用"直线"和"修剪"等命令修改图形，效果如图 9-72 所示。

（5）单击"默认"选项卡"修改"面板中的"复制"按钮%，将主视图中阀杆复制到左视图中，效果如图 9-73 所示。

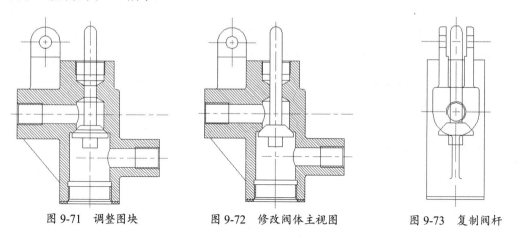

图 9-71　调整图块　　　　图 9-72　修改阀体主视图　　　　图 9-73　复制阀杆

（6）单击"默认"选项卡"修改"面板中的"修剪"按钮⌖和"删除"按钮✎，修改图形，效果如图 9-74 所示。

（7）单击"默认"选项卡"绘图"面板中的"圆"按钮⊙，在阀体俯视图中以中心线交点为圆心，以 5 为半径绘制圆，效果如图 9-75 所示。

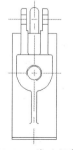
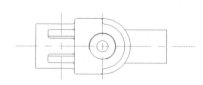

图 9-74　修改阀杆　　　　　　　　　图 9-75　创建阀杆视图

4. 插入弹簧平面图

（1）将"弹簧"图层设置为当前图层。单击"默认"选项卡"块"面板中的"插入"按钮🗐，将弹簧图块插入到手压阀装配平面图中，效果如图 9-76 所示。

（2）单击"默认"选项卡"修改"面板中的"分解"按钮🗐，将插入的弹簧图块进行分解，并利用"修剪"和"复制"等命令修改图形，效果如图 9-77 所示。

（3）单击"默认"选项卡"修改"面板中的"旋转"按钮↻和"移动"按钮✥，将弹簧图块调整到适当位置，效果如图 9-78 所示。

（4）利用"移动""修剪""复制""删除"等命令修改图形，效果如图 9-79 所示。

（5）单击"默认"选项卡"绘图"面板中的"直线"按钮／，将弹簧图形补充完整，效果如图 9-80 所示。

（6）单击"默认"选项卡"修改"面板中的"修剪"按钮⌖，修剪图形，效果如图 9-81 所示。

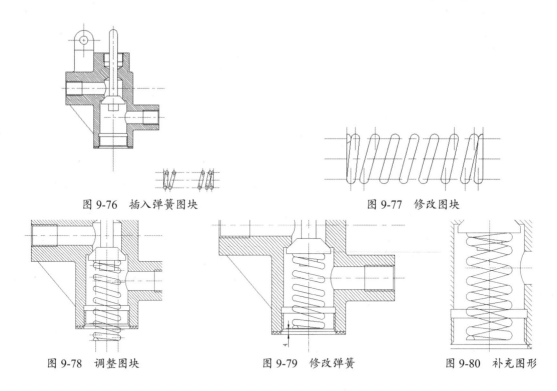

图 9-76 插入弹簧图块　　　　图 9-77 修改图块

图 9-78 调整图块　　图 9-79 修改弹簧　　图 9-80 补充图形

5. 插入底座平面图

（1）将"底座"图层设置为当前图层。单击"默认"选项卡"块"面板中的"插入"按钮，将底座右视图图块插入到手压阀装配平面图主视图中，效果如图 9-82 所示。

（2）单击"默认"选项卡"修改"面板中的"旋转"按钮和"移动"按钮，将底座图块调整到适当位置，效果如图 9-83 所示。

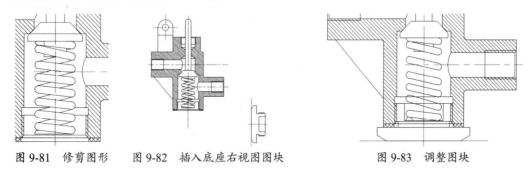

图 9-81 修剪图形　　图 9-82 插入底座右视图图块　　图 9-83 调整图块

（3）利用"分解"和"修剪"等命令修改图形，效果如图 9-84 所示。

（4）单击"默认"选项卡"绘图"面板中的"图案填充"按钮，设置填充图案为"ANSI31"，"图案填充角度"为 0，"填充图案比例"为 0.5，选取填充范围，为底座图块添加剖面线，效果如图 9-85 所示。

（5）单击"默认"选项卡"块"面板中的"插入"按钮，将底座右视图图块插入到手压阀装配平面图左视图中，效果如图 9-86 所示。

（6）单击"默认"选项卡"修改"面板中的"旋转"按钮和"移动"按钮，将底座图块调整到适当位置，效果如图 9-87 所示。

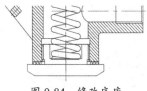
图 9-84　修改底座

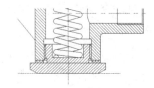
图 9-85　底座图块图案填充

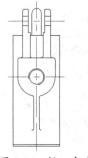
图 9-86　插入底座右视图图块

（7）单击"默认"选项卡"块"面板中的"插入"按钮，将底座主视图图块插入到手压阀装配平面图左视图中，然后单击"默认"选项卡"修改"面板中的"旋转"按钮和"移动"按钮，将底座图块调整到适当位置，效果如图 9-88 所示。

（8）单击"默认"选项卡"绘图"面板中的"直线"按钮，由底座主视图向手压阀左视图绘制辅助线，效果如图 9-89 所示。

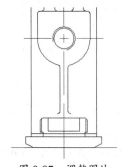
图 9-87　调整图块

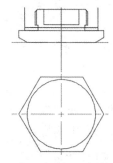
图 9-88　插入底座

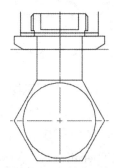
图 9-89　绘制辅助线

（9）单击"默认"选项卡"修改"面板中的"修剪"按钮，修改图形并将多余图形删除，效果如图 9-90 所示。

（10）单击"默认"选项卡"块"面板中的"插入"按钮，将底座主视图图块插入到手压阀装配平面图俯视图中，效果如图 9-91 所示。

（11）单击"默认"选项卡"修改"面板中的"移动"按钮，将底座图块调整到适当位置，效果如图 9-92 所示。

（12）利用"分解"和"修剪"等命令修改图形，效果如图 9-93 所示。

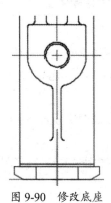
图 9-90　修改底座

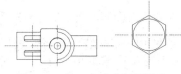
图 9-91　插入底座主视图图块

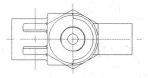
图 9-92　调整图块

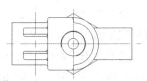
图 9-93　修改底座

6. 插入密封垫平面图

（1）将"密封垫"图层设置为当前图层。单击"默认"选项卡"块"面板中的"插入"按钮，将密封垫图块插入到手压阀装配平面图中，效果如图 9-94 所示。

（2）单击"默认"选项卡"修改"面板中的"移动"按钮✥，将密封垫图块调整到适当位置，效果如图 9-95 所示。

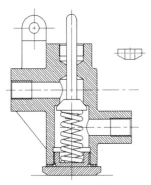 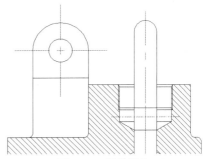

图 9-94 插入密封垫图块　　　　　　　　图 9-95 调整图块

（3）利用"分解"和"修剪"等命令修改图形，效果如图 9-96 所示。

（4）单击"默认"选项卡"绘图"面板中的"图案填充"按钮，设置填充图案为"NET"，"图案填充角度"为 45°，"填充图案比例"为 0.5，选取填充范围，为密封垫图块添加剖面线，效果如图 9-97 所示。

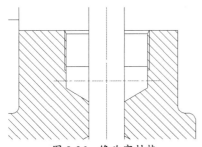 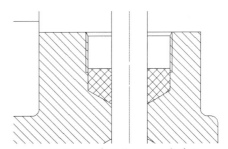

图 9-96 修改密封垫　　　　　　　　图 9-97 密封垫图块图案填充

7. 插入压紧螺母平面图

（1）将"压紧螺母"图层设置为当前图层。单击"默认"选项卡"块"面板中的"插入"按钮，将压紧螺母右视图图块插入到手压阀装配平面图主视图中，效果如图 9-98 所示。

（2）单击"默认"选项卡"修改"面板中的"旋转"按钮↻和"移动"按钮✥，将压紧螺母图块调整到适当位置，效果如图 9-99 所示。

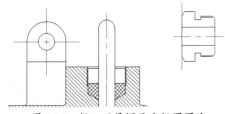 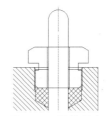

图 9-98 插入压紧螺母右视图图块　　　　　　图 9-99 调整图块

(3) 利用"分解"和"修剪"等命令修改图形，效果如图 9-100 所示。

(4) 单击"默认"选项卡"绘图"面板中的"图案填充"按钮▨，设置填充图案为"ANSI31"，"图案填充角度"为 0，"填充图案比例"为 0.5，选取填充范围，为压紧螺母右视图图块添加剖面线，效果如图 9-101 所示。

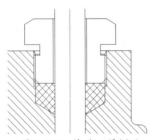 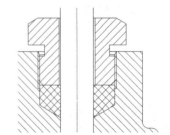

图 9-100　修改压紧螺母　　　　　图 9-101　压紧螺母右视图图块图案填充

(5) 单击"默认"选项卡"块"面板中的"插入"按钮，将压紧螺母右视图图块插入到手压阀装配平面图左视图中，效果如图 9-102 所示。

(6) 单击"默认"选项卡"修改"面板中的"旋转"按钮 ⟲ 和"移动"按钮 ✥，将压紧螺母图块调整到适当位置，效果如图 9-103 所示。

(7) 利用"分解""修剪""直线"等命令修改图形，效果如图 9-104 所示。

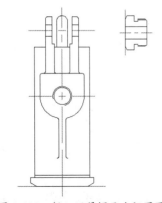 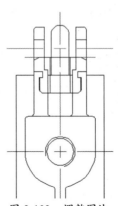 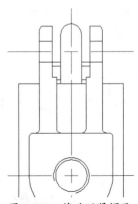

图 9-102　插入压紧螺母右视图图块　　图 9-103　调整图块　　图 9-104　修改压紧螺母

(8) 单击"默认"选项卡"块"面板中的"插入"按钮，将压紧螺母主视图图块插入到手压阀装配平面图左视图中，然后单击"默认"选项卡"修改"面板中的"旋转"按钮 ⟲ 和"移动"按钮 ✥，将压紧螺母主视图图块调整到适当位置，效果如图 9-105 所示。

(9) 单击"默认"选项卡"绘图"面板中的"直线"按钮，由压紧螺母主视图向手压阀左视图绘制辅助线，效果如图 9-106 所示。

(10) 单击"默认"选项卡"修改"面板中的"修剪"按钮，修改图形并将多余图形删除，效果如图 9-107 所示。

(11) 单击"默认"选项卡"块"面板中的"插入"按钮，将压紧螺母主视图图块插入到手压阀装配平面图俯视图中，效果如图 9-108 所示。

(12) 单击"默认"选项卡"修改"面板中的"移动"按钮 ✥，将压紧螺母图块调整到适当位置，效果如图 9-109 所示。

(13) 利用"分解"和"修剪"等命令修改图形,效果如图 9-110 所示。

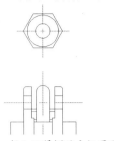
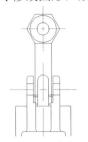
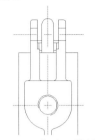

图 9-105　插入压紧螺母主视图图块　　　图 9-106　绘制辅助线　　　图 9-107　修改压紧螺母

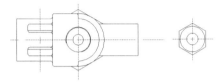
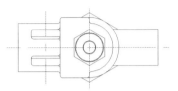

图 9-108　插入压紧螺母主视图图块　　　　　　图 9-109　调整图块

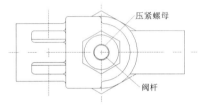

图 9-110　修改压紧螺母

8. 插入手把平面图

(1) 将"手把"图层设置为当前图层。单击"默认"选项卡"块"面板中的"插入"按钮,将手把主视图图块插入到手压阀装配平面图主视图中,效果如图 9-111 所示。

(2) 单击"默认"选项卡"修改"面板中的"修剪"按钮,修改图形,效果如图 9-112 所示。

(3) 将"中心线"图层设置为当前图层。单击"默认"选项卡"绘图"面板中的"直线"按钮,绘制辅助线,效果如图 9-113 所示。

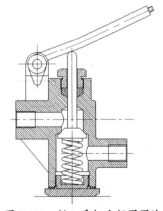
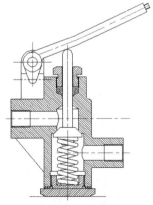
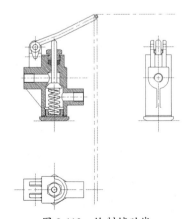

图 9-111　插入手把主视图图块　　　图 9-112　修改图形　　　图 9-113　绘制辅助线

(4) 将"手把"图层设置为当前图层。单击"默认"选项卡"块"面板中的"插入"按钮,将手把左视图图块插入到手压阀装配平面图左视图中，效果如图 9-114 所示。

（5）单击"默认"选项卡"修改"面板中的"移动"按钮✥，将手把图块调整到适当位置，效果如图 9-115 所示。

（6）利用"分解""修剪""直线"等命令修改图形，效果如图 9-116 所示。

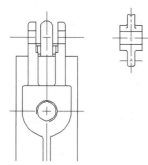 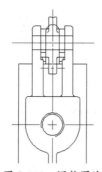 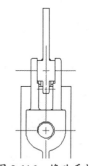

图 9-114　插入手把左视图图块　　　图 9-115　调整图块　　　图 9-116　修改手把

（7）单击"默认"选项卡"绘图"面板中的"直线"按钮╱，由手把主视图向手把俯视图绘制辅助线，效果如图 9-117 所示。

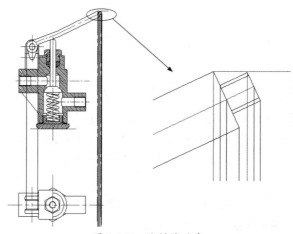

图 9-117　绘制辅助线

（8）单击"默认"选项卡"修改"面板中的"偏移"按钮⊆，将俯视图中的水平中心线向两侧偏移，偏移距离分别为 3、2.5 和 2，效果如图 9-118 所示。

（9）利用"修剪""椭圆""偏移""直线"等命令，修改图形，并将修改得到的图形修改图层为"粗实线"，效果如图 9-119 所示。

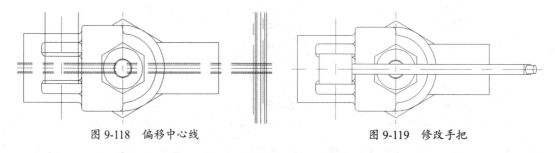

图 9-118　偏移中心线　　　　　　　图 9-119　修改手把

9. 插入销轴平面图

（1）将"销轴"图层设置为当前图层。单击"默认"选项卡"块"面板中的"插入"按钮 ，将销轴图块插入到手压阀装配平面图俯视图中，效果如图 9-120 所示。

（2）单击"默认"选项卡"修改"面板中的"旋转"按钮 和"移动"按钮 ，将销轴图块调整到适当位置，效果如图 9-121 所示。

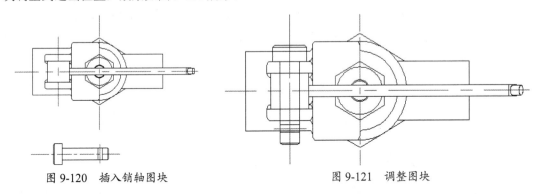

图 9-120　插入销轴图块　　　　　　　图 9-121　调整图块

（3）利用"分解"和"修剪"等命令修改图形，效果如图 9-122 所示。

（4）单击"默认"选项卡"绘图"面板中的"圆"按钮 ，绘制半径为 2 的圆，效果如图 9-123 所示。

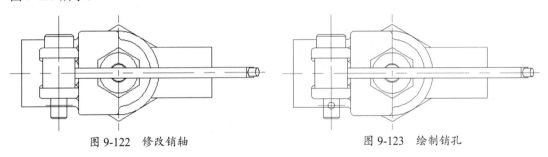

图 9-122　修改销轴　　　　　　　图 9-123　绘制销孔

（5）单击"默认"选项卡"绘图"面板中的"圆"按钮 ，在阀体主视图中以中心线交点为圆心，分别以 4.2 和 5 为半径绘制圆，效果如图 9-124 所示。

（6）单击"默认"选项卡"块"面板中的"插入"按钮 ，将销轴图块插入到手压阀装配平面图主视图中，效果如图 9-125 所示。

（7）单击"默认"选项卡"修改"面板中的"移动"按钮 ，将销轴图块调整到适当位置，效果如图 9-126 所示。

（8）利用"分解""修剪"等命令修改图形，效果如图 9-127 所示。

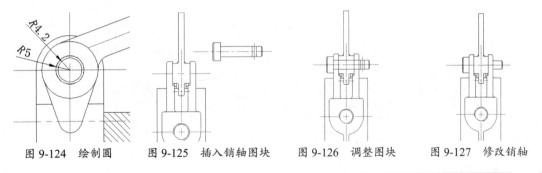

图 9-124　绘制圆　　图 9-125　插入销轴图块　　图 9-126　调整图块　　图 9-127　修改销轴

10. 插入胶木球平面图

（1）将"胶木球"图层设置为当前图层。单击"默认"选项卡"块"面板中的"插入"按钮，将胶木球图块插入到手压阀装配平面图主视图中，效果如图 9-128 所示。

（2）单击"默认"选项卡"修改"面板中的"旋转"按钮和"移动"按钮，将胶木球图块调整到适当位置，效果如图 9-129 所示。

（3）单击"默认"选项卡"绘图"面板中的"图案填充"按钮，设置填充图案为"ANSI31"，"图案填充角度"为 0，"填充图案比例"为 0.5，选取填充范围，为胶木球图块添加剖面线，效果如图 9-130 所示。

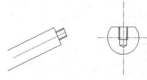 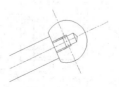 

图 9-128 插入胶木球图块　　图 9-129 调整图块　　图 9-130 胶木球图块图案填充

（4）将"中心线"图层设置为当前图层。单击"默认"选项卡"绘图"面板中的"直线"按钮，由胶木球主视图向俯视图绘制辅助线，效果如图 9-131 所示。

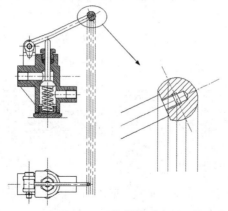

图 9-131 绘制辅助线

（5）单击"默认"选项卡"修改"面板中的"偏移"按钮，将俯视图中的水平中心线分别向两侧偏移，偏移距离为 9，效果如图 9-132 所示。

（6）将"胶木球"图层设置为当前图层。单击"默认"选项卡"绘图"面板中的"椭圆"按钮，绘制胶木球俯视图，效果如图 9-133 所示。

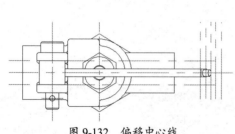 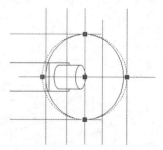

图 9-132 偏移中心线　　图 9-133 绘制胶木球

（7）单击"默认"选项卡"修改"面板中的"修剪"按钮，修改图形并将多余的辅助线删除，效果如图 9-134 所示。

（8）将"中心线"图层设置为当前图层。单击"默认"选项卡"绘图"面板中的"直线"按钮，由胶木球主视图向左视图绘制辅助线，同样在左视图中绘制辅助线，效果如图 9-135 所示。

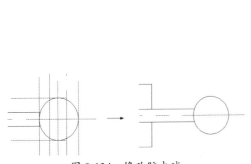
图 9-134 修改胶木球

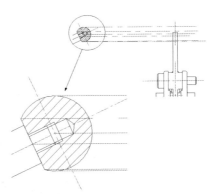
图 9-135 绘制辅助线

（9）单击"默认"选项卡"修改"面板中的"偏移"按钮，将左视图中的竖直中心线分别向两侧偏移，偏移距离为 9，效果如图 9-136 所示。

（10）将"胶木球"图层设置为当前图层。单击"默认"选项卡"块"面板中的"插入"按钮，将胶木球图块插入到手压阀装配平面图左视图中，效果如图 9-137 所示。

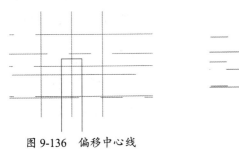
图 9-136 偏移中心线

图 9-137 插入胶木球图块

（11）单击"默认"选项卡"修改"面板中的"移动"按钮，将胶木球图块调整到适当位置，效果如图 9-138 所示。

（12）将"中心线"图层设置为当前图层。单击"默认"选项卡"绘图"面板中的"直线"按钮，在左视图中绘制辅助线，效果如图 9-139 所示。

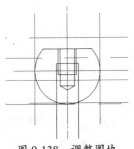
图 9-138 调整图块

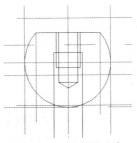
图 9-139 绘制辅助线

(13）将"胶木球"图层设置为当前图层。单击"默认"选项卡"绘图"面板中的"椭圆"按钮◯，绘制胶木球左视图，效果如图 9-140 所示。

(14）单击"默认"选项卡"修改"面板中的"修剪"按钮，修改图形并将多余的辅助线删除，效果如图 9-141 所示。

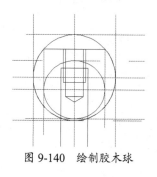 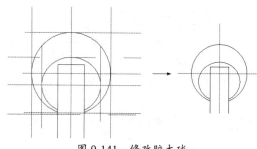

图 9-140　绘制胶木球　　　　　　　　　图 9-141　修改胶木球

9.5.4　操作实例——标注手压阀装配平面图

在装配图中，不需要将每个零件的尺寸全部标注出来，在装配图中需要标注的尺寸有：规格尺寸、装配尺寸、外形尺寸、安装尺寸及其他重要尺寸。在本例中，只需要标注一些装配尺寸，而且都为线性标注。

1. 设置标注样式

(1）将"尺寸标注"图层设置为当前图层。单击"注释"面板下拉菜单中的"标注样式"按钮，弹出"标注样式管理器"对话框。单击"新建"按钮，在弹出的"创建新标注样式"对话框中设置"新样式名"为"装配图"。

(2）单击"继续"按钮，弹出"新建标注样式：装配图"对话框。在"线"选项卡中，设置"基线间距"为 2、"超出尺寸线"为 1.25、"起点偏移量"为 0.625，其他设置保持默认值。

(3）在"符号和箭头"选项卡中，设置"箭头"均为"实心闭合"、"箭头大小"为 2.5，其他设置保持默认值。

(4）在"文字"选项卡中，设置"文字高度"为 5，其他设置保持默认值。在"主单位"选项卡中，设置"精度"为 0.0，"小数分隔符"为"句点"，其他设置保持默认值。完成后单击"确定"按钮退出。在"标注样式管理器"对话框中将"装配图"样式设置为当前样式，单击"关闭"按钮退出。

2. 标注尺寸

单击"默认"选项卡"注释"面板中的"线性"按钮，标注线性尺寸，效果如图 9-142 所示。

3. 标注零件序号

将"文字说明"图层设置为当前图层。单击"默认"选项卡"绘图"面板中的"直线"按钮／和"注释"面板中的"多行文字"按钮 A，标注零件序号，效果如图 9-143 所示。

4. 制作明细表

(1）打开本书电子资源"源文件\第 9 章\装配体\明细表.dwg"文件，选择菜单栏中的"编辑"→"复制"命令，复制明细表；返回到手压阀装配平面图中，选择菜单栏中的"编辑"→"粘贴"命令，将明细表粘贴到手压阀装配平面图中，效果如图 9-144 所示。

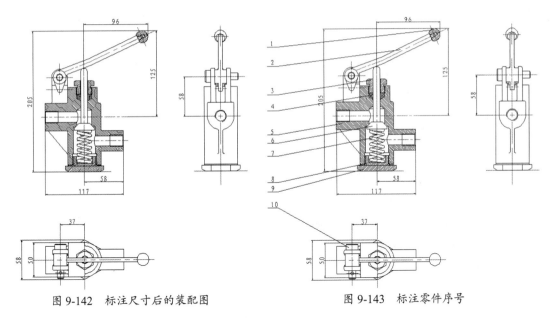

图 9-142 标注尺寸后的装配图　　　　　图 9-143 标注零件序号

（2）单击"默认"选项卡"注释"面板中的"多行文字"按钮 **A**，添加明细表文字内容并调整表格宽度，效果如图 9-145 所示。

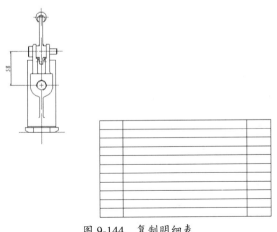

10	销轴	1
9	底座	1
8	胶垫	1
7	弹簧	1
6	阀杆	1
5	阀体	1
4	密封垫	1
3	压紧螺母	1
2	手把	1
1	胶木球	1
序号	名称	数量

图 9-144 复制明细表　　　　　　　　图 9-145 装配图明细表

5. 填写技术要求

单击"默认"选项卡"注释"面板中的"多行文字"按钮 **A**，添加技术要求，效果如图 9-146 所示。

6. 填写标题栏

单击"默认"选项卡"注释"面板中的"多行文字"按钮 **A**，填写标题栏，效果如图 9-147 所示。

7. 完善手压阀装配平面图

单击"默认"选项卡"修改"面板中的"缩放"按钮和"移动"按钮，将创建好的图形、明细表、技术要求移动到图框中的适当位置，完成手压阀装配平面图的绘制，最终效果如图 9-56 所示。

技术要求
制造和验收技术条件应符合国家的标准规定。

图 9-146　添加技术要求

手压阀装配图	材料		比例	
	数量		共　张第　张	
制图				
审核				

图 9-147　填写好的标题栏

9.6　名师点拨——绘图细节

1. 文件占用空间大，计算机运行速度慢怎么办

当图形文件经过多次的修改，特别是插入多个图块以后，文件占用空间会越变越大，这时，计算机运行的速度会变慢，图形处理的速度也变慢。此时可以通过选择"文件"菜单中的"图形实用工具"→"清理"命令，清除无用的图块、字型、图层、标注样式、复线形式等，这样，图形文件也会随之变小。

2. 内部图块与外部图块的区别

内部图块是在一个文件内定义的图块，可以在该文件内部自由作用，内部图块一旦被定义，它就和文件同时被存储和打开。外部图块将"块"以主文件的形式写入磁盘，其他图形文件也可以使用它，要注意这是外部图块和内部图块的一个重要区别。

9.7　上机实验

【练习1】标注如图 9-148 所示穹顶展览馆立面图形的标高符号。

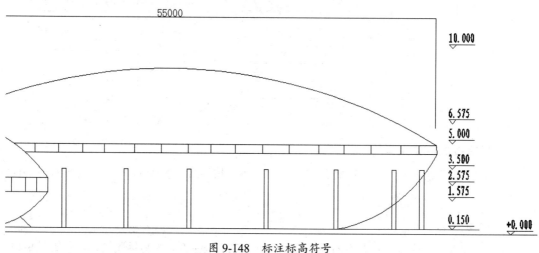

图 9-148　标注标高符号

【练习2】将如图 9-149（a）所示的轴、轴承、盖板和螺钉图形作为图块插入到图 9-149（b）中，完成箱体组装图，如图 9-150 所示。

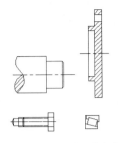

（a）轴、轴承、盖板和螺钉图形

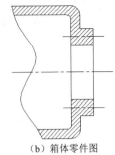
（b）箱体零件图

图 9-149　箱体组装零件图　　　　　　　　图 9-150　箱体组装图

9.8　模拟考试

（1）如果想把一个光栅图像彻底地从当前文档中删除应当（　　）。

A. 卸载　　　　　　B. 拆离　　　　　　C. 删除　　　　　　D. 剪切

（2）关于外部参照说法错误的是（　　）。

A. 如果外部参照包含任何可变块属性，它们将被忽略

B. 用于定位外部参照的已保存路径只能是完整路径或相对路径

C. 可以使用 DesignCenter（设计中心）将外部参照附着到图形

D. 可以从设计中心拖动外部参照

（3）当 imageframe 的值为多少时，关闭光栅文件的边框（　　）。

A. imageframe＝0　　　　　　　　　　B. imageframe＝1

C. imageframe＝2　　　　　　　　　　D. imageframe＝3

（4）下列关于块的说法正确的是（　　）。

A. 块只能在当前文档中使用

B. 只有用"WBLOCK"命令写到盘上的块才可以插入到另一图形文件中

C. 任何一个图形文件都可以作为块插入到另一图形中

D. 用"BLOCK"命令定义的块可以直接通过"INSERT"命令插入到任何图形文件中

第 10 章　三维造型基础知识

> 随着 AutoCAD 技术的普及，越来越多的工程技术人员使用 AutoCAD 来进行工程设计。虽然在工程设计中，通常都使用二维图形描述三维实体，但是由于三维图形的效果逼真，可以通过三维立体图直接得到透视图或平面效果图。因此，计算机三维设计越来越受到工程技术人员的青睐。
>
> 本章主要介绍三维坐标系统、创建三维坐标系、动态观察三维图形渲染实体的绘制等知识。

内容要点

- 三维坐标系统
- 观察模式
- 显示形式
- 渲染实体

案例效果

10.1　三维坐标系统

AutoCAD 2020 使用的是笛卡尔坐标系。其使用的直角坐标系有两种类型，一种是世界坐标系（*WCS*），另一种是用户坐标系（*UCS*）。绘制二维图形时，常用的坐标系即世界坐标系（*WCS*），由系统默认提供。世界坐标系又称通用坐标系或绝对坐标系，对于二维绘图来说，世界坐标系足以满足要求。为了方便创建三维模型，AutoCAD 2020 允许用户根据自己的需要设定坐标系，即用户坐标系（*UCS*），合理地创建 *UCS*，可以方便地创建三维模型。

AutoCAD 有两种视图显示方式：模型空间和图纸空间。模型空间使用单一视图显示，我们通常使用的是这种显示方式；图纸空间能够在绘图区创建图形的多视图，用户可以对其中每个视图进行单独操作。在默认情况下，当前 *UCS* 与 *WCS* 重合。如图 10-1（a）所示为模型空间下的 *UCS* 坐标系图标，通常放在绘图区左下角处；也可以指定它放在当前 *UCS* 的实际坐标原点位置，如图 10-1（b）所示。如图 10-1（c）所示为布局空间下的坐标系图标。

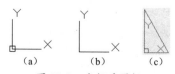

图 10-1　坐标系图标

【预习重点】
- 观察坐标系应用。
- 练习打开与关闭坐标系。

10.1.1 右手法则与坐标系

在 AutoCAD 中通过右手法则确定直角坐标系 Z 轴的正方向和绕轴线旋转的正方向，称为"右手定则"。这是因为用户只需要简单地使用右手即可确定所需要的坐标信息。

在 AutoCAD 中输入坐标采用绝对坐标和相对坐标两种形式，格式如下：

- 绝对坐标格式：X, Y, Z
- 相对坐标格式：@X, Y, Z

AutoCAD 可以用柱坐标和球坐标定义点的位置。

柱面坐标系统类似于 2D 极坐标输入，由该点在 XY 平面的投影点到 Z 轴的距离、该点与坐标原点的连线在 XY 平面的投影与 X 轴的夹角及该点沿 Z 轴的距离来定义。格式如下：

- 绝对坐标形式：XY 距离<角度,Z 距离
- 相对坐标形式：@ XY 距离<角度,Z 距离

例如，绝对坐标（10<60, 20）表示在 XY 平面的投影点距离 Z 轴 10 个单位，该投影点与原点在 XY 平面的连线相对于 X 轴的夹角为 60°，沿 Z 轴离原点 20 个单位的一个点，如图 10-2 所示。

在球面坐标系中，3D 球面坐标的输入也类似于 2D 极坐标的输入。球面坐标系统由坐标点到原点的距离、该点与坐标原点的连线在 XY 平面内的投影与 X 轴的夹角及该点与坐标原点的连线与 XY 平面的夹角来定义。具体格式如下：

- 绝对坐标形式：XYZ 距离< XY 平面内投影角度 <与 XY 平面夹角
- 相对坐标形式：@ XYZ 距离< XY 平面内投影角度<与 XY 平面夹角

例如，坐标（10<60<15）表示该点距离原点为 10 个单位，与原点连线的投影在 XY 平面内与 X 轴成 60°夹角，连线与 XY 平面成 15°夹角，如图 10-3 所示。

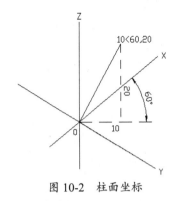

图 10-2 柱面坐标

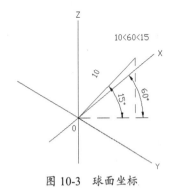

图 10-3 球面坐标

10.1.2 创建坐标系

【执行方式】

- 命令行：UCS。

- 菜单栏：选择菜单栏中的"工具"→"新建UCS"命令。
- 工具栏：单击"UCS"工具栏中的"UCS"按钮 。
- 功能区：单击"视图"选项卡"坐标"面板中的"UCS"按钮 。

【操作步骤】

命令行提示与操作如下：

```
命令：UCS↙
当前 UCS 名称：*左视*
指定 UCS 的原点或 [面(F)/命名(NA)/对象(OB)/上一个(P)/视图(V)/世界(W)/X/Y/Z/Z 轴(ZA)]
<世界>：
```

【选项说明】

（1）指定UCS的原点：使用一点、两点或三点定义一个新的UCS。如果指定单个点1，当前UCS的原点将会移动而不会更改X、Y和Z轴的方向。选择该选项，命令行提示与操作如下：

```
指定 X 轴上的点或 <接受>：(继续指定 X 轴通过的点 2 或直接按 Enter 键，接受原坐标系 X 轴为新坐标系的 X 轴)
指定 XY 平面上的点或 <接受>：(继续指定 XY 平面通过的点 3 以确定 Y 轴或直接按 Enter 键，接受原坐标系 XY 平面为新坐标系的 XY 平面，根据右手法则，相应的 Z 轴也同时确定)
```

示意图如图10-4所示。

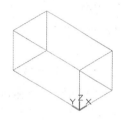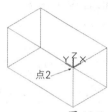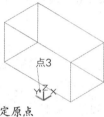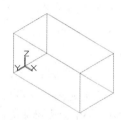

图10-4 指定原点

（2）面(F)：将UCS与三维实体的选定面对齐。要选择一个面，请在此面的边界内或面的边上单击，被选中的面将亮显，UCS的X轴将与找到的第一个面上最近的边对齐。选择该选项，命令行提示与操作如下：

```
选择实体面、曲面或网格：(选择面)
输入选项 [下一个(N)/X 轴反向(X)/Y 轴反向(Y)] <接受>：↙ (结果如图 10-5 所示)
```

如果选择"下一个"选项，系统将UCS定位于邻接的面或选定边的后向面。

（3）对象(OB)：根据选定三维对象定义新的坐标系，如图10-6所示。新建UCS的拉伸方向（Z轴正方向）与选定对象的拉伸方向相同。选择该选项，命令行提示与操作如下：

```
选择对齐 UCS 的对象：(选择对象)
```

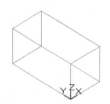

图10-5 选择面确定坐标系

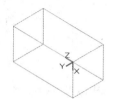

图10-6 选择对象确定坐标系

对于大多数对象，新UCS的原点位于离选定对象最近的顶点处，并且X轴与一条边对齐或相切。对于平面对象，UCS的XY平面与该对象所在的平面对齐。对于复杂对象，将重新定位原点，但是轴的当前方向保持不变。

（4）视图(V)：以垂直于观察方向（平行于屏幕）的平面为 XY 平面，创建新的坐标系。UCS 原点保持不变。

（5）世界(W)：将当前用户坐标系设置为世界坐标系。WCS 是所有用户坐标系的基准，不能被重新定义。

（6）X、Y、Z：绕指定轴旋转当前 UCS。

（7）Z 轴(ZA)：利用指定的 Z 轴正半轴定义 UCS。

10.1.3 设置坐标系

可以利用相关命令对坐标系进行设置，具体方法如下：

【执行方式】

- 命令行：UCSMAN（快捷命令：UC）。
- 菜单栏：选择菜单栏中的"工具"→"命名 UCS"命令。
- 工具栏：单击"UCS II"工具栏中的"命名 UCS"按钮 。
- 功能区：单击"视图"选项卡"坐标"面板中的"UCS, 命名 UCS"按钮 。

【操作步骤】

执行上述操作后，系统打开如图 10-7 所示的"UCS"对话框。

【选项说明】

（1）"命名 UCS"选项卡

该选项卡用于显示已有的 UCS、设置当前坐标系，如图 10-7 所示。

在"命名 UCS"选项卡中，用户可以将世界坐标系、上一次使用的 UCS 或某一命名的 UCS 设置为当前坐标系。其具体方法是：从列表框中选择某一坐标系，单击"置为当前"按钮。还可以单击选项卡中的"详细信息"按钮，了解指定坐标系相对于某一坐标系的详细信息。其具体步骤是：单击"详细信息"按钮，系统打开如图 10-8 所示的"UCS 详细信息"对话框，该对话框详细说明了用户所选坐标系的原点及 X、Y 和 Z 轴的方向。

图 10-7 "UCS"对话框

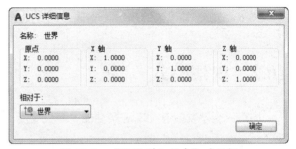

图 10-8 "UCS 详细信息"对话框

（2）"正交 UCS"选项卡

该选项卡用于将 UCS 设置成某一正交模式，如图 10-9 所示。其中，"深度"列用来定义用户坐标系 XY 平面上的正投影与通过用户坐标系原点平行平面之间的距离。

（3）"设置"选项卡

该选项卡用于设置 UCS 图标的显示形式、应用范围等，如图 10-10 所示。

 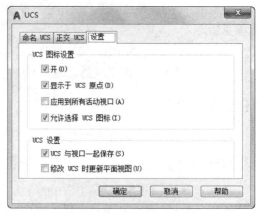

图 10-9　"正交 UCS"选项卡　　　　图 10-10　"设置"选项卡

10.1.4　动态坐标系

打开动态坐标系的具体操作方法是：单击状态栏中的"将 UCS 捕捉到活动实体平面（动态 UCS）"按钮 。可以使用动态 UCS 在三维实体的平整面上创建对象，而无须手动更改 UCS 方向。在执行命令的过程中，当将光标移动到面上方时，动态 UCS 会临时将 UCS 的 XY 平面与三维实体的平整面对齐，如图 10-11 所示。

动态 UCS 被激活后，指定的点和绘图工具（如"极轴追踪"和"栅格"）都将与动态 UCS 建立的临时 UCS 相关联。

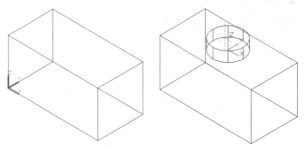

图 10-11　动态 UCS

10.2　观察模式

图形的观察功能有动态观察功能、相机功能、漫游和飞行及运动路径动画的功能。本节主要介绍最常用的观察功能。

【预习重点】
- 了解不同观察视图模式。
- 对比不同视图模式。

10.2.1 动态观察

AutoCAD 2020 提供了具有交互控制功能的三维动态观测器,利用三维动态观测器用户可以实时地控制和改变当前视口中创建的三维视图,以得到期望的效果。动态观察分为 3 类,分别是受约束的动态观察、自由动态观察和连续动态观察,具体介绍如下。

1. 受约束的动态观察

【执行方式】

- 命令行:3DORBIT(快捷命令:3DO)。
- 菜单栏:选择菜单栏中的"视图"→"动态观察"→"受约束的动态观察"命令。
- 快捷菜单:启用交互式三维视图后,在视口中右击,在弹出的快捷菜单中选择"受约束的动态观察"命令。
- 工具栏:单击"动态观察"工具栏中的"受约束的动态观察"按钮 或"三维导航"工具栏中的"受约束的动态观察"按钮 。
- 功能区:单击"视图"选项卡"导航"面板上的"动态观察"下拉菜单中的"动态观察"按钮 。

【操作步骤】

执行上述操作后,视图的目标将保持静止,而视点将围绕目标移动。但是,从用户的视点看起来就像三维模型正在随着光标的移动而旋转,用户可以此方式指定模型的任意视图。

系统显示三维动态观察光标图标。如果水平拖动鼠标,相机将沿平行于世界坐标系(*WCS*)的 *XY* 平面移动。如果垂直拖动鼠标,相机将沿 *Z* 轴移动,如图 10-12 所示。

2. 自由动态观察

【执行方式】

- 命令行:3DFORBIT。
- 菜单栏:选择菜单栏中的"视图"→"动态观察"→"自由动态观察"命令。
- 快捷菜单:启用交互式三维视图后,在视口中右击,在弹出的快捷菜单中选择"自由动态观察"命令,如图 10-13 所示。

图 10-12 受约束的三维动态观察

图 10-13 自由动态观察

- 工具栏:单击"动态观察"工具栏中的"自由动态观察"按钮 或"三维导航"工具栏中的"自由动态观察"按钮 。
- 功能区:单击"视图"选项卡"导航"面板上的"动态观察"下拉菜单中的"自由动态观察"按钮 。

【操作步骤】

执行上述操作后，在当前视口出现一个绿色的大圆，在大圆上有 4 个绿色的小圆，如图 10-13 所示。此时通过拖动鼠标就可以对视图进行旋转观察。

在三维动态观测器中，查看目标的点被固定，用户可以利用鼠标控制相机位置绕观察对象得到动态的观测效果。当光标在绿色大圆的不同位置进行拖动时，光标的表现形式是不同的，视图的旋转方向也不同。视图的旋转由光标的表现形式和其位置决定，光标在不同位置有⊙、⊙、⊕、⊖几种表现形式，可分别对对象进行不同形式的旋转。

3. 连续动态观察

【执行方式】

- 命令行：3DCORBIT。
- 菜单栏：选择菜单栏中的"视图"→"动态观察"→"连续动态观察"命令。
- 快捷菜单：启用交互式三维视图后，在视口中右击，在弹出的快捷菜单中选择"连续动态观察"命令。
- 工具栏：单击"动态观察"工具栏中的"连续动态观察"按钮 或"三维导航"工具栏中的"连续动态观察"按钮 。
- 功能区：单击"视图"选项卡"导航"面板上的"动态观察"下拉菜单中的"连续动态观察"按钮 。

【操作步骤】

执行上述操作后，绘图区出现动态观察图标，按住鼠标左键拖动，图形按鼠标拖动的方向旋转，旋转速度为鼠标拖动的速度，如图 10-14 所示。

图 10-14　连续动态观察

高手支招：

如果设置了相对于当前 UCS 的平面视图，就可以在当前视图用绘制二维图形的方法在三维对象的相应面上绘制图形。

10.2.2　视图控制器

使用视图控制器功能，可以方便地转换方向视图。

【执行方式】

- 命令行：NAVVCUBE

【操作步骤】

命令行提示与操作如下：

命令：navvcube↙
输入选项 [开(ON)/关(OFF)/设置(S)] <ON>：

上述命令控制视图控制器的打开与关闭，当打开该功能时，绘图区的右上角自动显示视图控制器，如图 10-15 所示。

单击控制器的显示面或指示箭头，界面图形就自动转换到相应的方向视图。如图 10-16 所示为单击控制器"上"面后，系统转换到上视图的情形。单击控制器上的按钮 ，系统回到西南等轴测视图。

图 10-15　显示视图控制器

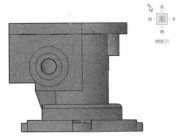

图 10-16　单击控制器"上"面后的视图

10.3　显示形式

在 AutoCAD 中，三维实体有多种显示形式，包括二维线框、三维线框、三维消隐、真实、概念、消隐显示等。

【预习重点】

- 观察模型不同的显示形式。

10.3.1　消隐

【执行方式】

- 命令行：HIDE（快捷命令：HI）。
- 菜单栏：选择菜单栏中的"视图"→"消隐"命令。
- 工具栏：单击"渲染"工具栏中的"隐藏"按钮 。
- 功能区：单击"视图"选项卡"视觉样式"面板中的"隐藏"按钮 。

【操作步骤】

命令行提示与操作如下：

命令：HIDE↙

执行上述操作后，系统将被其他对象挡住的图线隐藏起来，以增强三维视觉效果，如图 10-17 所示。

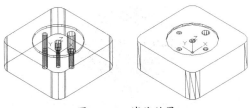

图 10-17　消隐效果

10.3.2　视觉样式

【执行方式】

- 命令行：VSCURRENT。

- 菜单栏：选择菜单栏中的"视图"→"视觉样式"→"二维线框"命令。
- 工具栏：单击"视觉样式"工具栏中的"二维线框"按钮 。
- 功能区：单击"视图"选项卡"视觉样式"面板中的"二维线框"按钮 。

【操作步骤】

命令行提示与操作如下：

命令：VSCURRENT↙
输入选项 [二维线框(2)/线框(W)/隐藏(H)/真实(R)/概念(C)/着色(S)/带边缘着色(E)/灰度(G)/勾画(SK)/X 射线(X)/其他(O)] <二维线框>：

【选项说明】

（1）二维线框(2)：用直线和曲线表示对象的边界。光栅和 OLE 对象、线型和线宽都是可见的。即使将系统变量 COMPASS 的值设置为 1，它也不会出现在二维线框视图中。如图 10-18 所示为 UCS 坐标和手柄二维线框图。

（2）线框(W)：显示对象时利用直线和曲线表示边界。显示一个已着色的三维 UCS 图标。光栅和 OLE 对象、线型及线宽不可见。可将系统变量 COMPASS 设置为 1 来查看坐标球，将显示应用到对象的材质颜色。如图 10-19 所示为 UCS 坐标和手柄三维线框图。

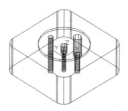 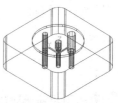

图 10-18　UCS 坐标和手柄的二维线框图　　图 10-19　UCS 坐标和手柄的三维线框图

（3）隐藏(H)：显示用三维线框表示的对象并隐藏表示后向面的直线。如图 10-20 所示为 UCS 坐标和手柄的消隐图。

（4）真实(R)：着色多边形平面间的对象，并使对象的边平滑化。如果已为对象附着材质，将显示已附着到对象的材质。如图 10-21 所示为 UCS 坐标和手柄的真实图。

（5）概念(C)：着色多边形平面间的对象，并使对象的边平滑化。着色使用冷色和暖色之间的过渡，效果缺乏真实感，但是可以更方便地查看模型的细节。如图 10-22 所示为 UCS 坐标和手柄的概念图。

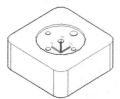  

图 10-20　UCS 坐标和手柄的消隐图　　图 10-21　UCS 坐标和手柄的真实图　　图 10-22　UCS 坐标和手柄的概念图

（6）着色(S)：产生平滑的着色模型。

（7）带边缘着色(E)：产生平滑、带有可见边的着色模型。

（8）灰度(G)：使用单色面颜色模式可以产生灰色效果。

（9）勾画(SK)：使用外伸和抖动产生手绘效果。

（10）X 射线(X)：更改面的不透明度使整个场景变成部分透明效果。

（11）其他(O)：选择该选项，命令行提示与操作如下。

输入视觉样式名称 [?]：

可以输入当前图形中的视觉样式名称或输入"?"，以显示名称列表并重复该提示。

10.3.3 视觉样式管理器

【执行方式】

- 命令行：VISUALSTYLES。
- 菜单栏：选择菜单栏中的"视图"→"视觉样式"→"视觉样式管理器"命令或"工具"→"选项板"→"视觉样式"命令。
- 工具栏：单击"视觉样式"工具栏中的"管理视觉样式"按钮 。
- 功能区：单击"视图"选项卡"视觉样式"面板上"视觉样式"下拉菜单中的"视觉样式管理器"按钮或单击"视图"选项卡"视觉样式"面板中的"对话框启动器"按钮 或单击"视图"选项卡"选项板"面板中的"视觉样式管理器"按钮 。

【操作步骤】

命令行提示与操作如下：

命令：VISUALSTYLES↙

执行上述操作后，系统打开"视觉样式管理器"选项板，可以对视觉样式的各参数进行设置，如图 10-23 所示。如图 10-24 所示为按图 10-23 所示进行设置的概念图显示结果。

图 10-23 "视觉样式管理器"选项板

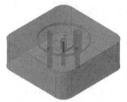

图 10-24 显示结果

10.4 渲染实体

渲染是对三维图形对象加上颜色和材质因素，或灯光、背景、场景等因素的操作，能够更真实地表达图形的外观和纹理。渲染是输出图形前的关键步骤，尤其在效果图的设计中。

【预习重点】

- 练习渲染命令。
- 对比渲染前后实体模型。

10.4.1 材质

自AutoCAD 2020版本开始，附着材质的方式与以前版本有很大的不同，分为"材质浏览器"和"材质编辑器"两种编辑方式。

1. 附着材质

【执行方式】

- 命令行：RMAT（MATBROWSEROPEN）。
- 菜单栏：选择菜单栏中的"视图"→"渲染"→"材质浏览器"命令。
- 工具栏：单击"渲染"工具栏中的"材质浏览器"按钮 。
- 功能区：单击"视图"选项卡"选项板"面板中的"材质浏览器"按钮 或单击"可视化"选项卡"材质"面板中的"材质浏览器"按钮 。

【操作步骤】

将常用的材质都集成到"材质浏览器"选项板中，如图10-25所示。具体附着材质的步骤如下。

选择需要的材质类型，直接拖动到对象上，如图10-26所示。这样材质就附着了。当将视觉样式转换成"真实"时，显示出附着材质后的图形，如图10-27所示。

2. 设置材质

【执行方式】

- 命令行：MATEDITOROPEN。
- 菜单栏：选择菜单栏中的"视图"→"渲染"→"材质编辑器"命令。
- 工具栏：单击"渲染"工具栏中的"材质编辑器"按钮 。
- 功能区：单击"视图"选项卡"选项板"面板中的"材质编辑器"按钮 。

【操作步骤】

执行上述操作后,系统打开如图 10-28 所示的"材质编辑器"选项板。通过该选项板,可以对材质的有关参数进行设置。

图 10-25 "材质浏览器"选项板

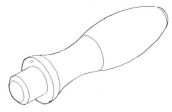

图 10-26 指定对象

图 10-27 附着材质后

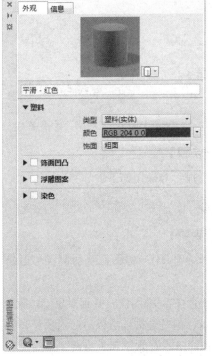

图 10-28 "材质编辑器"选项板

10.4.2 贴图

贴图的功能是在实体附着带纹理的材质后，调整实体或面上纹理贴图的方向。当材质被映射后，调整材质以适应对象的形状，将合适的材质贴图类型应用到对象中，可以使之更加适合于对象。

【执行方式】

- 命令行：MATERIALMAP。
- 菜单栏：选择菜单栏"视图"→"渲染"→"贴图"命令（如图 10-29 所示）
- 工具栏：单击"渲染"工具栏"渲染"→"贴图"按钮（如图 10-30 所示）或"贴图"工具栏"贴图"按钮（如图 10-31 所示）

图 10-29 "贴图"子菜单

图 10-30 "渲染"工具栏

图 10-31 "贴图"工具栏

【操作步骤】

命令行提示与操作如下：

命令：MATERIALMAP↙
选择选项[长方体(B)/平面(P)/球面(S)/柱面(C)/复制贴图至(Y)/重置贴图(R)]<长方体>：

【选项说明】

（1）长方体(B)：将图像映射到类似长方体的实体上。该图像将在对象的每个面上重复使用。

（2）平面(P)：将图像映射到对象上，就像将其从幻灯片投影器投影到二维曲面上一样，图像不会失真，但是会被缩放以适应对象。该贴图最常用于面。

（3）球面(S)：在水平和垂直两个方向上同时使图像弯曲。纹理贴图的顶边在球体的"北极"压缩为一个点；同样，底边在"南极"压缩为一个点。

（4）柱面(C)：将图像映射到圆柱形对象上，水平边将一起弯曲，但顶边和底边不会弯曲。图像的高度将沿圆柱体的轴进行缩放。

（5）复制贴图至(Y)：将贴图从原始对象或面应用到选定对象。

（6）重置贴图(R)：将 UV 坐标重置为贴图的默认坐标。

如图 10-32 所示是球面贴图实例。

贴图前　　　贴图后

图 10-32　球面贴图

10.4.3　光源

【执行方式】

- 命令行：LIGHT。
- 菜单栏：选择菜单栏"视图"→"渲染"→"光源"命令（如图 10-33 所示）。

图 10-33　"光源"子菜单

- 工具栏：单击工具栏"渲染"→"光源"按钮（如图 10-34 所示）。
- 功能区：选择功能区"可视化"→"光源"→"创建光源"下拉菜单（如图 10-35 所示）。

【操作步骤】

命令行提示与操作如下：

```
命令：LIGHT↙
输入光源类型 ［点光源(P)/聚光灯(S)/光域网(W)/目标点光源(T)/自由聚光灯(F)/自由光域(B)/平行光(D)］<自由聚光灯>：
```

各选项用于设置渲染光源，读者可以自行操作。

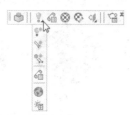

图 10-34 "渲染"工具栏

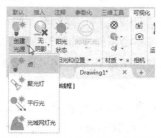

图 10-35 "创建光源"下拉菜单

10.4.4 渲染环境

【执行方式】

- 命令行：RENDERENVIRONMENT。
- 功能区：单击功能区"可视化"→"渲染"→"渲染环境和曝光"按钮 ⊚。

【操作步骤】

命令行提示与操作如下：

命令：RENDERENVIRONMENT↙

执行该命令后，AutoCAD 弹出如图 10-36 所示的"渲染环境和曝光"选项板，可以从中设置渲染环境的有关参数。

图 10-36 "渲染环境和曝光"选项板

10.4.5 渲染

1. 高级渲染设置

【执行方式】

- 命令行：RPREF（快捷命令：RPR）。
- 菜单栏：选择菜单栏中的"视图"→"渲染"→"高级渲染设置"命令。
- 工具栏：单击"渲染"工具栏中的"高级渲染设置"按钮 ⊡。
- 功能区：单击"视图"选项卡"选项板"面板中的"高级渲染设置"按钮 ⊡。

【操作步骤】

执行上述操作后，系统打开如图 10-37 所示的"渲染预设管理器"选项板。通过该选项板，可以对渲染的有关参数进行设置。

2. 渲染

【执行方式】

- 命令行：RENDER（快捷命令：RR）。
- 功能区：单击"可视化"选项卡"渲染"面板中的"渲染到尺寸"按钮 ⊡。

【操作步骤】

执行上述操作后，系统打开如图 10-38 所示的"渲染"对话框，显示渲染结果和相关参数。

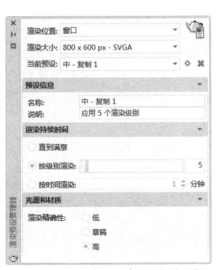
图 10-37 "渲染预设管理器"选项板

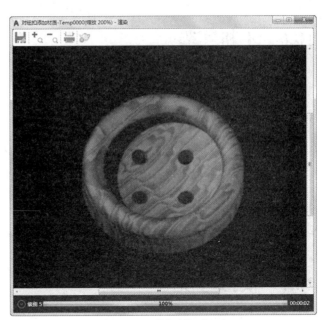
图 10-38 "渲染"对话框

10.5 名师点拨——透视立体模型

1. 鼠标中键的用法

（1）按下 Ctrl+鼠标中键可以实现类似其他软件的游动漫游功能。

（2）双击鼠标中键相当于选择"ZOOM E"命令。

2. 如何设置视点

在"视点预置"对话框中，如果选用了相对于 UCS 的选择项，关闭对话框，再执行"VPOINT"命令时，系统默认为相对于当前的 UCS 设置视点。其中，视点只确定观察的方向，没有距离的概念。

3. 网格面绘制技巧

如果在顶点的序号前加负号，则生成的多边形网格面的边界不可见。系统变量 SPLFRAME 控制不可见边界的显示。如果变量值非 0，不可见边界变成可见的，而且能够进行编辑。如果变量值为 0，则保持边界的不可见性。

4. 三维坐标系显示设置

在三维视图中用动态观察器旋转模型，以不同角度观察模型，单击"西南等轴测"按钮，返回原坐标系；单击"前视""后视""左视""右视"等按钮，观察模型后，再单击"西南等轴测"按钮，坐标系发生变化。

10.6 上机实验

利用三维动态观察器观察如图 10-39 所示的泵盖图形。

图 10-39 泵盖

10.7 模拟考试

（1）对三维模型进行操作，错误的是（　　）。

A. 消隐指的是显示用三维线框表示的对象并隐藏表示后向面的直线

B. 在三维模型使用着色后，使用"重画"命令可停止着色图形以网格显示

C. 用于着色操作的工具条名称是视觉样式

D. "SHADEMODE"命令配合参数实现着色操作

（2）在 SteeringWheels 控制盘中，单击"动态观察"选项，可以围绕轴心进行动态观察，动态观察的轴心使用鼠标加（　　）键可以调整。

A. Shift　　　　　　B. Ctrl　　　　　　C. Alt　　　　　　D. Tab

（3）VIEWCUBE 默认放置在绘图窗口的（　　）位置。

A. 右上　　　　　　B. 右下　　　　　　C. 左上　　　　　　D. 左下

（4）按如下要求创建螺旋体实体，然后计算其体积。其中螺旋线底面直径是 100，顶面的直径是 50，螺距是 5，圈数是 10，丝径直径是（　　）。

A. 968.34　　　　　B. 16657.68　　　　C. 25678.35　　　　D. 69785.32

（5）使用"VPOINT"命令，输入视点坐标（-1,-1,1）后，结果同以下哪个三维视图？（　　）

A. 西南等轴测　　　B. 东南等轴测　　　C. 东北等轴测　　　D. 西北等轴测

（6）在 UCS 图标默认样式中，下面哪些说明是不正确的？（　　）

A. 三维图标样式　　　　　　　　　　B. 线宽为 0

C. 模型空间的图标颜色为白　　　　　D. 布局选项卡图标颜色为 160

（7）利用动态观察器观察 C:\Program Files\AutoCAD 2020\Sample\Welding Fixture Model 中图形文件。

第 11 章 基本三维造型绘制

本章主要介绍不同三维造型的绘制方法,具体内容包括:长方体、球体等基本三维网格的绘制,直纹、旋转等三维网格的绘制,长方体、圆柱体等三维实体的绘制,三维曲面的绘制等。

内容要点

- 绘制基本三维网格
- 绘制三维网格
- 创建基本三维实体
- 由二维图形生成三维造型
- 绘制三维曲面

案例效果

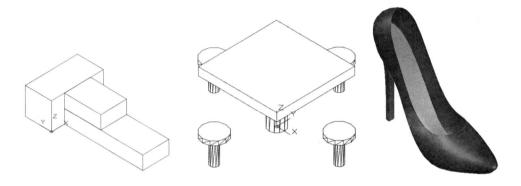

11.1 绘制基本三维网格

三维基本图元与三维基本形体表面类似,有长方体表面、圆柱体表面、棱锥面、楔体表面、球面、圆锥面、圆环面等。

【预习重点】

- 对比三维网格与三维实体模型。
- 练习网格长方体应用。

11.1.1 绘制网格长方体

【执行方式】

- 命令行:MESH。
- 菜单栏:选择菜单栏中的"绘图"→"建模"→"网格"→"图元"→"长方体"命令。
- 工具栏:单击"平滑网格图元"工具栏中的"网格长方体"按钮 。
- 功能区:单击"三维工具"选项卡"建模"面板中的"网格长方体"按钮 。

【操作步骤】

命令行提示与操作如下:

命令: MESH↙
当前平滑度设置为: 0
输入选项 [长方体(B)/圆锥体(C)/圆柱体(CY)/棱锥体(P)/球体(S)/楔体(W)/圆环体(T)/设置(SE)] <长方体>: B↙
指定第一个角点或 [中心(C)]:
指定其他角点或 [立方体(C)/长度(L)]:
指定高度或 [两点(2P)] <15>:

【选项说明】

(1) 指定第一个角点: 设置网格长方体的第一个角点。

(2) 中心(C): 设置网格长方体的中心。

(3) 立方体(C): 将长方体的所有边设置为长度相等。

(4) 宽度: 设置网格长方体沿 Y 轴的宽度。

(5) 高度: 设置网格长方体沿 Z 轴的高度。

(6) 两点(2P): 基于两点之间的距离设置高度。

其他基本三维网格的绘制方法与长方体网格类似,这里不再赘述。

11.1.2　操作实例——绘制三阶魔方

绘制如图 11-1 所示的三阶魔方。操作步骤如下:

(1) 单击"可视化"选项卡"视图"面板中的"西南等轴测"按钮 ，设置视图方向。

(2) 在命令行中输入"DIVMESHCYLAXIS"命令,将圆柱网格的边数设置为 20。

(3) 单击"三维工具"选项卡"建模"面板中的"网格长方体"按钮 ，绘制长度、宽度和高度均为 56 的网格长方体,结果如图 11-2 所示。命令行提示与操作如下:

命令: _MESH
当前平滑度设置为: 0
输入选项 [长方体(B)/圆锥体(C)/圆柱体(CY)/棱锥体(P)/球体(S)/楔体(W)/圆环体(T)/设置(SE)] <长方体>: B↙
指定第一个角点或 [中心(C)]: (适当指定一点)
指定其他角点或 [立方体(C)/长度(L)]: L↙
指定长度: <正交 开> 56↙
指定宽度: 56↙
指定高度或 [两点(2P)] <47.88>: 56↙

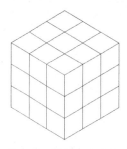

图 11-1　绘制三阶魔方

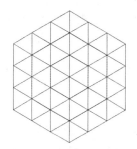

图 11-2　绘制网格长方体

(4) 用"消隐"命令(HIDE)对图形进行处理。最终结果如图 11-1 所示。

11.1.3 绘制网格球体

【执行方式】

- 命令行：MESH。
- 菜单栏：选择菜单栏中的"绘图"→"建模"→"网格"→"图元"→"球体"命令。
- 工具栏：单击"平滑网格图元"工具栏中的"网格球体"按钮。
- 功能区：单击"三维工具"选项卡"建模"面板中的"网格球体"按钮。

【操作步骤】

命令行提示与操作如下：

```
命令：_MESH
当前平滑度设置为：0
输入选项 [长方体(B)/圆锥体(C)/圆柱体(CY)/棱锥体(P)/球体(S)/楔体(W)/圆环体(T)/设置(SE)] <球体>：_SPHERE
指定中心点或 [三点(3P)/两点(2P)/切点、切点、半径(T)]：
指定半径或 [直径(D)] <214.2721>：
```

【选项说明】

（1）指定中心点：设置球体的中心点。

（2）三点(3P)：通过指定三点设置网格球体的位置、大小和平面。

（3）两点(2P)：通过指定两点设置网格球体的直径。

（4）切点、切点、半径(T)：使用与两个对象相切的指定半径定义网格球体。

11.1.4 操作实例——绘制球型灯

绘制如图 11-3 所示的球型灯。操作步骤如下：

（1）单击"可视化"选项卡"视图"面板中的"西南等轴测"按钮，设置视图方向。

（2）在命令行中输入"DIVMESHCYLAXIS"命令，将圆柱网格的边数设置为 20。

（3）单击"三维工具"选项卡"建模"面板中的"网格球体"按钮，指定半径为 120，绘制球型灯，结果如图 11-4 所示。命令行提示与操作如下：

```
命令：_sphere
指定中心点或 [三点(3P)/两点(2P)/切点、切点、半径(T)]：(适当指定一点)
指定半径或 [直径(D)] <0.82>：120↙
```

图 11-3　绘制球型灯

图 11-4　绘制网格圆柱体

（4）用"消隐"命令（HIDE）对图形进行处理。最终结果如图 11-3 所示。

另外"三维工具"选项卡"建模"面板中还有"网格圆锥体"按钮、"网格圆柱体"按钮、"网格棱锥体"按钮、"网格楔体"按钮和"网格圆环体"按钮，它们的操作类似，因此这里不再赘述。

11.2 绘制三维网格

在三维造型的生成过程中，有一种思路是通过二维图形来生成三维网格。AutoCAD 提供了 4 种方法来实现。

【预习重点】

- 对比基本网格与网格曲面。

11.2.1 直纹网格

创建用于表示两直线或曲线之间的曲面的网格。

【执行方式】

- 命令行：RULESURF。
- 菜单栏：选择菜单栏中的"绘图"→"建模"→"网格"→"直纹网格"命令。
- 功能区：单击"三维工具"选项卡的"建模"面板中的"直纹曲面"按钮 。

【操作步骤】

命令行提示与操作如下：

```
命令: _rulesurf
当前线框密度: SURFTAB1=6
选择第一条定义曲线:
选择第二条定义曲线:
```

选择两条用于定义网格的边，边可以是直线、圆弧、样条曲线、圆或多段线。如果有一条边是闭合的，那么另一条边必须是闭合的。也可以将点用作开放曲线或闭合曲线的一条边。

系统变量 MESHTYPE 设置创建的网格的类型，默认情况下创建网格对象。将变量设定为 0 以创建传统多面网格或多边形网格。

对于闭合曲线，无须考虑选择的对象。如果曲线是一个圆，直纹网格将从 0 度象限点开始绘制，此象限点由当前 X 轴加上系统变量 SNAPANG 的当前值确定。对于闭合多段线，直纹网格从最后一个顶点开始并反向沿着多段线的线段绘制，在圆和闭合多段线之间创建直纹网格可能会造成乱纹。

11.2.2 平移网格

将路径曲线沿方向矢量进行平移后构成平移曲面。

【执行方式】

- 命令行：TABSURF。
- 菜单栏：选择菜单栏中的"绘图"→"建模"→"网格"→"平移网格"命令。
- 功能区：单击"三维工具"选项卡的"建模"面板中的"平移曲面"按钮 。

【操作步骤】

命令行提示与操作如下：

```
命令: _tabsurf
```

当前线框密度：SURFTAB1=6
选择用作轮廓曲线的对象：（选择一个已经存在的轮廓曲线）
选择用作方向矢量的对象：（选择一个方向线）

【选项说明】

（1）轮廓曲线：可以是直线、圆弧、圆、椭圆、二维或三维多段线。AutoCAD 2020 默认从轮廓曲线上离选定点最近的点开始绘制曲面。

（2）方向矢量：指出形状的拉伸方向和长度。在多段线或直线上选定的端点决定拉伸的方向。

11.2.3 旋转网格

使用"REVSURF"命令可以将曲线或轮廓绕指定的旋转轴旋转一定的角度，从而创建旋转网格。旋转轴可以是直线，也可以是开放的二维或三维多段线。

【执行方式】

- 命令行：REVSURF。
- 菜单栏：选择菜单栏中的"绘图"→"建模"→"网格"→"旋转网格"命令。

【操作步骤】

命令行提示与操作如下：

命令：REVSURF↙
当前线框密度：SURFTAB1=6 SURFTAB2=6
选择要旋转的对象：（选择已绘制好的直线、圆弧、圆或二维、三维多段线）
选择定义旋转轴的对象：（选择已绘制好用作旋转轴的直线或开放的二维、三维多段线）
指定起点角度<0>：（输入值或直接按 Enter 键接受默认值）
指定夹角（+=逆时针，-=顺时针）<360>：（输入值或直接按 Enter 键接受默认值）

【选项说明】

（1）起点角度：如果设置为非零值，平面将从生成路径曲线位置的某个偏移处开始旋转。

（2）夹角：用来指定绕旋转轴旋转的角度。

（3）系统变量 SURFTAB1 和 SURFTAB2：用来控制生成网格的密度。SURFTAB1 指定在旋转方向上绘制的网格线数目，SURFTAB2 指定将绘制的网格线数目进行等分。

11.2.4 操作实例——绘制三极管

绘制三极管

绘制如图 11-5 所示的三极管。操作步骤如下：

（1）单击"可视化"选项卡"视图"面板中的"西南等轴测"按钮，将当前视图切换到西南等轴测视图。

（2）在命令行中输入"DIVMESHCYLAXIS"命令，将圆柱网格的边数设置为 20，命令行提示与操作如下：

命令：DIVMESHCYLAXIS↙
输入 DIVMESHCYLAXIS 的新值 <8>：20↙

（3）单击"三维工具"选项卡"建模"面板中的"网格圆柱体"按钮，绘制一个圆柱体表面模型，命令行提示与操作如下：

命令：_MESH
当前平滑度设置为：0
输入选项 [长方体(B)/圆锥体(C)/圆柱体(CY)/棱锥体(P)/球体(S)/楔体(W)/圆环体(T)/设置(SE)] <圆

```
柱体>:_CYLINDER
指定底面的中心点或 [三点(3P)/两点(2P)/切点、切点、半径(T)/椭圆(E)]: 0,0,0↙
指定底面半径或 [直径(D)] <72.0107>: 3↙
指定高度或 [两点(2P)/轴端点(A)] <129.2239>: 1↙
```

结果如图 11-6 所示。

（4）单击"三维工具"选项卡"建模"面板中的"网格圆柱体"按钮，绘制一个底面中心点坐标为（0,0,1）、底面半径为 2、高度为 4 的圆锥体表面模型。结果如图 11-7 所示。

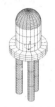 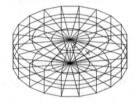 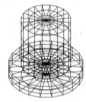

图 11-5　三极管　　　　图 11-6　绘制圆柱体表面　　　图 11-7　绘制另一圆柱体表面

（5）将当前视图设置为"前视"。

（6）单击"默认"选项卡"绘图"面板中的"圆弧"按钮，以（0,5）为圆心绘制半径为 2、角度为 90°的圆弧。

（7）单击"默认"选项卡"绘图"面板中的"直线"按钮，绘制以圆心为起点、长度为 2 的竖直直线，结果如图 11-8 所示。

（8）在命令行中输入"REVSURF"命令，创建旋转网格，命令行提示与操作如下：

```
命令: REVSURF↙
当前线框密度: SURFTAB1=20  SURFTAB2=20
选择要旋转的对象:（选择圆弧）
选择定义旋转轴的对象:（选择竖直直线）
指定起点角度 <0>:↙
指定夹角 (+=逆时针, -=顺时针) <360>:↙
```

切换到西南等轴测视图，结果如图 11-9 所示。

（9）单击"三维工具"选项卡"建模"面板中的"网格圆柱体"按钮，绘制一个底面中心点坐标为（1.5,0,0）、地面半径为 0.5、高度为-8 的圆柱体表面模型，结果如图 11-10 所示。

（10）单击"默认"选项卡"修改"面板中的"环形阵列"按钮，以坐标原点为基点，将步骤（9）所绘制的圆柱体表面进行极轴阵列，阵列个数为 3，结果如图 11-11 所示。

（11）用"消隐"命令（HIDE）对图形进行处理。最终结果如图 11-5 所示。

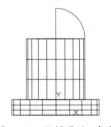 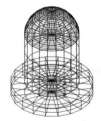  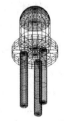

图 11-8　绘制圆弧、直线　　图 11-9　创建旋转网格　　图 11-10　绘制圆柱体表面后的图形　　图 11-11　阵列圆柱面

11.2.5　边界网格

使用 4 条首尾连接的边创建三维多边形网格。

【执行方式】

- 命令行：EDGESURF。
- 菜单栏：选择菜单栏中的"绘图"→"建模"→"网格"→"边界网格"命令。
- 功能区：单击"三维工具"选项卡的"建模"面板中的"边界曲面"按钮。

【操作步骤】

命令行提示与操作如下：

```
命令：EDGESURF↙
当前线框密度：SURFTAB1=6 SURFTAB2=6
选择用作曲面边界的对象 1：（选择第一条边线）
选择用作曲面边界的对象 2：（选择第二条边线）
选择用作曲面边界的对象 3：（选择第三条边线）
选择用作曲面边界的对象 4：（选择第四条边线）
```

11.2.6 操作实例——绘制牙膏壳

本实例绘制如图 11-12 所示的牙膏壳。

【操作步骤】

（1）在命令行中输入"SURFTAB1""SURFTAB2"，设置曲面的线框密度为 20。将视图切换到西南等轴测视图。

（2）单击"默认"选项卡的"绘图"面板中的"直线"按钮，以{(-10,0)、(10,0)}为坐标点绘制直线。

（3）单击"默认"选项卡的"绘图"面板中的"圆心-起点-角度"圆弧按钮，以(0,0,90)为圆心绘制起点为(@-10,0)、角度为 180°的圆弧，如图 11-13 所示。

（4）单击"默认"选项卡的"绘图"面板中的"直线"按钮，连接直线和圆弧的两侧端点，结果如图 11-14 所示。

（5）单击"三维工具"选项卡的"建模"面板中的"边界曲面"按钮，依次选取边界对象，创建边界曲面，命令行提示与操作如下：

```
命令：_edgesurf
当前线框密度：SURFTAB1=20  SURFTAB2=20
选择用作曲面边界的对象 1：（选取图 11-14 中的直线 1）
选择用作曲面边界的对象 2：（选取图 11-14 中的圆弧 2）
选择用作曲面边界的对象 3：（选取图 11-14 中的直线 3）
选择用作曲面边界的对象 4：（选取图 11-14 中的直线 4）
```

结果如图 11-15 所示。

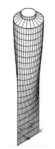

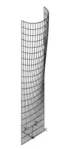

图 11-12 牙膏壳　　图 11-13 绘制圆弧　　图 11-14 绘制直线　　图 11-15 创建边界曲面

（6）单击"默认"选项卡的"修改"面板中的"镜像"按钮 ⚊，将上步创建的曲面以第一条直线为轴进行镜像。

（7）单击"默认"选项卡的"绘图"面板中的"圆"按钮 ⊙，以（0,0,90）为圆心绘制半径为 10 的圆；重复"圆"命令，以（0,0,93）为圆心绘制半径为 5 的圆。

（8）单击"三维工具"选项卡的"建模"面板中的"直纹曲面"按钮，依次选取上步创建的圆创建直纹曲面，命令行提示与操作如下：

> 命令：_rulesurf
> 当前线框密度：SURFTAB1=20
> 选择第一条定义曲线：（选取半径为 10 的圆）
> 选择第二条定义曲线：（选取半径为 5 的圆）

结果如图 11-16 所示。

（9）单击"默认"选项卡的"绘图"面板中的"圆"按钮 ⊙，以（0,0,95）为圆心绘制半径为 5 的圆。

（10）单击"三维工具"选项卡的"建模"面板中的"直纹曲面"按钮，依次选取最上端的两个圆创建直纹曲面，如图 11-17 所示。

图 11-16　创建直纹曲面 1

图 11-17　创建直纹曲面 2

（11）选取菜单中的"绘图"→"建模"→"曲面"→"平面"命令，选取最上端的圆创建平面曲面。完成牙膏壳的绘制，消隐后如图 11-12 所示。

【选项说明】

系统变量 SURFTAB1 和 SURFTAB2 分别控制 M、N 方向的网格分段数。可通过在命令行输入"SURFTAB1"改变 M 方向的默认值，在命令行输入"SURFTAB2"改变 N 方向的默认值。

11.3　创建基本三维实体

复杂的三维实体都是由最基本的实体单元，例如长方体、圆柱体等通过各种方式组合而成的。本节将简要讲述这些基本实体单元的绘制方法。

【预习重点】

- 了解基本三维实体命令的执行方法。
- 练习绘制长方体。
- 练习绘制球体。
- 练习绘制圆柱体。

11.3.1 螺旋

螺旋是一种特殊的基本三维实体。如果没有专门的命令，要绘制一个螺旋体还是很困难的，从 AutoCAD 2020 开始，就提供了一个螺旋绘制功能来完成螺旋体的绘制。

【执行方式】

- 命令行：HELIX。
- 菜单栏：选择菜单栏中的"绘图"→"螺旋"命令。
- 工具栏：单击"建模"工具栏中的"螺旋"按钮 ≋ 。
- 功能区：单击"默认"选项卡"绘图"面板中的"螺旋"按钮 ≋ 。

【操作步骤】

命令行提示与操作如下：

```
命令：HELIX↙
圈数=3.0000    扭曲=CCW
指定底面的中心点：（指定中心点）
指定底面半径或 [直径(D)]<1.0000>（指定底面半径）
指定顶面半径或 [直径(D)]<1.0000>（指定顶面半径）
指定螺旋高度或 [轴端点(A)/圈数(T)/圈高(H)/扭曲(W)]：<1.0000>（指定高度）
```

【选项说明】

（1）轴端点(A)：指定螺旋轴的端点位置，它定义了螺旋的长度和方向。

（2）圈数(T)：指定螺旋的圈（旋转）数。螺旋的圈数不能超过 500。

（3）圈高(H)：指定螺旋内一个完整圈的高度。当指定圈高值时，螺旋中的圈数将相应地自动更新。如果已指定螺旋的圈数，则不能输入圈高的值。

（4）扭曲(W)：指定是以顺时针（CW）方向还是以逆时针方向（CCW）绘制螺旋。螺旋扭曲的默认值是逆时针方向。

11.3.2 长方体

【执行方式】

- 命令行：BOX。
- 菜单栏：选择菜单栏中的"绘图"→"建模"→"长方体"命令。
- 工具栏：单击"建模"工具栏中的"长方体"按钮 ▱ 。
- 功能区：单击"三维工具"选项卡"建模"面板中的"长方体"按钮 ▱ 。

【操作步骤】

命令行提示与操作如下：

```
命令：BOX↙
指定第一个角点或 [中心(C)] <0,0,0>：（指定第一点或按 Enter 键表示原点是长方体的角点，或输入"C"表示中心点）
  指定其他角点或[立方体(C)/长度(L)]：
```

【选项说明】

（1）指定第一个角点：用于确定长方体的一个顶点位置。

① 其他角点：用于指定长方体的其他角点。输入另一角点的数值，即可确定该长方体。如

果输入的是正值,则沿着当前 UCS 的 X、Y 和 Z 轴的正向绘制长度。如果输入的是负值,则沿着 X、Y 和 Z 轴的负向绘制长度。如图 11-18 所示为利用"角点"命令创建的长方体。

② 立方体(C):用于创建一个长、宽、高相等的长方体。如图 11-19 所示为利用"立方体"命令创建的长方体。

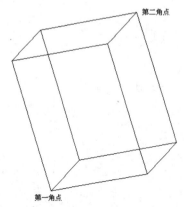
图 11-18 利用"角点"命令创建的长方体

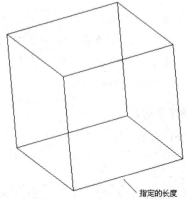
图 11-19 利用"立方体"命令创建的长方体

③ 长度(L):按要求依次输入长、宽、高的值。如图 11-20 所示为利用"长、宽、高"命令创建的长方体。

(2) 中心(C):利用指定的中心点创建长方体。如图 11-21 所示为利用"中心"命令创建的长方体。

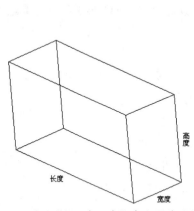
图 11-20 利用"长、宽、高"命令创建的长方体

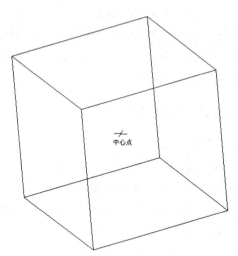
图 11-21 利用"中心"命令创建的长方体

> **注意:**
> 如果在创建长方体时选择"立方体"或"长度"选项,则可以在单击指定长度时指定长方体在 XY 平面中的旋转角度;如果选择"中心"选项,则可以利用指定中心点来创建长方体。

11.3.3 操作实例——绘制凸形平块

绘制凸形平块

绘制如图 11-22 所示的凸形平块。操作步骤如下:

(1) 单击"可视化"选项卡"视图"面板中的"西南等轴测"按钮，将当前视图切换到西南等轴测视图。

(2) 单击"三维工具"选项卡"建模"面板中的"长方体"按钮，绘制长方体，如图 11-23 所示。命令行提示与操作如下：

命令：_box
指定第一个角点或 [中心(C)]：0,0,0✓
指定其他角点或 [立方体(C)/长度(L)]：100,50,50✓（注意观察坐标，向右和向上侧为正值，相反则为负值）

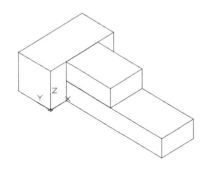
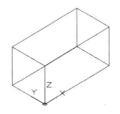

图 11-22　凸形平块　　　　　　　　图 11-23　绘制长方体

(3) 单击"三维工具"选项卡"建模"面板中的"长方体"按钮，绘制长方体，如图 11-24 所示。命令行提示与操作如下：

命令：_box
指定第一个角点或 [中心(C)]：25,0,0✓
指定其他角点或 [立方体(C)/长度(L)]：L✓
指定长度 <100.0000>：<正交 开> 50✓（鼠标位置指定在 X 轴的右侧）
指定宽度 <150.0000>：150✓（鼠标位置指定在 Y 轴的右侧）
指定高度或 [两点(2P)] <50.0000>：25✓（鼠标位置指定在 Z 轴的上侧）

(4) 单击"三维工具"选项卡"建模"面板中的"长方体"按钮，绘制长方体，如图 11-25 所示。命令行提示与操作如下：

命令：_box
指定第一个角点或 [中心(C)]：（指定点 1）
指定其他角点或 [立方体(C)/长度(L)]：L✓
指定长度 <50.0000>：<正交 开>（指定点 2）
指定宽度 <70.0000>：70✓
指定高度或 [两点(2P)] <50.0000>：25✓

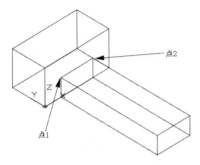
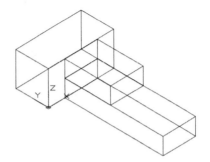

图 11-24　绘制长方体　　　　　　　　图 11-25　绘制长方体

(5) 用"消隐"命令（HIDE）对图形进行处理。最终结果如图 11-22 所示。

11.3.4 球体

球体也属于一种简单的实体单元，下面讲述其绘制方法。

【执行方式】

- 命令行：SPHERE。
- 菜单栏：选择菜单栏中的"绘图"→"建模"→"球体"命令。
- 工具栏：单击"建模"工具栏中的"球体"按钮◯。
- 功能区：单击"三维工具"选项卡"建模"面板中的"球体"按钮◯。

【操作步骤】

命令行提示与操作如下：

```
命令：SPHERE↙
指定中心点或 [三点(3P)/两点(2P)/切点、切点、半径(T)]:（输入球心的坐标值）
指定半径或 [直径(D)]:（输入相应的数值）
```

11.3.5 圆柱体

【执行方式】

- 命令行：CYLINDER（快捷命令：CYL）。
- 菜单栏：选择菜单栏中的"绘图"→"建模"→"圆柱体"命令。
- 工具条：单击"建模"工具栏中的"圆柱体"按钮◯。
- 功能区：单击"三维工具"选项卡"建模"面板中的"圆柱体"按钮◯。

【操作步骤】

命令行提示与操作如下：

```
命令：CYLINDER↙
当前线框密度：ISOLINES=4
指定底面的中心点或[三点(3P)/两点(2P)/切点、切点、半径(T)/椭圆(E)]<0,0,0>:
```

【选项说明】

（1）中心点：先输入底面圆心的坐标，然后指定底面的半径和高度，此选项为系统的默认选项，如图11-26所示。

（2）椭圆(E)：创建椭圆柱体。椭圆端面的绘制方法与平面椭圆一样，创建的椭圆柱体如图11-27所示。

其他的基本实体，如楔体、圆锥体、圆环体等的创建方法与长方体和圆柱体类似，不再赘述。

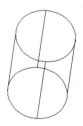

图 11-26 指定圆柱体另一个端面的中心位置

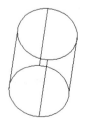

图 11-27 椭圆柱体

11.3.6 操作实例——绘制石桌

绘制如图 11-28 所示的石桌。操作步骤如下：

（1）单击"三维工具"选项卡"建模"面板中的"圆柱体"按钮，绘制圆柱体的桌柱，命令行提示与操作如下：

```
命令：_cylinder
指定底面的中心点或 [三点(3P)/两点(2P)/切点、切点、半径(T)/椭圆(E)]:0,0,0✓
指定底面半径或 [直径(D)] <240.6381>: 10✓
指定高度或 [两点(2P)/轴端点(A)] <30.7452>: 60✓
```

（2）单击"三维工具"选项卡"建模"面板中的"长方体"按钮，绘制长方体的桌面，如图 11-29 所示。命令行提示与操作如下：

```
命令：_box
指定第一个角点或 [中心(C)]: C✓
指定中心: 0,0,60✓
指定角点或 [立方体(C)/长度(L)]: L✓
指定长度 <50.0000>: <正交 开> 100✓
指定宽度 <70.0000>: 100✓
指定高度或 [两点(2P)] <60.0000>: 10✓
```

图 11-28　绘制石桌

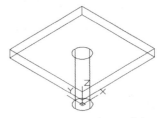

图 11-29　绘制桌面和桌柱

（3）使用同样的方法绘制底面中心点为（80,0,0）、半径为 5、高为 30 的圆柱体；绘制底面中心点为（80,0,30）、半径为 15、高为 5 的圆柱体的桌凳，绘制结果如图 11-30 所示。

（4）单击"可视化"选项卡"视图"面板中的"东南等轴测"按钮，将当前视图切换到东南等轴测视图。

（5）单击"默认"选项卡"修改"面板中的"环形阵列"按钮，设置项目总数为 4，填充角度为 360°，选择桌凳为阵列对象，阵列图形，结果如图 11-31 所示。命令行提示与操作如下：

```
命令：_arraypolar
选择对象：（选择桌凳）
类型 = 极轴  关联 = 是
指定阵列的中心点或 [基点(B)/旋转轴(A)]: 0,0,0✓
选择夹点以编辑阵列或 [关联(AS)/基点(B)/项目(I)/项目间角度(A)/填充角度(F)/行(ROW)/层(L)/旋转项目(ROT)/退出(X)] <退出>: I✓
输入阵列中的项目数或 [表达式(E)] <6>: 4✓
```

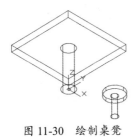

图 11-30　绘制桌凳

图 11-31　阵列处理

(6) 单击"视图"选项卡"视觉样式"面板中的"隐藏"按钮 ，对实体进行消隐，最终结果如图 11-28 所示。

11.4 由二维图形生成三维造型

与三维网格的生成原理一样，也可以通过二维图形来生成三维实体。AutoCAD 提供了 5 种方法来实现，具体如下所述。

【预习重点】
- 了解直接绘制实体与由二维图形生成三维造型的差异。
- 练习各种生成方法。

11.4.1 拉伸

【执行方式】
- 命令行：EXTRUDE（快捷命令：EXT）。
- 菜单栏：选择菜单栏中的"绘图"→"建模"→"拉伸"命令。
- 工具栏：单击"建模"工具栏中的"拉伸"按钮 。
- 功能区：单击"三维工具"选项卡"建模"面板中的"拉伸"按钮 。

【操作步骤】

命令行提示与操作如下：

```
命令：EXTRUDE↙
当前线框密度：ISOLINES=4，闭合轮廓创建模式 = 实体
选择要拉伸的对象或 [模式(MO)]：（选择绘制好的二维对象）
选择要拉伸的对象或 [模式(MO)]：（可继续选择对象或按 Enter 键结束选择）
指定拉伸的高度或 [方向(D)/路径(P)/倾斜角(T)/表达式(E)]：
```

【选项说明】

（1）拉伸的高度：按指定的高度拉伸出三维实体对象。输入高度值后，根据实际需要，指定拉伸的倾斜角度。如果指定的角度为 0°，AutoCAD 则把二维对象按指定的高度拉伸成柱体；如果输入角度值，拉伸后实体截面沿拉伸方向按此角度变化，成为一个棱台或圆台体。如图 11-32 所示为按不同角度拉伸圆的结果。

(a) 拉伸前　　　　(b) 拉伸锥角为 0°　　　　(c) 拉伸锥角为 10°　　　　(d) 拉伸锥角为-10°

图 11-32　拉伸圆效果

（2）路径(P)：根据现有的图形对象拉伸创建三维实体对象。如图 11-33 所示为沿圆弧曲线路径拉伸圆的结果。

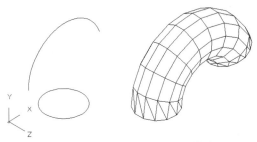

图 11-33　沿圆弧曲线路径拉伸圆

举一反三

可以使用创建圆柱体的"轴端点"命令确定圆柱体的高度和方向。轴端点是圆柱体顶面的中心点，轴端点可以位于三维空间的任意位置。

11.4.2　操作实例——绘制胶垫

本实例主要利用"拉伸"命令绘制如图 11-34 所示的胶垫。操作步骤如下：

（1）单击菜单栏中的"文件"→"新建"命令，弹出"选择样板"对话框，单击"打开"按钮右侧的下拉按钮，以"无样板打开－公制"（毫米）方式建立新文件，将新文件命名为"胶垫.dwg"并保存。

（2）调出"建模""视觉样式""视图"这 3 个工具栏，并将它们移动到绘图窗口中的适当位置。

（3）设置线框密度，默认值是 4，更改为 10。

（4）绘制图形。

① 单击"默认"选项卡"绘图"面板中的"圆"按钮，在坐标原点分别绘制半径为 25 和 18.5 的两个圆，如图 11-35 所示。

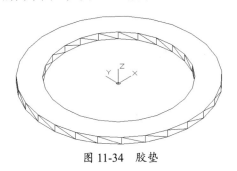

图 11-34　胶垫　　　　　　　　　　图 11-35　绘制轮廓线

② 将视图切换到西南等轴测视图，单击"三维工具"选项卡"建模"面板中的"拉伸"按钮，指定两个圆拉伸高度为 2，如图 11-36 所示。命令行提示与操作如下：

```
命令：_extrude
当前线框密度：ISOLINES=10，闭合轮廓创建模式 = 实体
选择要拉伸的对象或 [模式(MO)]：（选取两个圆）
选择要拉伸的对象或 [模式(MO)]：✓
指定拉伸的高度或 [方向(D)/路径(P)/倾斜角(T)/表达式(E)]：2✓
```

③ 单击"三维工具"选项卡"实体编辑"面板中的"差集"按钮，将拉伸后的大圆减去小圆。结果如图 11-37 所示。

289

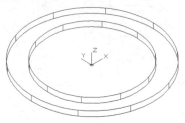
图 11-36 拉伸实体

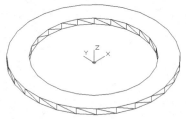
图 11-37 差集结果

11.4.3 旋转

"旋转"是指一个平面图形围绕某个轴转过一定角度形成实体的过程。

【执行方式】

- 命令行：REVOLVE（快捷命令：REV）。
- 菜单栏：选择菜单栏"绘图"→"建模"→"旋转"命令。
- 工具栏：单击工具栏"建模"→"旋转"按钮 。
- 功能区：单击功能区"三维工具"→"建模"→"旋转"按钮 。

【操作步骤】

命令行提示与操作如下：

命令：REVOLVE↙
当前线框密度：ISOLINES=4，闭合轮廓创建模式 = 实体
选择要旋转的对象或 [模式(MO)]：（选择绘制好的二维对象）
选择要旋转的对象或 [模式(MO)]：（继续选择对象或按 Enter 键结束选择）
指定轴起点或根据以下选项之一定义轴 [对象(O)/X/Y/Z] <对象>：

【选项说明】

（1）指定轴起点：通过两个点来定义旋转轴。AutoCAD 按指定的角度和旋转轴旋转二维对象。

（2）对象(O)：选择已经绘制好的直线或用"多段线"命令绘制的直线段作为旋转轴线。

（3）X/Y 轴：将二维对象绕当前坐标系（UCS）的 X（Y）轴旋转。如图 11-38 所示为矩形平面绕 X 轴旋转的结果。

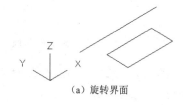

(a) 旋转界面　　　　　　　　　　　　　(b) 旋转后的建模

图 11-38 旋转体

11.4.4 操作实例——绘制阀杆

绘制阀杆

本实例主要利用"旋转"命令绘制如图 11-39 所示的阀杆，操作步骤如下：

（1）选择菜单栏中的"文件"→"新建"命令，弹出"选择样板"对话框，单击"打开"按钮右侧的下拉按钮 ，以"无样板打开－公制"（毫米）方式建立新文件，将新文件命名为"阀杆.dwg"并保存。

(2) 调出"建模""视觉样式""视图"这 3 个工具栏，并将它们移动到绘图窗口中的适当位置。

(3) 设置线框密度，默认值是 4，更改为 10。

(4) 绘制平面图形。

① 单击"默认"选项卡"绘图"面板中的"直线"按钮，在坐标原点绘制一条水平直线和一条竖直直线。

② 单击"默认"选项卡"修改"面板中的"偏移"按钮，

图 11-39　阀杆

将上步绘制的水平直线向上偏移，偏移距离分别为 5、6、8、12 和 15；重复"偏移"命令，将竖直直线分别向右偏移 8、11、18 和 93，结果如图 11-40 所示。

③ 单击"默认"选项卡"绘图"面板中的"直线"按钮，绘制直线。

④ 单击"默认"选项卡"绘图"面板中的"圆弧"按钮，绘制半径为 5 的圆弧。结果如图 11-41 所示。

图 11-40　偏移直线

图 11-41　绘制直线和圆弧

⑤ 单击"默认"选项卡"修改"面板中的"修剪"按钮，修剪多余线段。结果如图 11-42 所示。

⑥ 单击"默认"选项卡"绘图"面板中的"面域"按钮，将修剪后的图形创建成面域。

(5) 旋转实体。

单击"三维工具"选项卡"建模"面板中的"旋转"按钮，将创建的面域沿 X 轴进行旋转操作，命令行提示与操作如下：

```
命令：_revolve
当前线框密度： ISOLINES=4，闭合轮廓创建模式 = 实体
选择要旋转的对象或 [模式(MO)]：（选择刚绘制的平面图形）
选择要旋转的对象或 [模式(MO)]：✓
指定轴起点或根据以下选项之一定义轴 [对象(O)/X/Y/Z] <对象>：x✓
指定旋转角度或 [起点角度(ST)/反转(R)/表达式(EX)] <360>：✓
```

结果如图 11-43 所示。

图 11-42　修剪多余线段

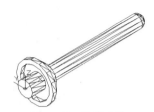

图 11-43　旋转实体

11.4.5　扫掠

【执行方式】

- 命令行：SWEEP。
- 菜单栏：选择菜单栏中的"绘图"→"建模"→"扫掠"命令。

- 工具栏：单击"建模"工具栏中的"扫掠"按钮 。
- 功能区：单击"三维工具"选项卡"建模"面板中的"扫掠"按钮 。

【操作步骤】

命令行提示与操作如下：

```
命令：SWEEP↙
当前线框密度：ISOLINES=8，闭合轮廓创建模式 = 实体
选择要扫掠的对象或 [模式(MO)]：(选择对象，如图11-44 (a) 中圆)
选择要扫掠的对象或 [模式(MO)]：↙
选择扫掠路径或 [对齐(A)/基点(B)/比例(S)/扭曲(T)]：(选择对象，如图11-44 (a) 中螺旋线)
```

扫掠结果如图 11-44（b）所示。

【选项说明】

（1）对齐(A)：指定是否对齐轮廓以使其作为扫掠路径切向的法向，在默认情况下，轮廓是对齐的。选择该选项，命令行提示与操作如下：

```
扫掠前对齐垂直于路径的扫掠对象[是(Y)/否(N)] <是>：(输入"N"，指定轮廓无须对齐；按 Enter 键，指定轮廓对齐)
```

举一反三

使用"扫掠"命令，可以通过沿开放或闭合的二维或三维路径扫掠开放或闭合的平面曲线（轮廓）来创建新实体或曲面。"扫掠"命令用于沿指定路径以指定轮廓的形状（扫掠对象）创建实体或曲面。可以扫掠多个对象，但是这些对象必须在同一平面内。如果沿一条路径扫掠闭合的曲线，则生成实体。

（2）基点(B)：指定要扫掠对象的基点。如果指定的点不在选定对象所在的平面上，则该点将被投影到该平面上。选择该选项，命令行提示与操作如下：

```
指定基点：(指定选择集的基点)
```

（3）比例(S)：指定比例因子以进行扫掠操作。从扫掠路径的开始到结束，比例因子将统一应用到要扫掠的对象上。选择该选项，命令行提示与操作如下：

```
输入比例因子或 [参照(R)] <1.0000>：(指定比例因子，输入"R"，调用参照选项；按Enter键，选择默认值)
```

其中"参照"选项表示通过拾取点或输入值来根据参照的长度缩放选定的对象。

（4）扭曲(T)：设置正被扫掠对象的扭曲角度。扭曲角度指定沿扫掠路径全部长度的旋转量。选择该选项，命令行提示与操作如下：

```
输入扭曲角度或允许非平面扫掠路径倾斜 [倾斜(B)/表达式(EX)] <<0.0000>：(指定小于360°的角度值，输入"B"，打开倾斜选项；按Enter键，选择默认角度值)
```

其中"倾斜(B)"选项指定被扫掠的曲线是否沿三维扫掠路径（三维多线段、三维样条曲线或螺旋线）自然倾斜（旋转）。

如图 11-45 所示为扭曲扫掠示意图。

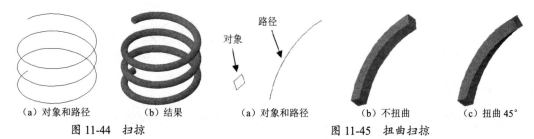

(a) 对象和路径　　(b) 结果　　(a) 对象和路径　　(b) 不扭曲　　(c) 扭曲 45°

图 11-44　扫掠　　　　　　　　　图 11-45　扭曲扫掠

11.4.6 操作实例——绘制压紧螺母

绘制压紧螺母

本实例主要利用"扫掠"命令绘制如图 11-46 所示的压紧螺母,操作步骤如下:

(1)单击菜单栏中的"文件"→"新建"命令,弹出"选择样板"对话框,单击"打开"按钮右侧的下拉按钮▼,以"无样板打开—公制"(毫米)方式建立新文件,将新文件命名为"压紧螺母.dwg"并保存。

(2)调出"建模""视觉样式""视图"这 3 个工具栏,并将它们移动到绘图窗口中的适当位置。

(3)设置线框密度,默认值是 4,更改为 10。

(4)拉伸六边形。

① 单击"默认"选项卡"绘图"面板中的"多边形"按钮⬡,在坐标原点处绘制外切于圆、半径为 13 的六边形,结果如图 11-47 所示。

② 单击"三维工具"选项卡"建模"面板中的"拉伸"按钮,将上步绘制的六边形进行拉伸,拉伸距离为 8,结果如图 11-48 所示。

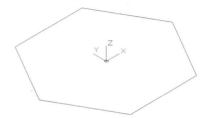
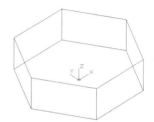

图 11-46　压紧螺母　　　　图 11-47　绘制六边形　　　　图 11-48　拉伸六边形

(5)创建圆柱体。

单击"三维工具"选项卡"建模"面板中的"圆柱体"按钮,分别绘制半径为 10.5、12 和 5.5 的圆柱体。结果如图 11-49 所示。

(6)布尔运算应用。

① 单击"三维工具"选项卡"实体编辑"面板中的"并集"按钮,将六棱柱和两个大圆柱体进行并集处理。

② 单击"三维工具"选项卡"实体编辑"面板中的"差集"按钮,将并集处理后的图形和小圆柱体进行差集处理。结果如图 11-50 所示。

(7)创建旋转体。

① 在命令行中输入"UCS"命令,将坐标系绕 X 轴旋转 90°。

② 选择菜单栏中的"视图"→"三维视图"→"平面视图"→"当前 UCS"命令,将视图切换到当前坐标系。

③ 单击"默认"选项卡"绘图"面板中的"直线"按钮,绘制如图 11-51 所示的图形。

④ 单击"默认"选项卡"绘图"面板中的"面域"按钮,将上步绘制的图形创建为面域。

⑤ 单击"三维工具"选项卡"建模"面板中的"旋转"按钮,将上步创建的面域绕 Y 轴进行旋转,结果如图 11-52 所示。

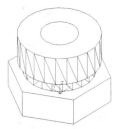
图 11-49 创建圆柱体

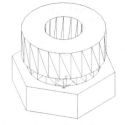
图 11-50 并集及差集处理

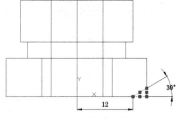
图 11-51 创建圆柱体

（8）布尔运算应用。

单击"三维工具"选项卡"实体编辑"面板中的"差集"按钮，将并集处理后的图形和小圆柱体进行差集处理，结果如图 11-53 所示。

（9）创建螺纹。

① 在命令行输入"UCS"命令，将坐标系恢复。

② 单击"默认"选项卡"绘图"面板中的"螺旋"按钮，创建螺旋线，命令行提示与操作如下：

```
命令: _Helix
圈数 = 3.0000     扭曲=CCW
指定底面的中心点: 0,0,22↙
指定底面半径或 [直径(D)] <1.0000>: 12↙
指定顶面半径或 [直径(D)] <12.0000>:↙
指定螺旋高度或 [轴端点(A)/圈数(T)/圈高(H)/扭曲(W)] <1.0000>: h↙
指定圈间距 <4.3333>: 0.58↙
指定螺旋高度或 [轴端点(A)/圈数(T)/圈高(H)/扭曲(W)] <11.0000>: -11↙
```

结果如图 11-54 所示。

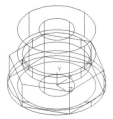
图 11-52 创建旋转实体

图 11-53 差集处理

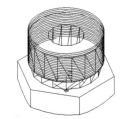
图 11-54 创建螺旋线

③ 在命令行输入"UCS"命令，将坐标系恢复。

④ 选择菜单栏中的"视图"→"三维视图"→"前视"命令，将视图切换到前视图。

⑤ 绘制牙型截面轮廓。单击"默认"选项卡"绘图"面板中的"直线"按钮，捕捉螺旋线的上端点绘制牙型截面轮廓，尺寸参照如图 11-55 所示；单击"默认"选项卡"绘图"面板中的"面域"按钮，将其创建成面域。

⑥ 扫掠形成实体。单击"可视化"选项卡"视图"面板中的"西南等轴测"按钮，将视图切换到西南等轴测视图。单击"三维工具"选项卡"建模"面板中的"扫掠"按钮，命令行提示与操作如下：

```
命令: _sweep
当前线框密度: ISOLINES=4,闭合轮廓创建模式 = 实体
选择要扫掠的对象或 [模式(MO)]: (选择三角牙型轮廓)
选择要扫掠的对象或 [模式(MO)]: ↙
选择扫掠路径或 [对齐(A)/基点(B)/比例(S)/扭曲(T)]: (选择螺纹线)
```

结果如图 11-56 所示。

⑦ 布尔运算处理。单击"三维工具"选项卡"实体编辑"面板中的"差集"按钮 ，从主体中减去上步绘制的扫掠体，结果如图 11-57 所示。

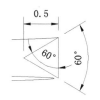
图 11-55　创建截面轮廓

图 11-56　扫掠实体

图 11-57　差集处理

（10）在命令行输入"UCS"命令，将坐标系恢复。

（11）选择菜单栏中的"视图"→"三维视图"→"左视"命令，将视图切换到左视图。

（12）单击"默认"选项卡"绘图"面板中的"直线"按钮 ，绘制如图 11-58 所示的图形。

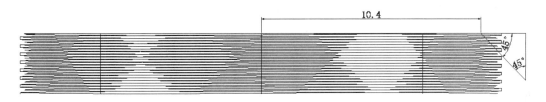
图 11-58　绘制截面轮廓

（13）单击"默认"选项卡"绘图"面板中的"面域"按钮 ，将上步绘制的图形创建为面域。

（14）单击"三维工具"选项卡"建模"面板中的"旋转"按钮 ，将上步创建的面域绕 Y 轴进行旋转，结果如图 11-59 所示。

（15）单击"三维工具"选项卡"实体编辑"面板中的"差集"按钮 ，将旋转体与主体进行差集处理。结果如图 11-60 所示。

图 11-59　创建旋转实体

图 11-60　差集处理

11.4.7　放样

【执行方式】

- 命令行：LOFT。
- 菜单栏：选择菜单栏中的"绘图"→"建模"→"放样"命令。
- 工具栏：单击"建模"工具栏中的"放样"按钮 。

- 功能区：单击"三维工具"选项卡"建模"面板中的"放样"按钮 。

【操作步骤】

命令行提示与操作如下：

命令：LOFT↙
当前线框密度：ISOLINES=4，闭合轮廓创建模式 = 实体
按放样次序选择横截面或 [点(PO)/合并多条边(J)/模式(MO)]：（依次选择图11-61中3个截面）
按放样次序选择横截面或 [点(PO)/合并多条边(J)/模式(MO)]：
输入选项 [导向(G)/路径(P)/仅横截面(C)/设置(S)] <仅横截面>:S↙

【选项说明】

（1）设置(S)：选择该选项，系统打开"放样设置"对话框，如图11-62所示。其中有4个单选按钮，如图11-63（a）所示为选中"直纹"单选按钮的放样结果示意图，如图11-63（b）所示为选中"平滑拟合"单选按钮的放样结果示意图，如图11-63（c）所示为选中"法线指向"单选按钮并选择"所有横截面"选项的放样结果示意图，如图11-63（d）所示为选中"拔模斜度"单选按钮并设置"起点角度"为45°、"起点幅值"为10、"端点角度"为60°、"端点幅值"为10的放样结果示意图。

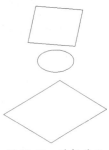

图11-61 选择截面

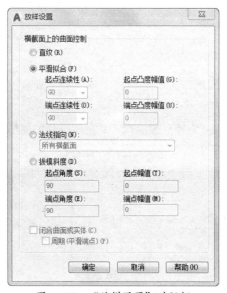

图11-62 "放样设置"对话框

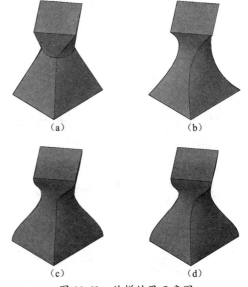

图11-63 放样结果示意图

（2）导向(G)：指定控制放样实体或曲面形状的导向曲线。导向曲线是直线或曲线，可通过将其他线框信息添加至对象来进一步定义实体或曲面的形状，如图11-64所示。选择该选项，命令行提示与操作如下：

选择导向曲线：（选择放样实体或曲面的导向曲线，然后按Enter键）

（3）路径(P)：指定放样实体或曲面的单一路径，如图11-65所示。选择该选项，命令行提示与操作如下：

选择路径：（指定放样实体或曲面的单一路径）

注意：

路径曲线必须与横截面的所有平面相交。

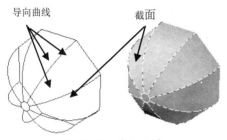
图 11-64 导向放样

图 11-65 路径放样

11.4.8 拖功

【执行方式】

- 命令行：PRESSPULL
- 工具栏：单击工具栏"建模"→"按住并拖动"按钮。
- 功能区：单击功能区"三维工具"→"实体编辑"→"按住并拖动"按钮。

【操作步骤】

命令行提示与操作如下：

命令：PRESSPULL✓
选择对象或边界区域：（单击有限区域以进行按住或拖动操作）

选择有限区域后，按住鼠标左键并拖动，相应的区域就会进行拉伸变形。如图 11-66 所示为选择圆台上表面，按住并拖动的结果。

（a）圆台　　　　　　　　（b）向下拖动　　　　　　　（c）向上拖动

图 11-66 按住并拖动

11.5 绘制三维曲面

AutoCAD 2020 提供了基准命令来创建和编辑曲面，本节主要介绍几种绘制和编辑曲面的方法，帮助读者熟悉三维曲面的功能。

【预习重点】

- 熟练掌握三维曲面的绘制方法。

11.5.1 平面曲面

【执行方式】

- 命令行：PLANESURF。

- 菜单栏：选择菜单栏中的"绘图"→"建模"→"曲面"→"平面"命令。
- 工具栏：单击"曲面创建"工具栏中的"平面曲面"按钮 。
- 功能区：单击"三维工具"选项卡"曲面"面板中的"平面曲面"按钮 。

【操作步骤】

命令行提示与操作如下：

```
命令: _Planesurf
指定第一个角点或 [对象(O)] <对象>:
指定其他角点:
```

【选项说明】

（1）指定第一个角点：通过指定两个角点来创建矩形形状的平面曲面，如图 11-67 所示。

（2）对象(O)：通过指定平面对象创建平面曲面，如图 11-68 所示。

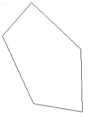

图 11-67　矩形形状的平面曲面　　　　　图 11-68　指定平面对象创建平面曲面

11.5.2　操作实例——绘制花瓶

绘制如图 11-69 所示的花瓶。操作步骤如下：

（1）将视图切换到前视图，单击"默认"选项卡"绘图"面板中的"直线"按钮 和"样条曲线拟合"按钮 ，绘制如图 11-70 所示的图形。

（2）在命令行中输入"SURFTAB1"命令，将线框密度设置为 20。同理将 SURFTAB2 的线框密度设置为 20。

（3）将视图切换到西南等轴测视图，在命令行中输入"REVSURF"命令，将样条曲线绕竖直线旋转 360°，创建旋转网格，结果如图 11-71 所示。

（4）在命令行中输入"UCS"命令，将坐标系恢复到世界坐标系。

在命令行中输入"UCS"命令，将坐标系绕 X 轴旋转-90°。

（5）单击"默认"选项卡"绘图"面板中的"圆"按钮 ，以坐标原点为圆心，绘制半径为 10 的圆。

（6）单击"三维工具"选项卡"曲面"面板中的"平面曲面"按钮 ，以圆为对象创建平面。命令行提示与操作如下：

```
命令: _Planesurf
指定第一个角点或 [对象(O)] <对象>: O↙
选择对象: （选择步骤（6）绘制的圆）
选择对象: ↙
```

结果如图 11-72 所示。

（7）单击"视图"选项卡"视觉样式"面板中的"隐藏"按钮 ，对实体进行消隐，最终结果如图 11-69 所示。

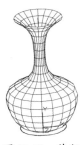   

图 11-69　花瓶　　　图 11-70　绘制图形　　　图 11-71　旋转曲面　　　图 11-72　平面曲面

11.5.3　偏移曲面

【执行方式】

- 命令行：SURFOFFSET。
- 菜单栏：选择菜单栏中的"绘图"→"建模"→"曲面"→"偏移"命令。
- 工具栏：单击"曲面创建"工具栏中的"曲面偏移"按钮 。
- 功能区：单击"三维工具"选项卡"曲面"面板中的"曲面偏移"按钮 。

【操作步骤】

命令行提示与操作如下：

命令：SURFOFFSET↙
连接相邻边 = 否
选择要偏移的曲面或面域：（选择要偏移的曲面）
指定偏移距离或 [翻转方向(F)/两侧(B)/实体(S)/连接(C)/表达式(E)] <0.0000>：（指定偏移距离）

【选项说明】

（1）指定偏移距离：指定偏移曲面和原始曲面之间的距离。

（2）翻转方向(F)：反转箭头显示的偏移方向。

（3）两侧(B)：沿两个方向偏移曲面。

（4）实体(S)：从偏移创建实体。

（5）连接(C)：如果原始曲面是连接的，则连接多个偏移曲面。

如图 11-73 所示为利用"SURFOFFSET"命令创建偏移曲面的过程。

　　（a）原始曲面　　　　　　　（b）偏移方向　　　　　　　（c）偏移曲面

图 11-73　偏移曲面

11.5.4　过渡曲面

【执行方式】

- 命令行：SURFBLEND。
- 菜单栏：选择菜单栏中的"绘图"→"建模"→"曲面"→"过渡"命令。
- 工具栏：单击"曲面创建"工具栏中的"曲面过渡"按钮 。

功能区：单击"三维工具"选项卡"曲面"面板中的"曲面过渡"按钮。

【操作步骤】

命令行提示与操作如下：

命令：SURFBLEND↙
连续性 = G1 - 相切，凸度幅值 = 0.5
选择要过渡的第一个曲面的边或 [链(CH)]：（选择如图11-74所示第一个曲面上的边1、2）
选择要过渡的第二个曲面的边或 [链(CH)]：（选择如图11-74所示第二个曲面上的边3、4）
按 Enter 键接受过渡曲面或 [连续性(CON)/凸度幅值(B)]：（按 Enter 键确认，结果如图11-75所示）

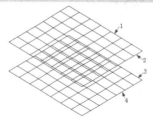
图 11-74　选择边

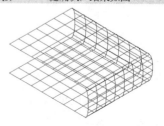
图 11-75　创建过渡曲面

【选项说明】

(1) 选择要过渡的第一个/第二个曲面的边：选择边对象或者曲面或面域作为第一条边/第二条边。

(2) 链(CH)：选择连续的连接边。

(3) 连续性(CON)：测量曲面彼此融合的平滑程度，默认值为G0。选择一个值或使用夹点来更改连续性。

(4) 凸度幅值(B)：设定过渡曲面边与其原始曲面相交处该过渡曲面边的圆度。

11.5.5　圆角曲面

【执行方式】

- 命令行：SURFFILLET。
- 菜单栏：选择菜单栏中的"绘图"→"建模"→"曲面"→"圆角"命令。
- 工具栏：单击"曲面创建"工具栏中的"曲面圆角"按钮。
- 功能区：单击"三维工具"选项卡"曲面"面板中的"曲面圆角"按钮。

【操作步骤】

命令行提示与操作如下：

命令：SURFFILLET↙
半径 =0.0000，修剪曲面 = 是
选择要圆角化的第一个曲面或面域或者 [半径(R)/修剪曲面(T)]：R↙
指定半径或 [表达式(E)] <1.0000>：（指定半径值）
选择要圆角化的第一个曲面或面域或者 [半径(R)/修剪曲面(T)]：（选择图11-76(a)中曲面1）
选择要圆角化的第二个曲面或面域或者 [半径(R)/修剪曲面(T)]：（选择图11-76(a)中曲面2）
按 Enter 键接受圆角曲面或 [半径(R)/修剪曲面(T)]：

结果如图11-76（b）所示。

【选项说明】

(1) 选择要圆角化的第一个/第二个曲面或面域：指定第一个/第二个曲面或面域。

（a）已有曲面　　　　　　　　　（b）创建圆角曲面结果

图 11-76　创建圆角曲面

（2）半径(R)：指定圆角半径。使用圆角夹点或输入值来更改半径，输入的值不能小于曲面之间的间隙。

（3）修剪曲面(T)：将原始曲面或面域修剪到圆角曲面的边。

11.5.6　网络曲面

在 U 方向和 V 方向的几条曲线之间的空间中创建曲面。

【执行方式】

- 命令行：SURFNETWORK。
- 菜单栏：选择菜单栏中的"绘图"→"建模"→"曲面"→"网络"命令。
- 工具栏：单击"曲面创建"工具栏中的"曲面网络"按钮 。
- 功能区：单击"三维工具"选项卡的"曲面"面板中的"曲面网络"按钮 。

【操作步骤】

命令行提示与操作如下：

```
命令：SURFNETWORK↙
沿第一个方向选择曲线或曲面边：（选择图 11-77（a）中曲线 1）
沿第一个方向选择曲线或曲面边：（选择图 11-77（a）中曲线 2）
沿第一个方向选择曲线或曲面边：（选择图 11-77（a）中曲线 3）
沿第一个方向选择曲线或曲面边：（选择图 11-77（a）中曲线 4）
沿第一个方向选择曲线或曲面边：↙（也可以继续选择相应的对象）
沿第二个方向选择曲线或曲面边：（选择图 11-77（a）中曲线 5）
沿第二个方向选择曲线或曲面边：（选择图 11-77（a）中曲线 6）
沿第二个方向选择曲线或曲面边：（选择图 11-77（a）中曲线 7）
沿第二个方向选择曲线或曲面边：↙（也可以继续选择相应的对象）
```

结果如图 11-77（b）所示。

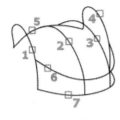 

（a）已有曲线　　　　　　　　　（b）三维曲面

图 11-77　创建三维曲面

11.5.7　修补曲面

创建修补曲面是指通过在已有的封闭曲面边上构成一个曲面的方式来创建一个新曲面，如

图 11-78 所示，如图 11-78（a）所示是已有曲面，如图 11-78（b）所示是创建出的修补曲面。

 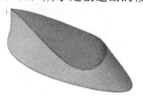

（a）已有曲面　　　　　　　　　　　　（b）创建修补曲面结果

图 11-78　创建修补曲面

【执行方式】

- 命令行：SURFPATCH。
- 菜单栏：选择菜单栏中的"绘图"→"建模"→"曲面"→"修补"命令。
- 工具栏：单击"曲面创建"工具栏中的"曲面修补"按钮 。
- 功能区：单击"三维工具"选项卡的"曲面"面板中的"曲面修补"按钮 。

【操作步骤】

命令行提示与操作如下：

命令：SURFPATCH↙
连续性 = G0 - 位置，凸度幅值 = 0.5
选择要修补的曲面边或 [链(CH)/曲线(CU)] <曲线>:（选择对应的曲面边或曲线）
选择要修补的曲面边或 [链(CH)/曲线(CU)] <曲线>:↙（也可以继续选择曲面边或曲线）
按 Enter 键接受修补曲面或 [连续性(CON)/凸度幅值(B)/导向(G)]：

【选项说明】

（1）连续性(CON)：设置修补曲面的连续性。

（2）凸度幅值(B)：设置修补曲面边与原始曲面相交时的圆滑程度。

（3）导向(G)：使用其他导向曲线以塑造修补曲面的形状。导向曲线可以是曲线，也可以是点。

11.6　综合演练——绘制高跟鞋

本例绘制如图 11-79 所示的高跟鞋。高跟鞋属于比较复杂的曲面造型，通过本实例的练习，帮助读者全面掌握三维曲面造型的绘制和编辑方法。

11.6.1　绘制鞋面

图 11-79　高跟鞋

（1）创建图层。单击"默认"选项卡的"图层"面板中的"图层特性"按钮 ，打开"图层特性管理器"对话框，创建"曲面模型（鞋面）""曲面模型（鞋跟）""曲面模型（鞋底）"3 个图层，将"曲面模型（鞋面）"图层设置为当前图层，如图 11-80 所示。

（2）选择菜单中的"视图"→"三维视图"→"西南等轴测"命令，将当前视图设置为西南等轴测视图。

（3）单击"默认"选项卡的"绘图"面板中的"样条曲线拟合"按钮 ，绘制样条曲线 1，各点的坐标见表 11-1。

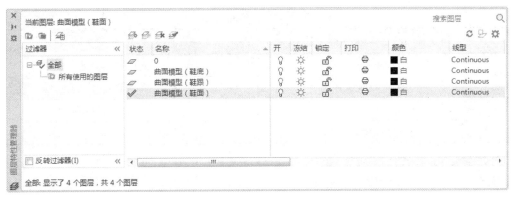

图 11-80 "图层特性管理器"对话框

表 11-1 样条曲线 1

点	坐标	点	坐标
点 1	0.0948,−0.3697,6.858	点 2	−0.2121,−0.413,6.7784
点 3	−0.7752,−0.8383,5.9116	点 4	−0.8436,−1.0828,5.415
点 5	−0.914,−1.9186,3.7269	点 6	−0.9323,−2.2815,3.0409
点 7	−0.9541,−3.3122,2.0538	点 8	−0.9038,−3.9471,1.9782
点 9	−0.7293,−4.3168,2.0353	点 10	0.1345,−4.5456,2.0753
点 11	0.7896,−4.3319,2.0391	点 12	0.9554,−3.9815,1.9822
点 13	1.0005,−3.4556,2.009	点 14	0.9889,−2.31,3.001
点 15	0.9671,−1.8516,3.8574	点 16	0.9133,−1.113,5.3517
点 17	0.8698,−0.8855,5.8154	点 18	0.3679,−0.422,6.7629
点 19	C(闭合)		

结果如图 11-81 所示。

（4）重复"样条曲线拟合"命令，绘制其余 3 条闭合的样条曲线，3 条样条曲线各点的坐标见表 11-2~表 11-4。

表 11-2 样条曲线

点	坐标	点	坐标
点 1	0.0711,0.8625,5.5223	点 2	−0.428,0.6982,5.3977
点 3	−0.772,−0.5858,4.0908	点 4	−0.74,−1.0844,3.3983
点 5	−0.7714,−1.8076,2.0864	点 6	−0.9428,−3.148,0.4616
点 7	−1.0358,−4.2897,0.4227	点 8	−0.6451,−5.462,0.5548
点 9	0.3193,−6.6924,0.7023	点 10	0.8864,−5.506,0.558
点 11	1.1071,−4.2658,0.4227	点 12	0.9705,−3.1464,0.4538
点 13	0.857,−1.8407,2.0035	点 14	0.8435,−1.1121,3.3431
点 15	0.872,−0.6073,4.0646	点 16	0.5314,0.6779,5.3813
点 17	C(闭合曲线)		

表 11-3　样条曲线 3

点	坐标	点	坐标
点 1	0.0427,0.8544,5.6824	点 2	−0.4723,0.6933,5.5436
点 3	−0.8353,−0.6989,4.1107	点 4	−0.8264,−1.083,3.596
点 5	−0.8659,−1.647,2.6112	点 6	−1.0505,−3.2139,0.5571
点 7	−1.1613,−4.1076,0.5282	点 8	−0.7399,−5.492,0.667
点 9	0.3359,−6.8205,0.8373	点 10	1.0143,−5.3865,0.6507
点 13	0.9308,−1.6905,2.527	点 14	0.9137,−1.113,3.5465
点 15	0.9267,−0.632,4.1909	点 16	0.5024,0.73,5.5753
点 17	C（闭合曲线）		

表 11-4　样条曲线 4

点	坐标	点	坐标
点 1	0.0696,0.5735,6.2413	点 2	−0.4385,0.4823,6.1578
点 3	−1.0213,−0.628,5.0022	点 4	−1.0292,−1.0845,4.352
点 5	−1.0569,−1.8566,2.943	点 6	−1.1545,−3.148,1.4191
点 7	−1.1601,−4.2897,1.3803	点 8	−0.7294,−5.2339,1.4896
点 9	0.3193,−5.8253,1.5639	点 10	0.9563,−5.2293,1.4889
点 11	1.2156,−4.2658,1.3803	点 12	1.1944,−3.1464,1.4113
点 13	1.1246,−1.8407,2.961	点 14	1.0807,−1.113,4.2978
点 15	1.0665,−0.6252,5.0003	点 16	0.5308,0.474,6.1514
点 17	C（闭合曲线）		

结果如图 11-82 所示。

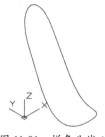

图 11-81　样条曲线 1

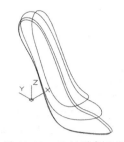

图 11-82　绘制样条曲线

（5）单击"默认"选项卡的"绘图"面板中的"样条曲线拟合"按钮 ，绘制 8 条样条曲线，各点坐标见表 11-5~表 11-12。

表 11-5　样条曲线 5

点	坐标	点	坐标
点 1	0.0844,−0.3697,6.8581	点 2	0.0597,0.5737,6.2414
点 3	0.0697,0.854,5.6821	点 4	0.0526,0.8629,5.5227

表 11-6　样条曲线 6

点	坐标	点	坐标
点 1	0.9133,-1.113,5.3517	点 2	1.0807,-1.113,4.2978
点 3	0.9137,-1.113,3.5465	点 4	0.8435,-1.1121,3.3431

表 11-7　样条曲线 7

点	坐标	点	坐标
点 1	0.9889,-2.31,3.001	点 2	1.1494,-2.3142,2.129
点 3	0.9596,-2.3096,1.3437	点 4	0.877,-2.3098,1.175

表 11-8　样条曲线 8

点	坐标	点	坐标
点 1	0.8759,-4.2068,2.0153	点 2	1.2035,-4.4035,1.395
点 3	1.209,-4.4067,0.5519	点 4	1.1067,-4.3456,0.4311

表 11-9　样条曲线 9

点	坐标	点	坐标
点 1	0.2557,-4.5372,2.0743	点 2	0.3124,-5.8268,1.5641
点 3	0.3363,-6.8204,0.8373	点 4	0.3398,-6.6863,0.7015

表 11-10　样条曲线 10

点	坐标	点	坐标
点 1	-0.7847,-4.2438,2.0211	点 2	-1.1195,-4.4822,1.4011
点 3	-1.1257,-4.4862,0.5601	点 4	-1.0217,-4.4198,0.4363

表 11-11　样条曲线 11

点	坐标	点	坐标
点 1	-0.9323,-2.2815,3.0409	点 2	-1.0846,-2.2831,2.1872
点 3	-0.9195,-2.2819,1.3622	点 4	-0.8226,-2.2847,1.2208

表 11-12　样条曲线 12

点	坐标	点	坐标
点 1	-0.8436,-1.0828,5.415	点 2	-1.0292,-1.0845,4.352
点 3	-0.8264,-1.083,3.596	点 4	-0.74,-1.0844,3.3983

结果如图 11-83 所示。

（6）单击"默认"选项卡"修改"面板中的"直线"按钮，分别捕捉样条曲线 6 和样条曲线 8 的起点和终点绘制 2 条直线，结果如图 11-84 所示。

（7）单击"默认"选项卡"修改"面板中的"复制"按钮，将全部样条曲线进行复制，基点坐标为（0,0,0），第二个点的坐标为（10,0,0），结果如图 11-85 所示。

（8）单击"默认"选项卡"修改"面板中的"修剪"按钮，将曲线进行修剪。将多余的线段删除，结果如图 11-86 所示。

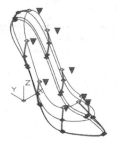 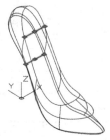 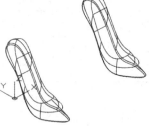 

图 11-83　绘制连接曲线　　图 11-84　绘制直线　　图 11-85　复制样条曲线　　图 11-86　修剪曲线

（9）选择菜单栏中的"修改"→"移动"命令，将复制的曲线移动到原来的位置，移动的基点坐标为（10,0,0），第二个点的坐标为（0,0,0），结果如图 11-87 所示。

（10）单击"三维工具"选项卡"曲面"面板中的"曲面网络"按钮，选择如图 11-88 所示的样条曲线为第一个方向上的曲线，选择样条曲线 5、样条曲线 6、样条曲线 12 为第二个方向上的曲线，创建网格曲面 1，结果如图 11-89 所示。命令行提示与操作如下：

```
命令：_SURFNETWORK
沿第一个方向选择曲线或曲面边：(选择如图 11-87 所示第一个方向上的曲线)
沿第一个方向选择曲线或曲面边：✓
沿第二个方向选择曲线或曲面边：(样条曲线 5、样条曲线 6、样条曲线 12)
沿第二个方向选择曲线或曲面边：✓
```

（11）重复单击"曲面网络"按钮，创建网格曲面 2，结果如图 11-90 所示。至此高跟鞋鞋面绘制完成。

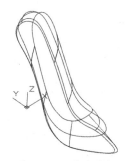 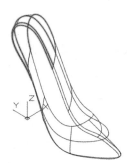 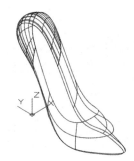 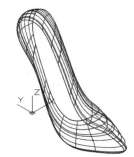

图 11-87　移动曲线　　图 11-88　第一个方向　　图 11-89　创建网格曲面 1　　图 11-90　创建网格曲面 2
　　　　　　　　　　　　　　上的曲线

11.6.2　绘制鞋跟

（1）将"曲面模型（鞋跟）"图层设置为当前图层。单击"默认"选项卡"绘图"面板中的"样条曲线拟合"按钮，绘制 3 条竖直方向的样条曲线，各点坐标见表 11-13～表 11-15。

表 11-13　样条曲线 13

点	坐标	点	坐标
点 1	0.0526,0.8629,5.5227	点 2	0.0526,0.8322,5.2672
点 3	0.0526,0.5002,3.8367	点 4	0.0526,0.3678,2.9727
点 5	0.0526,0.3247,2.3997	点 6	0.0526,0.3009,1.5697
点 7	0.055,0.3092,-0.0014		

表 11-14 样条曲线 14

点	坐标	点	坐标
点 1	−0.7637,−0.6724,3.9819	点 2	−0.7614,−0.5675,4.0021
点 3	−0.659,−0.3343,4.0068	点 4	−0.3032,−0.0529,3.795
点 5	−0.1658,0.0014,3.3915	点 6	−0.1524,0.0014,3.2695
点 7	−0.1028,−0.0003,0.2441	点 8	−0.1052,0,0.0001

表 11-15 样条曲线 15

点	坐标	点	坐标
点 1	0.8665,−0.6719,3.9819	点 2	0.8665,−0.5675,4.0021
点 3	0.7641,−0.3343,4.0068	点 4	0.4084,−0.0529,3.795
点 5	0.2709,0.0014,3.3915	点 6	0.2575,0.0014,3.2695
点 7	0.2079,−0.0003,0.2441	点 8	0.2103,0,−0.0002

结果如图 11-91 所示。

(2)关闭"曲面模型(鞋面)"图层,单击"默认"选项卡的"绘图"面板中的"样条曲线拟合"按钮 ~,绘制轮廓曲线,各点坐标见表 11-16~表 11-21。

表 11-16 样条曲线 16

点	坐标	点	坐标
点 1	0.8665,−0.6719,3.9819	点 2	0.872,−0.6073,4.0646
点 3	0.5314,0.6779,5.3813	点 4	0.0711,0.8625,5.5223
点 5	−0.428,0.6982,5.3977	点 6	−0.772,−0.5858,4.0908
点 7	−0.7637,−0.6724,3.9819		

表 11-17 样条曲线 17

点	坐标	点	坐标
点 1	0.867,−0.573,4.0012	点 2	0.5034,0.6928,5.2689
点 3	0.0526,0.8499,5.4058	点 4	−0.4283,0.6893,5.2853
点 5	−0.762,−0.5732,4.0012		

表 11-18 样条曲线 18

点	坐标	点	坐标
点 1	0.7337,−0.2972,4.0001	点 2	0.6172,0.429,4.5762
点 3	0.0526,0.7417,4.8015	点 4	−0.4875,0.4604,4.6009
点 5	−0.6327,−0.3019,4.0011		

表 11-19 样条曲线 19

点	坐标	点	坐标
点 1	0.4528,−0.0771,3.8455	点 2	0.3659,0.4011,4.0337
点 3	0.0526,0.5652,4.1125	点 4	−0.2549,0.3986,4.0337

续表

点	坐标	点	坐标
点 5	−0.3489,−0.0778,3.8467		

表 11-20 样条曲线 20

点	坐标	点	坐标
点 1	0.2985,−0.0043,3.5422	点 2	0.2429,0.3609,3.5428
点 3	0.0526,0.4449,3.5391	点 4	−0.1231,0.3568,3.5422
点 5	−0.1928,−0.0041,3.5403		

表 11-21 样条曲线 21

点	坐标	点	坐标
点 1	0.2103,0,−0.0002	点 2	0.1316,0.2886,−0.0019
点 3	0.0526,0.3092,−0.0014	点 4	−0.0239,0.286,−0.0019
点 5	−0.1052,0,0.0001		

结果如图 11-92 所示。

（3）单击"默认"选项卡的"绘图"面板中的"样条曲线拟合"按钮 ，绘制连接曲线，结果如图 11-93 所示。

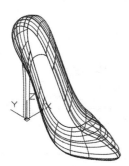  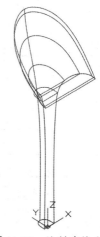

图 11-91 绘制竖直方向上的曲线　　　图 11-92 绘制轮廓曲线　　　图 11-93 绘制连接曲线

（4）单击"三维工具"选项卡"曲面"面板中的"曲面网络"按钮 ，选择样条 16~样条 21 为第一方向上的曲线，选择竖直方向上的 3 条样条曲线为第二个方向上的曲线，创建网格曲面 3，将"视觉样式"设置为"概念"模式，结果如图 11-94 所示。

（5）单击"三维工具"选项卡"曲面"面板中的"曲面网络"按钮 ，选择步骤（3）创建的连接曲线为第一个方向上的曲线，选择样条曲线 14 和样条曲线 15 为第二个方向上的曲线，创建网格曲面 4，结果如图 11-95 所示。

（6）单击"三维工具"选项卡"曲面"面板中的"曲面修补"按钮 ，创建鞋跟底面，命令行提示与操作如下：

```
命令：SURFPATCH↙
```

```
连续性 = G0 - 位置，凸度幅值 = 0.5
选择要修补的曲面边或 [链(CH)/曲线(CU)] <曲线>: cu↙
选择要修补的曲线或 [链(CH)/边(E)] <边>: （选择样条曲线 21）
选择要修补的曲线或 [链(CH)/边(E)] <边>: （选择鞋跟底部连接线）
选择要修补的曲线或 [链(CH)/边(E)] <边>:↙
按 Enter 键接受修补曲面或 [连续性(CON)/凸度幅值(B)/导向(G)]:↙
```

结果如图 11-96 所示，至此高跟鞋鞋跟绘制完成。

图 11-94　创建网格曲面 3

图 11-95　创建网格曲面 4

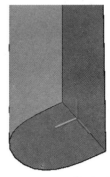
图 11-96　鞋跟底面

11.6.3　绘制鞋底

（1）将"曲面模型（鞋底）"图层置为当前图层，将视觉样式设置为"二维线框"样式。

（2）单击"默认"选项卡的"绘图"面板中的"样条曲线拟合"按钮 ~，绘制样条曲线 22 和样条曲线 23，各点的坐标见表 11-22、表 11-23。

表 11-22　样条曲线 22

点	坐标	点	坐标
点 1	0.8665,-0.6719,3.9819	点 2	0.857,-1.8407,2.0035
点 3	0.9705,-3.1464,0.4538	点 4	1.1071,-4.2658,0.4227
点 5	0.8864,-5.506,0.558	点 6	0.3193,-6.6924,0.7023
点 7	-0.6451,-5.462,0.5548	点 8	-1.0358,-4.2897,0.4227
点 9	-0.9428,-3.148,0.4616	点 10	-0.7714,-1.8076,2.0864
点 11	-0.7637,-0.6724,3.9819		

表 11-23　样条曲线 23

点	坐标	点	坐标
点 1	0.867,-0.573,4.0012	点 2	0.8437,-1.7974,1.891
点 3	0.9481,-3.1464,0.3414	点 4	1.0811,-4.2658,0.3103
点 5	0.8654,-5.506,0.4456	点 6	0.3193,-6.586,0.5765
点 7	-0.6091,-5.462,0.4423	点 8	-1.0086,-4.2897,0.3103
点 9	-0.9184,-3.148,0.3492	点 10	-0.7568,-1.7611,1.974
点 11	-0.762,-0.5732,4.0012		

结果如图 11-97 所示。

（3）将图层"曲面模型（鞋跟）"图层关闭，单击"默认"选项卡的"绘图"面板中的"样条曲线拟合"按钮 ，绘制连接线，结果如图 11-98 所示。

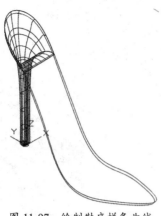
图 11-97　绘制鞋底样条曲线

图 11-98　绘制连接线

（4）单击"三维工具"选项卡"曲面"面板中的"曲面网络"按钮 ，创建网格曲面 5，将视觉样式设置为"概念"样式，结果如图 11-99 所示。

（5）将视觉样式设置为"二维线框"样式，单击"默认"选项卡的"绘图"面板中的"样条曲线拟合"按钮 ，绘制连接线，如图 11-100 所示。

图 11-99　创建网格曲面

图 11-100　绘制连接线

（6）单击"三维工具"选项卡"曲面"面板中的"曲面修补"按钮 ，创建鞋底网格曲面 5，结果如图 11-101 所示。

（7）打开"网格模型（鞋跟）"图层，单击"三维工具"选项卡"曲面"面板中的"曲面修补"按钮 ，创建鞋底网格曲面，将视觉样式设置为"概念"样式，结果如图 11-102 所示。

（8）关闭"网格模型（鞋底）"图层，打开"网格模型（鞋面）"图层，单击"三维工具"选项卡"实体编辑"面板中的"合并"按钮 ，将鞋面曲面和鞋跟曲面合并。打开"网格模型（鞋底）"图层，至此高跟鞋绘制完成，结果如图 11-103 所示。

（9）单击"默认"选项卡的"图层"面板中的"图层特性"按钮 ，打开"图层特性管理器"对话框，新建"高跟鞋"图层，将其设置为当前图层，将所有网格曲面转换到"高跟鞋"图层，关闭其余三个图层。

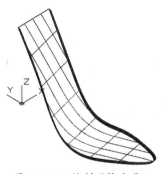  

图 11-101　绘制网格曲面 5　　　　图 11-102　绘制网格曲面　　　　图 11-103　高跟鞋

（10）单击"默认"选项卡的"选项板"面板中的"特性"按钮，打开"特性"面板，为高跟鞋模型着色，将视觉样式设置为"真实"样式，最终结果如图 11-79 所示。

11.7　名师点拨——拖动功能的限制

在拖动功能中，每条导向曲线必须满足以下条件才能正常工作。
（1）与每个横截面相交。
（2）从第一个横截面开始。
（3）到最后一个横截面结束。

11.8　上机实验

【练习 1】绘制如图 11-104 所示的吸顶灯。
【练习 2】绘制如图 11-105 所示的足球门。

图 11-104　吸顶灯　　　　　　　　　　　图 11-105　足球门

11.9　模拟考试

（1）按如图 11-106 中图形 1 所示创建单叶双曲表面的实体，然后计算其体积为（　　）。
　　A．1689.25　　　　　B．3568.74　　　　　C．6767.65　　　　　D．8635.21
（2）按如图 11-107 所示图形 2 创建实体，然后将其中的圆孔内表面绕其轴线倾斜-5°，最后计算实体的体积为（　　）。

A. 153680.25　　　B. 189756.34　　　C. 223687.38　　　D. 278240.42

图 11-106　图形 1

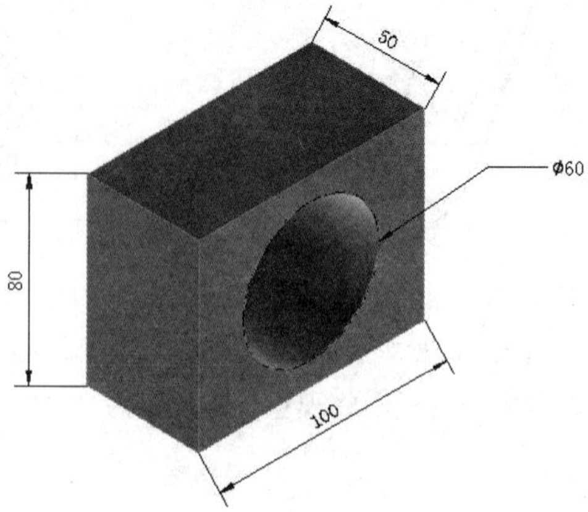

图 11-107　图形 2

（3）绘制如图 11-108 所示的支架图形。

（4）绘制如图 11-109 所示的圆柱滚子轴承。

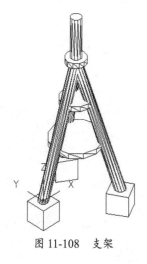

图 11-108　支架

图 11-109　圆柱滚子轴承

第 12 章 三维对象编辑

和二维对象编辑类似,三维对象编辑是指在绘制基本三维对象的基础上,对三维对象进行相应的编辑操作,以生成相对复杂的三维对象。

内容要点
- 实体三维操作
- 三维编辑功能
- 剖切视图

案例效果

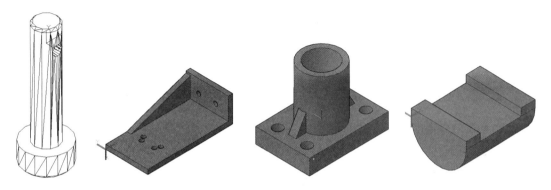

12.1 实体三维操作

【预习重点】
- 练习倒角、圆角操作。
- 对比二维、三维图形倒角操作。

12.1.1 倒角

【执行方式】
- 命令行:CHAMFER(快捷命令:CHA)。
- 菜单栏:选择菜单栏中的"修改"→"实体编辑"→"倒角边"命令。
- 工具栏:单击"实体编辑"工具栏中的"倒角边"按钮 。
- 功能区:单击"三维工具"选项卡"实体编辑"面板中的"倒角边"按钮 。

【操作步骤】

命令行提示与操作如下:
```
命令:_CHAMFEREDGE
距离 1 = 1.0000, 距离 2 = 1.0000
选择一条边或 [环(L)/距离(D)]: D↙
```

【选项说明】

（1）选择一条边：选择建模的一条边，此选项为系统的默认选项。选择某一条边以后，边就变成了虚线。

（2）环(L)：选择该选项，对一个面上的所有边建立倒角，命令行继续出现如下提示。

```
选择环边或[边(E)/距离(D)]:（选择环边）
输入选项[接受(A)/下一个(N)]<接受>:
选择环边或[边(E)/距离(D)]:
按Enter键接受倒角或[距离(D)]:
```

（3）距离(D)：选择该选项，则输入倒角距离。

12.1.2 操作实例——绘制销轴

本实例主要利用"拉伸""倒角"等命令绘制如图12-1所示的销轴。

【操作步骤】

（1）选择菜单栏中的"文件"→"新建"命令，弹出"选择样板"对话框，单击"打开"按钮右侧的下拉按钮，以"无样板打开-公制"方式建立新文件，将新文件命名为"销轴.dwg"并保存。

（2）调出"建模""视觉样式""视图"这3个工具栏，并将它们移动到绘图窗口中的适当位置。

（3）设置线框密度，默认值是4，更改为10。

（4）创建圆柱体。

① 单击"默认"选项卡"绘图"面板中的"圆"按钮，在坐标原点分别绘制半径为9和5的两个圆，如图12-2所示。

② 将视图切换到西南等轴测视图，单击"三维工具"选项卡"建模"面板中的"拉伸"按钮，将两个圆分别拉伸8和50。结果如图12-3所示。

图12-1 销轴

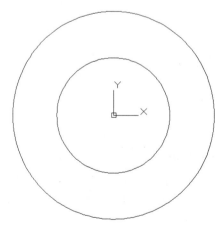

图12-2 绘制轮廓线

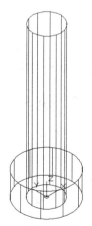

图12-3 拉伸实体

（5）布尔运算应用。

单击"三维工具"选项卡"实体编辑"面板中的"并集"按钮，将拉伸后的圆柱体进行并集处理，结果如图12-4所示。

(6) 创建销孔。

① 在命令行中输入"UCS"命令，新建坐标系，命令行提示与操作如下：

```
命令: ucs↙
当前 UCS 名称: *世界*
指定 UCS 的原点或 [面(F)/命名(NA)/对象(OB)/上一个(P)/视图(V)/世界(W)/X/Y/Z/Z 轴(ZA)] <世界>: 0,0,42↙
指定 X 轴上的点或 <接受>:↙
命令: ucs↙
当前 UCS 名称: *没有名称*
指定 UCS 的原点或 [面(F)/命名(NA)/对象(OB)/上一个(P)/视图(V)/世界(W)/X/Y/Z/Z 轴(ZA)] <世界>: x↙
指定绕 X 轴的旋转角度 <90>: 90↙
```

结果如图 12-5 所示。

② 单击"默认"选项卡"绘图"面板中的"圆"按钮⊙，在坐标点（0,0,6）处绘制半径为 2 的圆。

③ 单击"三维工具"选项卡"建模"面板中的"拉伸"按钮，将圆拉伸-12。结果如图 12-6 所示。

④ 单击"三维工具"选项卡"实体编辑"面板中的"差集"按钮，将圆柱体与拉伸后的图形进行差集处理，消隐后结果如图 12-7 所示。

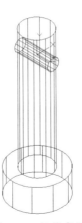

图 12-4　并集结果　　图 12-5　新建坐标系　　图 12-6　拉伸实体　　图 12-7　差集处理

⑤ 单击"默认"选项卡"修改"面板中的"倒角"按钮，对图 12-7 中的 1、2 两条边线进行倒角处理，命令行提示与操作如下：

```
命令: _chamfer
("修剪"模式) 当前倒角距离 1 = 0.0000, 距离 2 = 0.0000
选择第一条直线或 [放弃(U)/多段线(P)/距离(D)/角度(A)/修剪(T)/方式(E)/多个(M)]: d↙
指定 第一个 倒角距离 <0.0000>: 1↙
指定 第二个 倒角距离 <1.0000>:↙
选择第一条直线或 [放弃(U)/多段线(P)/距离(D)/角度(A)/修剪(T)/方式(E)/多个(M)]: (选择图 12-17 中的边线1)
基面选择...
输入曲面选择选项 [下一个(N)/当前(OK)] <当前(OK)>:↙
指定基面倒角距离或 [表达式(E)] <1.0000>:↙
指定 其他曲面 倒角距离或 [表达式(E)] <1.0000>:↙
选择边或 [环(L)]: (选择图 12-17 中的边线1)
```

用同样方法，对边线 2 进行倒角，倒角距离为 0.8，消隐后结果如图 12-1 所示。

12.1.3 圆角

【执行方式】

- 命令行：FILLET（快捷命令：F）。
- 菜单栏：选择菜单栏中的"修改"→"三维编辑"→"圆角边"命令。
- 工具栏：单击"实体编辑"工具栏中的"圆角边"按钮 。
- 功能区：单击"三维工具"选项卡"实体编辑"面板中的"圆角边"按钮 。

【操作步骤】

命令行提示与操作如下：

```
命令：_FILLETEDGE
半径 = 1.0000
选择边或 [链(C)/环(L)/半径(R)]：
```

【选项说明】

选择"链(C)"选项，表示与此边相邻的边都被选中，并进行倒圆角的操作，如图 12-8 所示。

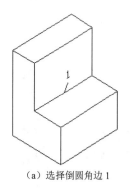 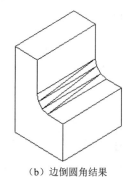 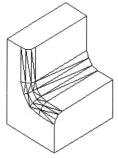

　　(a) 选择倒圆角边 1　　　　　　(b) 边倒圆角结果　　　　　　(c) 链倒圆角结果

图 12-8　对实体棱边倒圆角

12.1.4 操作实例——绘制手把

本实例主要利用"拉伸""圆角"等命令绘制如图 12-9 所示的手把。

绘制手把

图 12-9　手把

【操作步骤】

（1）单击菜单栏中的"文件"→"新建"命令，弹出"选择样板"对话框，单击"打开"按钮右侧的下拉按钮 ，以"无样板打开-公制"方式建立新文件，将新文件命名为"手把.dwg"并保存。

（2）调出"建模""视觉样式""视图"这 3 个工具栏，并将它们移动到绘图窗口中的适当位置。

(3) 设置线框密度，默认值是 4，更改为 10。

(4) 创建圆柱体。

① 单击"三维工具"选项卡"建模"面板中的"圆柱体"按钮 ，在坐标原点处创建半径分别为 5 和 10、高度为 18 的两个圆柱体。

② 单击"三维工具"选项卡"实体编辑"面板中的"差集"按钮 ，将大圆柱体减去小圆柱体，结果如图 12-10 所示。

(5) 创建拉伸实体。

① 在命令行中输入"UCS"命令，将坐标系移动到坐标点（0,0,6）处。

② 切换视图方向。选择菜单栏中的"视图"→"三维视图"→"平面视图"→"当前 UCS"命令，将视图切换到当前坐标系。

③ 单击"默认"选项卡"绘图"面板中的"直线"按钮 ，绘制两条通过圆心的十字线。

④ 单击"默认"选项卡"修改"面板中的"偏移"按钮 ，将水平线向下偏移 18，如图 12-11 所示。

⑤ 单击"默认"选项卡"绘图"面板中的"圆"按钮 ，在点 1 处绘制半径为 10 的圆，在点 2 处绘制半径为 4 的圆。

⑥ 单击"默认"选项卡"绘图"面板中的"直线"按钮 ，绘制两个圆的切线，如图 12-12 所示。

⑦ 单击"默认"选项卡"修改"面板中的"修剪"按钮 ，修剪多余线段。单击"默认"选项卡"修改"面板中的"删除"按钮 ，删除第③和④步绘制的直线。

⑧ 单击"默认"选项卡"绘图"面板中的"面域"按钮 ，将修剪后的图形创建成面域，如图 12-13 所示。

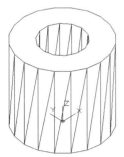 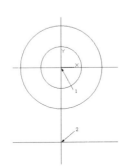 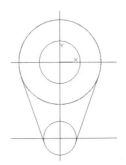 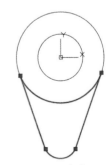

图 12-10　差集处理　　图 12-11　绘制辅助线　　图 12-12　绘制切线　　图 12-13　创建截面面域

⑨ 单击"可视化"选项卡"视图"面板中的"西南等轴测"按钮 ，将视图切换到西南等轴测视图。单击"三维工具"选项卡"建模"面板中的"拉伸"按钮 ，将上步创建的面域进行拉伸处理，拉伸距离为 6，结果如图 12-14 所示。

(6) 创建拉伸实体。

① 切换视图方向。选择菜单栏中的"视图"→"三维视图"→"平面视图"→"当前 UCS"命令，将视图切换到当前坐标系。

② 单击"默认"选项卡"绘图"面板中的"直线"按钮 ，以坐标原点为起点，绘制端点坐标为（@50<20）、（@80<25）的直线。

③ 单击"默认"选项卡"修改"面板中的"偏移"按钮 ⊆，将上步绘制的两条直线分别向上偏移，偏移距离为10。

④ 单击"默认"选项卡"绘图"面板中的"直线"按钮 ╱，连接两条直线的端点。

⑤ 单击"默认"选项卡"绘图"面板中的"圆"按钮 ⊙，在坐标原点绘制半径为10的圆，结果如图12-15所示。

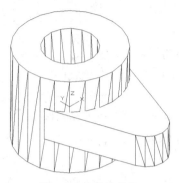

图12-14 拉伸实体

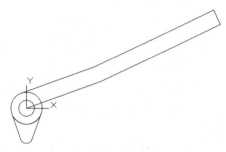

图12-15 绘制圆

⑥ 单击"默认"选项卡"修改"面板中的"修剪"按钮 ⌁，修剪多余线段。

⑦ 单击"默认"选项卡"绘图"面板中的"面域"按钮 ◎，将修剪后的图形创建成面域，如图12-16所示。

⑧ 单击"可视化"选项卡"视图"面板中的"西南等轴测"按钮 ◈，将视图切换到西南等轴测视图。单击"三维工具"选项卡"建模"面板中的"拉伸"按钮 ▮，将上步创建的面域进行拉伸处理，拉伸距离为6，结果如图12-17所示。

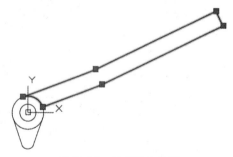

图12-16 创建截面面域

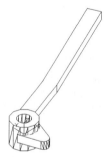

图12-17 拉伸实体

（7）创建圆柱体。

① 单击"可视化"选项卡"视图"面板中的"东南等轴测"按钮 ◈，将视图切换到东南等轴测视图，如图12-18所示。

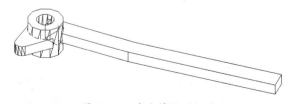

图12-18 东南等轴测视图

② 在命令行中输入"UCS"命令，将坐标系移动到把手端点，如图 12-19 所示。

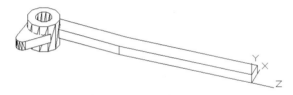

图 12-19　建立新坐标系

③ 单击"三维工具"选项卡"建模"面板中的"圆柱体"按钮，以坐标点（5,3,0）为原点，绘制半径为 2.5、高度为 5 的圆柱体，如图 12-20 所示。

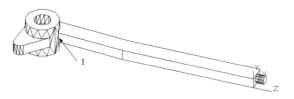

图 12-20　创建圆柱体

④ 单击"三维工具"选项卡"实体编辑"面板中的"并集"按钮，将视图中所有实体合并为一体。

（8）创建圆角。

① 单击"默认"选项卡"修改"面板中的"圆角"按钮，选取如图 12-20 所示的交线 1，输入圆角半径为 5，命令行提示与操作如下：

```
命令: _fillet
当前设置: 模式 = 修剪, 半径 = 0.0000
选择第一个对象或 [放弃(U)/多段线(P)/半径(R)/修剪(T)/多个(M)]:R✓
指定圆角半径 <0.0000>: 5✓
选择第一个对象或 [放弃(U)/多段线(P)/半径(R)/修剪(T)/多个(M)]: （选择如图12-20所示的交线1）
输入圆角半径或 [表达式(E)] <5.0000>:✓
选择边或 [链(C)/环(L)/半径(R)]: ✓
已选定 1 个边用于圆角。
```

结果如图 12-21 所示。

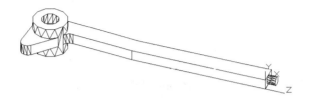

图 12-21　创建圆角

② 单击"默认"选项卡"修改"面板中的"圆角"按钮，将其余棱角进行倒圆角，半径为 2，如图 12-22 所示。

（9）创建螺纹。

① 在命令行中输入"UCS"命令，将坐标系移动到把手端点，如图 12-23 所示。

图 12-22 创建圆角

② 单击"可视化"选项卡"视图"面板中的"西南等轴测"按钮，将视图切换到西南等轴测视图。

③ 单击"默认"选项卡"绘图"面板中的"螺旋"按钮，创建螺旋线。命令行提示与操作如下：

```
命令: _Helix
圈数 = 3.0000    扭曲=CCW
指定底面的中心点: 0,0,2↙
指定底面半径或 [直径(D)] <1.0000>: 2.5↙
指定顶面半径或 [直径(D)] <2.5.0000>:↙
指定螺旋高度或 [轴端点(A)/圈数(T)/圈高(H)/扭曲(W)] <1.0000>: H↙
指定圈间距 <0.2500>: 0.58↙
指定螺旋高度或 [轴端点(A)/圈数(T)/圈高(H)/扭曲(W)] <1.0000>: -8↙
```

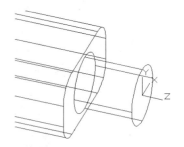

图 12-23 建立新坐标系

④ 单击"可视化"选项卡"视图"面板中的"东南等轴测"按钮，将视图切换到东南等轴测视图，结果如图 12-24 所示。

⑤ 选择菜单栏中的"视图"→"三维视图"→"俯视"命令，将视图切换到俯视图。

⑥ 绘制牙型截面轮廓。单击"默认"选项卡"绘图"面板中的"直线"按钮，捕捉螺旋线的上端点绘制牙型截面轮廓，尺寸参照如图 12-25 所示；单击"默认"选项卡"绘图"面板中的"面域"按钮，将其创建成面域。

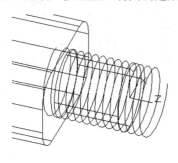

图 12-24 创建螺旋线

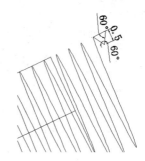

图 12-25 创建截面轮廓

⑦ 扫掠形成实体。单击"可视化"选项卡"视图"面板中的"西南等轴测"按钮，将视图切换到西南等轴测视图。单击"三维工具"选项卡"建模"面板中的"扫掠"按钮，命令行提示与操作如下：

```
命令: _sweep
当前线框密度: ISOLINES=4，闭合轮廓创建模式 = 实体
选择要扫掠的对象或 [模式(MO)]: (选择三角牙型轮廓)
选择要扫掠的对象或 [模式(MO)]: ↙
选择扫掠路径或 [对齐(A)/基点(B)/比例(S)/扭曲(T)]: (选择螺纹线)
```

结果如图 12-26 所示。

⑧ 布尔运算处理。单击"三维工具"选项卡"实体编辑"面板中的"差集"按钮 ，从主体中减去上步绘制的扫掠体，结果如图 12-27 所示。

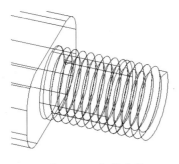

图 12-26　扫掠实体

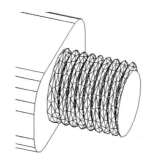

图 12-27　差集处理

12.2　三维编辑功能

三维编辑主要是对三维物体进行编辑，包括三维镜像、三维阵列、三维移动及三维旋转等。

【预习重点】

- 了解三维编辑功能的用法。
- 练习使用三维镜像。
- 练习使用三维阵列。
- 练习使用对齐对象。
- 练习使用三维移动。
- 练习使用三维旋转。

12.2.1　三维镜像

【执行方式】

- 命令行：MIRROR3D。
- 菜单栏：选择菜单栏中的"修改"→"三维操作"→"三维镜像"命令。

【操作步骤】

命令行提示与操作如下：

命令：MIRROR3D↙
选择对象：(选择要镜像的对象)
选择对象：(选择下一个对象或按 Enter 键)
指定镜像平面(三点) 的第一个点或[对象(O)/最近的(L)/Z 轴(Z)/视图(V)/XY 平面(XY)/YZ 平面(YZ)/ZX 平面(ZX)/三点(3)] <三点>：(按 Enter 键)

【选项说明】

（1）三点(3)：输入镜像平面上点的坐标。该选项通过 3 个点确定镜像平面，是系统的默认选项。

（2）最近的(L)：相对于最后定义的镜像平面对选定的对象进行镜像处理。

（3）Z 轴(Z)：利用指定的平面作为镜像平面。选择该选项后，出现如下提示。

在镜像平面上指定点：（输入镜像平面上一点的坐标）
在镜像平面的 Z 轴（法向）上指定点：（输入与镜像平面垂直的任意一条直线上任意一点的坐标）
是否删除源对象？[是(Y)/否(N)]：（根据需要确定是否删除源对象）

（4）视图(V)：指定一个平行于当前视图的平面作为镜像平面。

（5）XY（YZ、ZX）平面：指定一个平行于当前坐标系 XY（YZ、ZX）平面的平面作为镜像平面。

12.2.2 操作实例——绘制支座

绘制如图 12-28 所示的支座。操作步骤如下：

（1）绘制圆柱体。

① 单击"可视化"选项卡"视图"面板中的"西南等轴测"按钮，设置视图方向。

② 单击"三维工具"选项卡"建模"面板中的"圆柱体"按钮，绘制底面中心点坐标为（0,0,0）、底面半径分别为 20 和 15、高度为 50 的两个圆柱体，如图 12-29 所示。

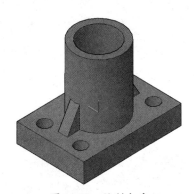

图 12-28 绘制支座

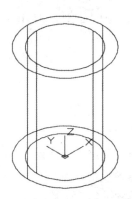

图 12-29 绘制圆柱体

（2）单击"三维工具"选项卡"建模"面板中的"长方体"按钮，绘制角点坐标分别为（-40,27.5,0）和（40,-27.5,-15）的长方体，如图 12-30 所示。

（3）单击"可视化"选项卡"视图"面板中的"前视"按钮，将视图切换到前视图，单击"默认"选项卡"绘图"面板中的"直线"按钮，绘制直线，水平直线的长度为 15，竖直直线的长度为 25，连接水平和竖直直线的端点绘制斜直线，形成一个封闭的三角形，结果如图 12-31 所示。

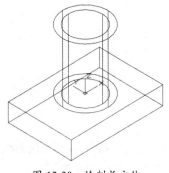

图 12-30 绘制长方体

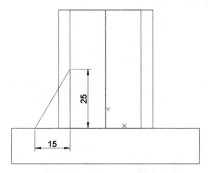

图 12-31 绘制直线

（4）单击"默认"选项卡"绘图"面板中的"面域"按钮 ⊙，将三角形创建为面域。

（5）单击"默认"选项卡"修改"面板中的"拉伸"按钮，将上步绘制的三角形进行拉伸，拉伸的高度为 7.5。

（6）单击"可视化"选项卡"视图"面板中的"西南等轴测"按钮，设置视图方向。

（7）单击"默认"选项卡"修改"面板中的"移动"按钮，以短边中点为基点，向 Z 轴方向移动 7.5，如图 12-32 所示。

选择菜单栏中的"修改"→"三维操作"→"三维镜像"命令，镜像图形，命令行提示与操作如下：

```
命令：_mirror3d
选择对象：（选择上步绘制的实体）
选择对象：✓
指定镜像平面（三点）的第一个点或 ［对象(O)/最近的(L)/Z 轴(Z)/视图(V)/XY 平面(XY)/YZ 平面(YZ)/ZX 平面(ZX)/三点(3)］<三点>：YZ✓
指定 YZ 平面上的点 <0,0,0>:0,0,0✓
是否删除源对象？［是(Y)/否(N)］<否>：✓
```

绘制结果如图 12-33 所示。

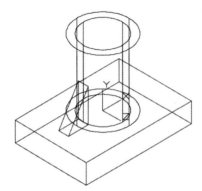
图 12-32 绘制拉伸实体并移动

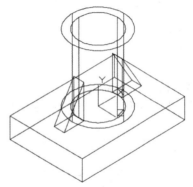
图 12-33 三维镜像处理

（8）单击"三维工具"选项卡"实体编辑"面板中的"差集"按钮，在大圆柱中减去小圆柱体，进行差集操作。

（9）单击"三维工具"选项卡"实体编辑"面板中的"并集"按钮，将所有实体进行并集操作。

（10）单击"视图"选项卡"视觉样式"面板中的"隐藏"按钮，消隐之后结果如图 12-34 所示。

在命令行输入"UCS"，将坐标系转换到世界坐标系。

（11）单击"三维工具"选项卡"建模"面板中的"圆环体"按钮，绘制以（-30,0,15）为底面中心点、半径为 5、高度为-15 的圆柱体。

（12）选择菜单栏中的"修改"→"三维操作"→"三维镜像"命令，镜像圆柱体，结果如图 12-35 所示。

（13）单击"三维工具"选项卡"实体编辑"面板中的"差集"按钮，在大实体中减去四个小圆柱体，进行差集操作。

（14）单击"视图"选项卡"视觉样式"面板中的"概念"按钮，结果如图 12-28 所示。

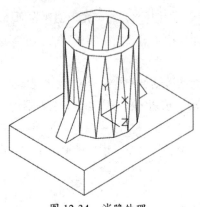
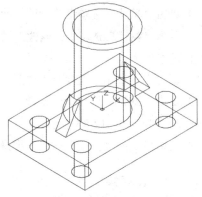

图 12-34 消隐处理　　　　　　图 12-35 三维镜像圆柱体

12.2.3 三维阵列

【执行方式】

- 命令行：3DARRAY。
- 菜单栏：选择菜单栏中的"修改"→"三维操作"→"三维阵列"命令。

【操作步骤】

命令行提示与操作如下：

命令：3DARRAY↙
选择对象：（选择要阵列的对象）
选择对象：（选择下一个对象或按 Enter 键）
输入阵列类型[矩形（R）/环形（P）]<矩形>：

【选项说明】

（1）矩形(R)：对图形进行矩形阵列复制，是系统的默认选项。

（2）环形(P)：对图形进行环形阵列复制。

12.2.4 操作实例——绘制底座

绘制如图 12-36 所示的底座。操作步骤如下：

（1）单击"可视化"选项卡"视图"面板中的"前视"按钮，将视图切换到前视图。

（2）单击"默认"选项卡"绘图"面板中的"多边形"按钮，绘制外切圆半径为 16 的三角形。

（3）单击"默认"选项卡"修改"面板中的"拉伸"按钮，将上步绘制的三角形进行拉伸，拉伸的高度为 5。

（4）单击"可视化"选项卡"视图"面板中的"西南等轴测"按钮，设置视图方向，如图 12-37 所示。

（5）将坐标系转换到世界坐标系，然后继续在命令行中输入"UCS",将坐标系移动到三维实体的上端点，如图 12-38 所示。

（6）通过观察，我们知道此时的 Z 轴方向是竖直向上的，在绘制圆柱体时，需要沿着实体 Y 轴方向来指定绘制圆柱体的高度，因此需要转换坐标系，这里输入"UCS",将坐标系绕着 X 轴旋转 $90°$，如图 12-39 所示。命令行提示与操作如下：

```
命令：UCS↙
当前 UCS 名称：*没有名称*
指定 UCS 的原点或 [面(F)/命名(NA)/对象(OB)/上一个(P)/视图(V)/世界(W)/X/Y/Z/Z 轴(ZA)] <世界>：X↙
指定绕 X 轴的旋转角度 <90>：90↙
```

 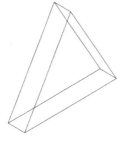 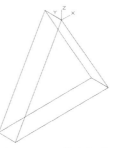 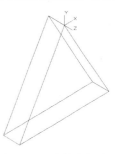

图 12-36　绘制底座　　　图 12-37　拉伸三角形　　　图 12-38　调整坐标系　　　图 12-39　旋转坐标系

（7）单击"建模"工具栏中的"圆柱体"按钮，绘制底面中心点坐标为（0,-5,0）、底面半径为 2、高度为-5 的圆柱体，如图 12-40 所示。

（8）选择菜单栏中的"修改"→"三维操作"→"三维阵列"命令，阵列绘制的圆柱体，命令行提示与操作如下：

```
命令：_3darray
选择对象：（选择圆柱体）
选择对象：↙
输入阵列类型 [矩形(R)/环形(P)] <矩形>：p↙
输入阵列中的项目数目：3↙
指定要填充的角度 (+=逆时针，-=顺时针) <360>：↙
旋转阵列对象？ [是(Y)/否(N)] <是>：↙
指定阵列的中心点：（指定实体的中心）（此时利用了"对象捕捉"功能）
指定旋转轴上的第二点：（指定中心延长线上的一点）（此时打开"正交模式"功能）
```

绘制结果如图 12-41 所示。

（9）单击"三维工具"选项卡"实体编辑"面板中的"差集"按钮，将上步绘制的圆柱体从实体中减去。

（10）单击"三维工具"选项卡"实体编辑"面板中的"圆角边"按钮，将实体的三个短边均进行圆角操作，圆角半径为 1，结果如图 12-42 所示。

（11）单击"建模"工具栏中的"圆柱体"按钮，以实体的中心为圆柱体的地面中心点，分别绘制半径为 3 和 3.5、高度为 6 的圆柱体，如图 12-43 所示。

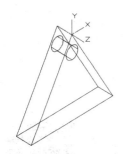 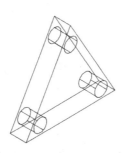 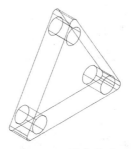 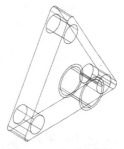

图 12-40　绘制圆柱体　　　图 12-41　三维阵列　　　图 12-42　圆角处理　　　图 12-43　绘制圆柱体

（12）单击"三维工具"选项卡"实体编辑"面板中的"差集"按钮，将大圆柱体和小圆柱体进行差集操作。

（13）单击"三维工具"选项卡"实体编辑"面板中的"并集"按钮 ，将所有实体进行并集操作。

（14）单击"视图"选项卡"视觉样式"面板中的"概念"按钮 ，最终结果如图 12-36 所示。

12.2.5 对齐对象

【执行方式】

- 命令行：ALIGN（快捷命令：AL）。
- 菜单栏：选择菜单栏中的"修改"→"三维操作"→"对齐"命令。
- 工具栏：单击"建模"工具栏中的"三维对齐"按钮 。

【操作步骤】

执行上述操作后，命令行提示与操作如下：

命令：3DALIGN✓
选择对象：（选择对齐的对象）
选择对象：（选择下一个对象或按 Enter 键）
指定源平面和方向...
指定基点或 [复制(C)]：（指定基点）
指定第二点或 [继续(C)] <C>：（指定第二点）
指定第三个点或 [继续(C)] <C>：
指定目标平面和方向...
指定第一个目标点：（指定第一个目标点）
指定第二个目标点或 [退出(X)] <X>：（指定第二个目标点）
指定第三个目标点或 [退出(X)] <X>： ✓

12.2.6 三维移动

【执行方式】

- 命令行：3DMOVE。
- 菜单栏：选择菜单栏中的"修改"→"三维操作"→"三维移动"命令。
- 工具栏：单击"建模"工具栏中的"三维移动"按钮 。

【操作步骤】

执行上述操作后，命令行提示与操作如下：

命令：3DMOVE✓
选择对象：（找到 1 个）
选择对象：✓
指定基点或 [位移(D)] <位移>：（指定基点）
指定第二个点或 <使用第一个点作为位移>：（指定第二点）

【选项说明】

其操作方法与二维移动命令类似。

12.2.7 操作实例——绘制角架

绘制角架

绘制如图 12-44 所示的角架。操作步骤如下：

（1）建立新文件。启动 AutoCAD 2020，使用默认绘图环境。单击快速访问工具栏中的"新建"按钮，打开"选择样板"对话框，以"无样板打开-公制"方式建立新文件，将新文件命名为"皮带轮立体图.dwg"并保存。

（2）设置线框密度。在命令行中输入"ISOLINES"命令，默认值为4，设置系统变量值为10。

（3）设置视图方向。单击"可视化"选项卡"视图"面板中的"西南等轴测"按钮，切换到西南等轴测视图。

（4）绘制长方体。单击"三维工具"选项卡"建模"面板中的"长方体"按钮，指定坐标为{(0,0,0)、(100,-50,5)}，绘制长方体，结果如图12-45所示。

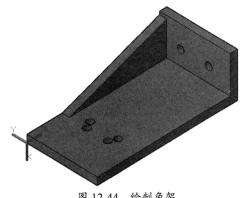

图12-44 绘制角架

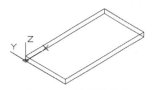

图12-45 绘制长方体

（5）绘制长方体。单击"三维工具"选项卡"建模"面板中的"长方体"按钮，指定坐标为{(0,0,5)、(5,-50,30)}，绘制长方体，结果如图12-46所示。

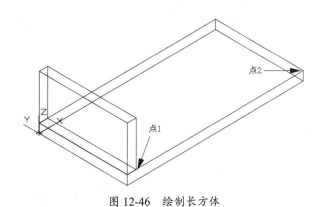

图12-46 绘制长方体

（6）移动实体。选择菜单栏中的"修改"→"三维操作"→"三维移动"命令，将其沿X轴方向移动68，命令行提示与操作操作如下：

命令：3DMOVE↙
选择对象：（选择上步绘制的长方体）
选择对象：↙
指定基点或 [位移(D)] <位移>：（选择点1）
指定第二个点或 <使用第一个点作为位移>：（选择点2）

（7）设置视图方向。单击"可视化"选项卡"视图"面板中的"前视"按钮，对视图进行切换。

（8）单击"默认"选项卡"绘图"面板中的"直线"按钮，绘制直线，起点为长方体左

327

上侧的角点向下偏移 2，下面边长为 70，形成封闭的三角形，如图 12-47 所示。

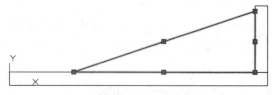

图 12-47　绘制三角形

（9）单击"默认"选项卡"绘图"面板中的"面域"按钮，将三角形创建为面域。

（10）单击"默认"选项卡"修改"面板中的"拉伸"按钮，将上步绘制的三角形进行拉伸，拉伸的高度为 5。

（11）设置视图方向。单击"可视化"选项卡"视图"面板中的"西南等轴测"按钮，切换到西南等轴测视图。

（12）绘制圆柱体。单击"三维工具"选项卡"建模"面板中的"圆柱体"按钮，以（30,-15,0）为圆心，创建半径为 2.5、高为 5 的圆柱体 1。继续以（25,-17.5,0）为圆心，创建半径为 2.5、高为 5 的圆柱体 2，结果如图 12-48 所示。

（13）选择菜单栏中的"修改"→"三维操作"→"三维镜像"命令，镜像圆柱体，如图 12-49 所示。命令行提示与操作如下：

```
命令：_mirror3d
选择对象：（选择圆柱体 1 和圆柱体 2）
指定镜像平面（三点）的第一个点或 [对象(O)/最近的(L)/Z 轴(Z)/视图(V)/XY 平面(XY)/YZ 平面(YZ)/ZX 平面(ZX)/三点(3)] <三点>：（选择大长方体左侧面的上边的中点）
在镜像平面上指定第二点：（选择大长方体左侧面的下边的中点）
在镜像平面上指定第三点：（选择大长方体右侧面的下边的中点）
是否删除源对象？[是(Y)/否(N)] <否>：✓
```

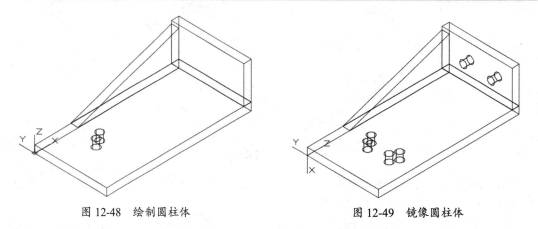

图 12-48　绘制圆柱体　　　　　　图 12-49　镜像圆柱体

（14）设置坐标系。在命令行中输入"UCS"命令，将坐标系绕 Y 轴旋转 90°。

（15）绘制圆柱体。单击"三维工具"选项卡"建模"面板中的"圆柱体"按钮，以（-15,-15,95）为圆心，创建半径为 2.5、高为 5 的圆柱体 3。继续以（-15,-35, 95）为圆心，创建半径为 2.5、高为 5 的圆柱体 4，结果如图 12-49 所示。

（16）差集运算 1。单击"三维工具"选项卡"实体编辑"面板中的"差集"按钮，对圆柱 1 和圆柱 2 与大长方体进行差集操作，将圆柱 3 和圆柱 4 与小长方体进行差集运算。

（17）单击"三维工具"选项卡"实体编辑"面板中的"并集"按钮 ，将所有实体进行并集操作。

（18）改变视觉样式。单击"视图"选项卡"视觉样式"面板中的"概念"按钮 ，最终结果如图 12-44 所示。

12.2.8　三维旋转

【执行方式】

- 命令行：3DROTATE。
- 菜单栏：选择菜单栏中的"修改"→"三维操作"→"三维旋转"命令。
- 工具栏：单击"建模"工具栏中的"三维旋转"按钮 。
- 功能区：单击"三维工具"选项卡"选择"面板中的"旋转小控件"按钮 。

12.3　剖切视图

在 AutoCAD 中，可以利用剖切功能对三维造型进行剖切处理，这样便于用户观察三维造型内部结构。

【预习重点】

- 观察剖切模型结果。
- 练习剖切操作。
- 练习剖切截面操作。

12.3.1　剖切

【执行方式】

- 命令行：SLICE（快捷命令：SL）。
- 菜单栏：选择菜单栏中的"修改"→"三维操作"→"剖切"命令。
- 功能区：单击"三维工具"选项卡"实体编辑"面板中的"剖切"按钮 。

【操作步骤】

命令行提示与操作如下：

```
命令：SLICE↙
选择要剖切的对象：（选择要剖切的实体）
选择要剖切的对象：（继续选择或按 Enter 键结束选择）
指定切面的起点或[平面对象(O)/曲面(S)/Z轴(Z)/视图(V)/XY(XY)/YZ(YZ)/ZX(ZX)/三点(3)]<三点>：
```

【选项说明】

（1）平面对象(O)：将所选对象的所在平面作为剖切面。

（2）曲面(S)：将剪切平面与曲面对齐。

（3）Z 轴(Z)：通过平面指定一点与在平面的 Z 轴（法线）上指定另一点来定义剖切平面。

（4）视图(V)：以平行于当前视图的平面作为剖切面。

（5）XY(XY)/YZ(YZ)/ZX(ZX)：将剖切平面与当前用户坐标系（UCS）的 XY 平面/YZ 平面/ZX 平面对齐。

（6）三点(3)：根据空间的 3 个点确定的平面作为剖切面。确定剖切面后，系统会提示保留一侧或两侧。

12.3.2　操作实例——绘制胶木球

创建如图 12-50 所示的胶木球。本例首先新建文件并设置绘图环境，然后利用"球体"命令绘制球体，接下来重点掌握利用"剖切"命令剖切平面，最后利用"旋转""差集"命令绘制球孔，最终完成胶木球的绘制。

（1）建立新文件

单击菜单栏中的"文件"→"新建"命令，弹出"选择样板"对话框，单击"打开"按钮右侧的下拉按钮，以"无样板打开-公制"方式建立新文件，将新文件命名为"胶木球.dwg"并保存。

（2）设置线框密度

默认值是 4，更改为 10。

（3）创建球体图形

① 单击"三维工具"选项卡"建模"面板中的"球体"按钮，在坐标原点绘制半径为 9 的球体，命令行提示与操作如下：

```
命令：_sphere
指定中心点或 [三点(3P)/两点(2P)/切点、切点、半径(T)]：0,0,0↙
指定半径或 [直径(D)]：9↙
```

结果如图 12-51 所示。

② 单击"三维工具"选项卡"实体编辑"面板中的"剖切"按钮，对球体进行剖切，命令行提示与操作如下：

```
命令：_slice
选择要剖切的对象：（选择球）
选择要剖切的对象：↙
指定切面的起点或 [平面对象(O)/曲面(S)/Z 轴(Z)/视图(V)/XY(XY)/YZ(YZ)/ZX(ZX)/三点(3)]
<三点>：XY↙
指定 XY 平面上的点 <0,0,0>：0,0,6↙
在所需的侧面上指定点或 [保留两个侧面(B)] <保留两个侧面>：（选取球体下方）
```

结果如图 12-52 所示。

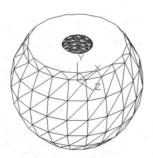
图 12-50　胶木球

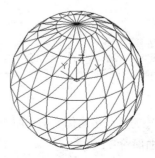
图 12-51　绘制球体

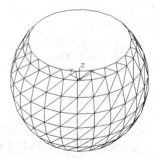
图 12-52　剖切平面

(4) 创建旋转体

① 单击"可视化"选项卡"视图"面板中的"左视"按钮,将视图切换到左视图。

② 单击"默认"选项卡"绘图"面板中的"直线"按钮,绘制如图 12-53 所示的图形。

③ 单击"默认"选项卡"绘图"面板中的"面域"按钮,将上步绘制的图形创建为面域。

④ 单击"三维工具"选项卡"建模"面板中的"旋转"按钮,将上步创建的面域绕 Y 轴进行旋转,结果如图 12-54 所示。

⑤ 单击"三维工具"选项卡"实体编辑"面板中的"差集"按钮,将并集处理后的图形和小圆柱体进行差集处理。结果如图 12-55 所示。

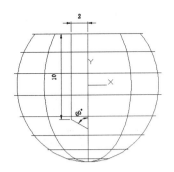 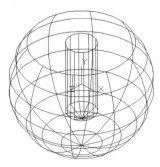 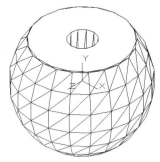

图 12-53　绘制的旋转截面图　　图 12-54　旋转实体　　图 12-55　差集结果

(5) 创建螺纹

① 在命令行输入"UCS"命令,将坐标系恢复成世界坐标系。

② 单击"默认"选项卡"绘图"面板中的"螺旋"按钮,创建螺旋线。命令行提示与操作如下:

```
命令: _Helix
圈数 = 3.0000    扭曲=CCW
指定底面的中心点: 0,0,8↙
指定底面半径或 [直径(D)] <1.0000>: 2↙
指定顶面半径或 [直径(D)] <2.0000>: ↙
指定螺旋高度或 [轴端点(A)/圈数(T)/圈高(H)/扭曲(W)] <1.0000>: H↙
指定圈间距 <3.6667>: 0.58↙
指定螺旋高度或 [轴端点(A)/圈数(T)/圈高(H)/扭曲(W)] <11.0000>: -9↙
```

结果如图 12-56 所示。

③ 单击"可视化"选项卡"视图"面板中的"前视"按钮,将视图切换到前视图。

④ 绘制牙型截面轮廓。单击"默认"选项卡"绘图"面板中的"直线"按钮,捕捉螺旋线的上端点绘制牙型截面轮廓,单击"默认"选项卡"绘图"面板中的"面域"按钮,将其创建成面域,结果如图 12-57 所示。

⑤ 扫掠形成实体。单击"可视化"选项卡"视图"面板中的"西南等轴测"按钮,将视图切换到西南等轴测视图。单击"三维工具"选项卡"建模"面板中的"扫掠"按钮,命令行提示与操作如下:

```
命令: _sweep
当前线框密度: ISOLINES=4,闭合轮廓创建模式 = 实体
选择要扫掠的对象或 [模式(MO)]: (选择三角牙型轮廓)
选择要扫掠的对象或 [模式(MO)]: ↙
选择扫掠路径或 [对齐(A)/基点(B)/比例(S)/扭曲(T)]: (选择螺纹线)
```

结果如图 12-58 所示。

⑥ 布尔运算处理。单击"三维工具"选项卡"实体编辑"面板中的"差集"按钮，从主体中减去上步绘制的扫掠体，结果如图 12-59 所示。

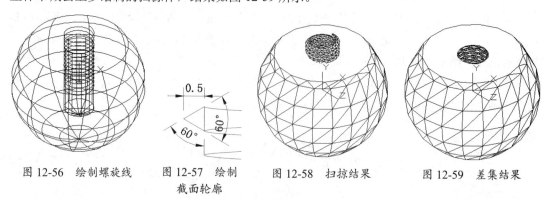

图 12-56　绘制螺旋线　　图 12-57　绘制截面轮廓　　图 12-58　扫掠结果　　图 12-59　差集结果

12.4　综合演练——绘制手压阀阀体

本实例绘制如图 12-60 所示的手压阀阀体。本实例主要利用前面学习的"拉伸""圆柱体""扫掠""圆角"等命令进行绘制。

12.4.1　创建基本形体

（1）建立新文件

单击菜单栏中的"文件"→"新建"命令，弹出"选择样板"对话框，单击"打开"按钮右侧的下拉按钮，以"无样板打开-公制"方式建立新文件，将新文件命名为"阀体.dwg"并保存。

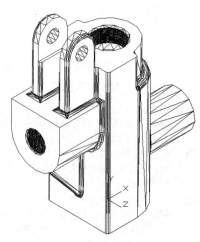

图 12-60　手压阀阀体

（2）设置线框密度

默认值是 4，更改为 10。

（3）创建拉伸实体

① 单击"默认"选项卡"绘图"面板中的"圆弧"按钮，在坐标原点处绘制半径为 25、角度为 180°的圆弧。

② 单击"默认"选项卡"绘图"面板中的"直线"按钮，分别绘制长度为 25 和 50 的直线。结果如图 12-61 所示。

③ 单击"默认"选项卡"绘图"面板中的"面域"按钮，将绘制好的图形创建成面域。

④ 单击"可视化"选项卡"视图"面板中的"西南等轴测"按钮，将视图切换到西南等轴测视图。单击"三维工具"选项卡"建模"面板中的"拉伸"按钮，将上步创建的面域进行拉伸处理，拉伸距离为 113，结果如图 12-62 所示。

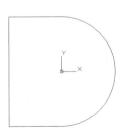
图 12-61 绘制截面图形

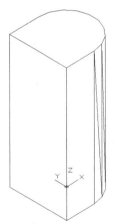
图 12-62 拉伸实体

（4）创建圆柱体

① 单击"可视化"选项卡"视图"面板中的"东北等轴测"按钮，将视图切换到东北等轴测视图。

② 在命令行中输入"UCS"命令，将坐标系绕 Y 轴旋转 $90°$。

③ 单击"三维工具"选项卡"建模"面板中的"圆柱体"按钮，以坐标点（-35,0,0）为圆点，绘制半径为 15、高为 58 的圆柱体。结果如图 12-63 所示。

④ 在命令行中输入"UCS"命令，将坐标移动到坐标点（-70,0,0），并将坐标系绕 Z 轴旋转 $-90°$。

⑤ 切换视图方向。选择菜单栏中的"视图"→"三维视图"→"平面视图"→"当前 UCS"命令，将视图切换到当前坐标系。

⑥ 单击"默认"选项卡"绘图"面板中的"圆弧"按钮，绘制以原点为圆心、半径为 20、角度为 $180°$ 的圆弧。

⑦ 单击"默认"选项卡"绘图"面板中的"直线"按钮，分别绘制长度为 20 和 40 的直线。

⑧ 单击"默认"选项卡"绘图"面板中的"面域"按钮，将绘制好的图形创建成面域。结果如图 12-64 所示。

⑨ 单击"可视化"选项卡"视图"面板中的"西南等轴测"按钮，将视图切换到西南等轴测视图。单击"三维工具"选项卡"建模"面板中的"拉伸"按钮，将上步创建的面域进行拉伸处理，拉伸距离为-60，结果如图 12-65 所示。

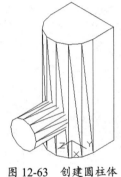
图 12-63 创建圆柱体

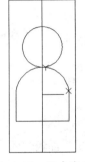
图 12-64 创建截面

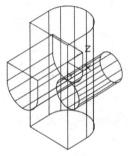
图 12-65 拉伸实体

(5) 创建长方体

① 在命令行中输入"UCS"命令,将坐标系绕 X 轴旋转 180°,并将坐标系移动到坐标(0,20,25)处。

② 单击"三维工具"选项卡"建模"面板中的"长方体"按钮,绘制长方体。命令行提示与操作如下:

```
命令: _box
指定第一个角点或 [中心(C)]: 15,0,0↙
指定其他角点或 [立方体(C)/长度(L)]: L↙
指定长度: 30↙
指定宽度: 38↙
指定高度或 [两点(2P)] <60.0000>: 24↙
```

结果如图 12-66 所示。

(6) 创建圆柱体

① 在命令行中输入"UCS"命令,将坐标系绕 Y 轴旋转 90°。

② 单击"三维工具"选项卡"建模"面板中的"圆柱体"按钮,以坐标点(-12,38,-15)为起点,绘制半径为 12、高度为 30 的圆柱体。结果如图 12-67 所示。

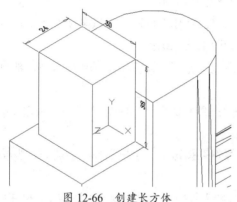
图 12-66 创建长方体

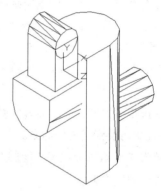
图 12-67 创建圆柱体

(7) 布尔运算应用

单击"三维工具"选项卡"实体编辑"面板中的"并集"按钮,将视图中所有实体进行并集操作。消隐后结果如图 12-68 所示。

(8) 创建长方体

单击"三维工具"选项卡"建模"面板中的"长方体"按钮,绘制长方体,命令行提示与操作如下:

```
命令: _box
指定第一个角点或 [中心(C)]: 0,0,7↙
指定其他角点或 [立方体(C)/长度(L)]: L↙
指定长度: 24↙
指定宽度: 50↙
指定高度或 [两点(2P)] <60.0000>: -14↙
```

结果如图 12-69 所示。

(9) 布尔运算应用

单击"三维工具"选项卡"实体编辑"面板中的"差集"按钮,在视图中减去长方体,消隐后结果如图 12-70 所示。

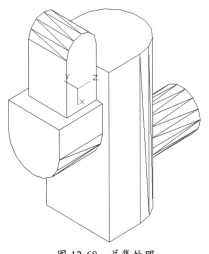　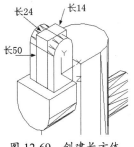　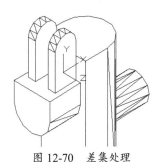

图 12-68　并集处理　　　图 12-69　创建长方体　　　图 12-70　差集处理

（10）创建圆柱体

单击"三维工具"选项卡"建模"面板中的"圆柱体"按钮，以坐标点（-12,38,-15）为起点，绘制半径为 5、高度为 30 的圆柱体。消隐后结果如图 12-71 所示。

（11）布尔运算应用

单击"三维工具"选项卡"实体编辑"面板中的"差集"按钮，在视图中减去圆柱体，消隐后结果如图 12-72 所示。

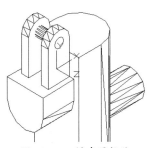　　　　

图 12-71　创建圆柱体　　　　图 12-72　差集处理

12.4.2　创建细节特征

（1）创建长方体

单击"三维工具"选项卡"建模"面板中的"长方体"按钮，绘制长方体，命令行提示与操作如下：

```
命令: _box
指定第一个角点或 [中心(C)]: 0,26,9↙
指定其他角点或 [立方体(C)/长度(L)]: L↙
指定长度: 24↙
指定宽度: 24↙
指定高度或 [两点(2P)] <60.0000>: -18↙
```

结果如图 12-73 所示。

（2）布尔运算应用

单击"三维工具"选项卡"实体编辑"面板中的"差集"按钮，在视图中减去长方体，消隐后结果如图 12-74 所示。

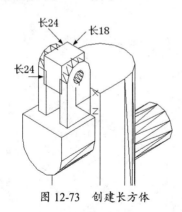
图 12-73 创建长方体

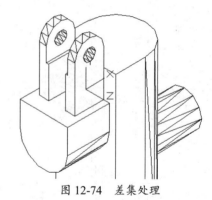
图 12-74 差集处理

（3）创建旋转体

① 在命令行中输入"UCS"命令，将坐标系恢复到世界坐标系。

② 选择菜单栏中的"视图"→"三维视图"→"前视"命令，将视图切换到前视图。

③ 单击"默认"选项卡"绘图"面板中的"直线"按钮 ／、"修改"面板中的"偏移"按钮 ⊆ 和"修改"面板中的"修剪"按钮 ⊱，绘制一系列直线。

④ 单击"默认"选项卡"绘图"面板中的"面域"按钮 ◎，将绘制好的图形创建成面域。结果如图 12-75 所示。

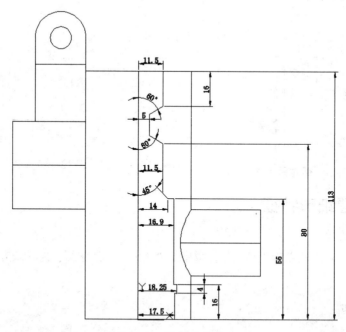
图 12-75 绘制旋转截面

⑤ 单击"可视化"选项卡"视图"面板中的"东北等轴测"按钮 ◈，将视图切换到东北等轴测视图。

⑥ 单击"三维工具"选项卡"建模"面板中的"旋转"按钮 ◈，将第④步创建的面域绕 Y 轴进行旋转，结果如图 12-76 所示。

（4）布尔运算应用

单击"三维工具"选项卡"实体编辑"面板中的"差集"按钮，将旋转体进行差集处理。结果如图12-77所示。

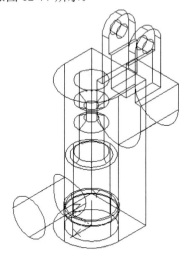
图 12-76　旋转实体

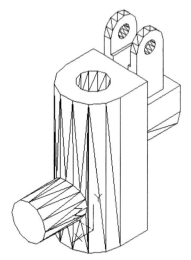
图 12-77　差集处理

（5）创建旋转体

① 在命令行中输入"UCS"命令，将坐标系恢复到世界坐标系。

② 选择菜单栏中的"视图"→"三维视图"→"前视"命令，将视图切换到前视图。

③ 单击"默认"选项卡"绘图"面板中的"直线"按钮、"修改"面板中的"偏移"按钮和"修改"面板中的"修剪"按钮，绘制一系列直线。

④ 单击"默认"选项卡"绘图"面板中的"面域"按钮，将绘制好的图形创建成面域。结果如图12-78所示。

⑤ 单击"可视化"选项卡"视图"面板中的"西南等轴测"按钮，将视图切换到西南等轴测视图。

⑥ 在命令行中输入"UCS"命令，将坐标系移动到如图12-79所示位置。

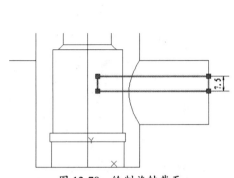
图 12-78　绘制旋转截面

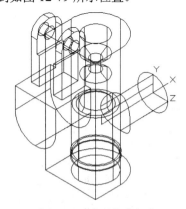
图 12-79　建立新坐标系

⑦ 单击"三维工具"选项卡"建模"面板中的"旋转"按钮，将第④步创建的面域绕 X 轴进行旋转，结果如图12-80所示。

（6）布尔运算应用

① 单击"可视化"选项卡"视图"面板中的"东北等轴测"按钮◈，将视图切换到东北等轴测视图。

② 单击"三维工具"选项卡"实体编辑"面板中的"差集"按钮，将旋转体进行差集处理，结果如图12-81所示。

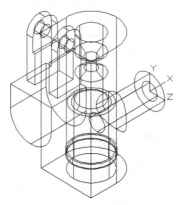 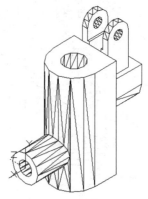

图12-80　旋转实体　　　　　　　　　图12-81　差集处理

（7）创建旋转体

① 在命令行中输入"UCS"命令，将坐标系恢复到世界坐标系。

② 选择菜单栏中的"视图"→"三维视图"→"前视"命令，将视图切换到前视图。

③ 单击"默认"选项卡"绘图"面板中的"直线"按钮╱、"修改"面板中的"偏移"按钮⊆和"修改"面板中的"修剪"按钮，绘制一系列直线。

④ 单击"默认"选项卡"绘图"面板中的"面域"按钮，将绘制好的图形创建成面域。结果如图12-82所示。

⑤ 单击"可视化"选项卡"视图"面板中的"西南等轴测"按钮◈，将视图切换到西南等轴测视图。

⑥ 在命令行中输入"UCS"命令，将坐标系移动到如图12-83所示位置。

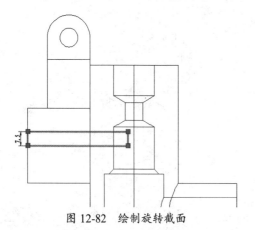 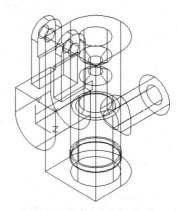

图12-82　绘制旋转截面　　　　　　　图12-83　建立新坐标系

⑦ 单击"三维工具"选项卡"建模"面板中的"旋转"按钮，将第④步创建的面域绕X轴进行旋转，结果如图12-84所示。

(8) 布尔运算应用

单击"三维工具"选项卡"实体编辑"面板中的"差集"按钮 ⬚，将旋转体进行差集处理。结果如图12-85所示。

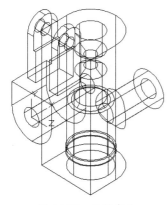 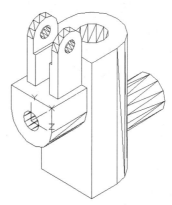

图 12-84　旋转实体　　　　　　　　　图 12-85　差集处理

(9) 创建圆柱体

① 在命令行中输入"UCS"命令，将坐标系恢复到世界坐标系。

② 在命令行中输入"UCS"命令，将坐标系移动到坐标（0,0,113）处。

③ 选择菜单栏中的"视图"→"三维视图"→"平面视图"→"当前UCS"命令，将视图切换到当前坐标系。

④ 单击"默认"选项卡"绘图"面板中的"圆"按钮 ⊙，在坐标原点处绘制半径为20和25的圆。

⑤ 单击"默认"选项卡"绘图"面板中的"直线"按钮 ／，过中心点绘制一条竖直直线。

⑥ 单击"默认"选项卡"修改"面板中的"修剪"按钮 ⌇，修剪多余的线段。

⑦ 单击"默认"选项卡"绘图"面板中的"面域"按钮 ◎，将绘制的图形创建成面域，如图12-86所示。

⑧ 单击"可视化"选项卡"视图"面板中的"东北等轴测"按钮 ⬥，将视图切换到东北等轴测视图。单击"三维工具"选项卡"建模"面板中的"拉伸"按钮 ▮，将上步创建的面域进行拉伸处理，拉伸距离为-23，消隐后结果如图12-87所示。

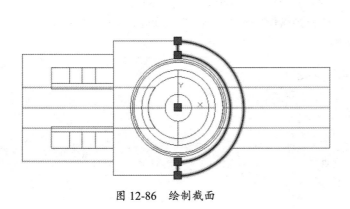 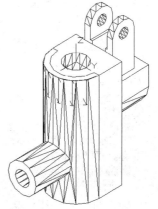

图 12-86　绘制截面　　　　　　　　　图 12-87　拉伸实体

（10）布尔运算应用

单击"三维工具"选项卡"实体编辑"面板中的"差集"按钮，在视图中用实体减去拉伸体。单击"可视化"选项卡"视图"面板中的"东北等轴测"按钮，将视图切换到东北等轴测视图。消隐后结果如图 12-88 所示。

（11）创建加强筋

① 在命令行中输入"UCS"命令，将坐标系恢复到世界坐标系。

选择菜单栏中的"视图"→"三维视图"→"前视"命令，将视图切换到前视图。

② 单击"默认"选项卡"绘图"面板中的"直线"按钮、"修改"面板中的"偏移"按钮和"修改"面板中的"修剪"按钮，绘制线段。单击"默认"选项卡"绘图"面板中的"面域"按钮，将绘制的图形创建成面域，结果如图 12-89 所示。

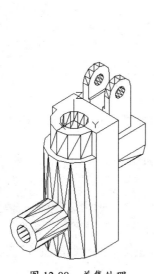

图 12-88　差集处理

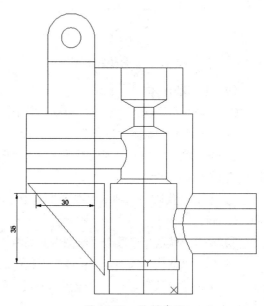

图 12-89　绘制截面

③ 单击"可视化"选项卡"视图"面板中的"西南等轴测"按钮，将视图切换到西南等轴测视图。单击"三维工具"选项卡"建模"面板中的"拉伸"按钮，将上步创建的面域进行拉伸处理，拉伸高度为 3，结果如图 12-90 所示。

④ 在命令行中输入"UCS"命令，将坐标系恢复到世界坐标系。

⑤ 选择菜单栏中的"修改"→"三维操作"→"三维镜像"命令，将拉伸的实体镜像，命令行提示与操作如下：

```
命令：_mirror3d
选择对象：找到 1 个（选取上一步的拉伸实体）
选择对象：✓
指定镜像平面（三点）的第一个点或[对象(O)/最近的(L)/Z 轴(Z)/视图(V)/XY 平面(XY)/YZ 平面(YZ)/ZX 平面(ZX)/三点(3)] <三点>：0,0,0✓
在镜像平面上指定第二点：0,0,10✓
在镜像平面上指定第三点：10,0,0✓
是否删除源对象？[是(Y)/否(N)] <否>：✓
```

消隐后的结果如图 12-91 所示。

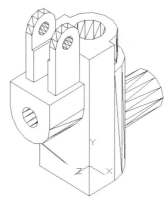
图 12-90　拉伸实体

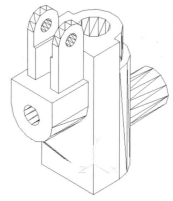
图 12-91　镜像实体

（12）布尔运算应用

单击"三维工具"选项卡"实体编辑"面板中的"并集"按钮，将视图中的实体和上步绘制的拉伸体进行并集处理。结果如图 12-92 所示。

（13）创建倒角

单击"默认"选项卡"修改"面板中的"倒角"按钮，将实体孔处倒角，倒角大小为 1.5 和 1，结果如图 12-93 所示。

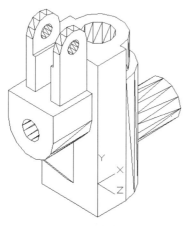
图 12-92　并集处理

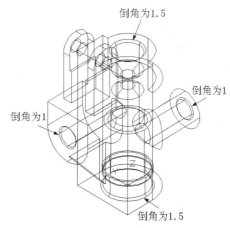
图 12-93　倒角处理

12.4.3　创建螺纹

（1）在命令行中输入"UCS"命令，将坐标系恢复到世界坐标系。

（2）单击"默认"选项卡"绘图"面板中的"螺旋"按钮，创建螺旋线。命令行提示与操作如下：

```
命令: _Helix
圈数 = 3.0000       扭曲=CCW
指定底面的中心点: 0,0,-2↙
指定底面半径或 [直径(D)] <11.0000>:17.5↙
指定顶面半径或 [直径(D)] <11.0000>:17.5↙
指定螺旋高度或 [轴端点(A)/圈数(T)/圈高(H)/扭曲(W)] <1.0000>: H↙
指定圈间距 <0.2500>: 0.58↙
指定螺旋高度或 [轴端点(A)/圈数(T)/圈高(H)/扭曲(W)] <1.0000>: 15↙
```

结果如图 12-94 所示。

（3）选择菜单栏中的"视图"→"三维视图"→"前视"命令，将视图切换到前视图。

（4）单击"默认"选项卡"绘图"面板中的"直线"按钮，在图形中绘制截面，单击"默认"选项卡"绘图"面板中的"面域"按钮，将其创建成面域，结果如图 12-95 所示。

（5）扫掠形成实体。单击"可视化"选项卡"视图"面板中的"西南等轴测"按钮，将视图切换到西南等轴测视图。单击"三维工具"选项卡"建模"面板中的"扫掠"按钮，命令行提示与操作如下：

```
命令：_sweep
当前线框密度：ISOLINES=4，闭合轮廓创建模式 = 实体
选择要扫掠的对象或 [模式(MO)]：（选择三角牙型轮廓）
选择要扫掠的对象或 [模式(MO)]：✓
选择扫掠路径或 [对齐(A)/基点(B)/比例(S)/扭曲(T)]：（选择螺纹线）
```

结果如图 12-96 所示。

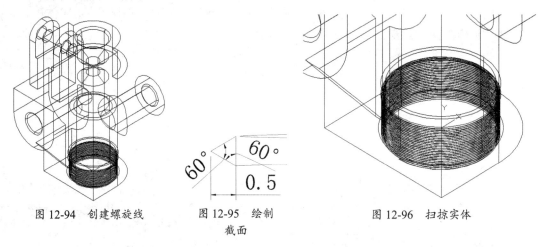

图 12-94　创建螺旋线　　图 12-95　绘制截面　　图 12-96　扫掠实体

（6）布尔运算处理。单击"三维工具"选项卡"实体编辑"面板中的"差集"按钮，从主体中减去上步绘制的扫掠体，结果如图 12-97 所示。

（7）在命令行中输入"UCS"命令，将坐标系恢复到世界坐标系。

在命令行中输入"UCS"命令，将坐标系移动到坐标（0,0,113）处。

（8）单击"默认"选项卡"绘图"面板中的"螺旋"按钮，创建螺旋线。命令行提示与操作如下：

```
命令：_Helix
圈数 = 3.0000    扭曲=CCW
指定底面的中心点：0,0,2✓
指定底面半径或 [直径(D)] <11.0000>:11.5✓
指定顶面半径或 [直径(D)] <11.0000>:11.5✓
指定螺旋高度或 [轴端点(A)/圈数(T)/圈高(H)/扭曲(W)] <1.0000>：H✓
指定圈间距 <0.2500>：0.58✓
指定螺旋高度或 [轴端点(A)/圈数(T)/圈高(H)/扭曲(W)] <1.0000>：-13✓
```

结果如图 12-98 所示。

（9）选择菜单栏中的"视图"→"三维视图"→"左视"命令，将视图切换到左视图。

（10）单击"默认"选项卡"绘图"面板中的"直线"按钮，在图形中绘制截面，单击"默认"选项卡"绘图"面板中的"面域"按钮，将其创建成面域，结果如图 12-99 所示。

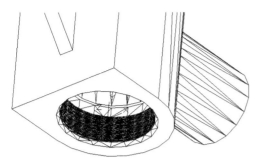
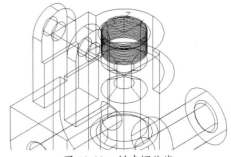

图 12-97　差集处理　　　　　　　图 12-98　创建螺旋线

（11）扫掠形成实体。单击"可视化"选项卡"视图"面板中的"西南等轴测"按钮，将视图切换到西南等轴测视图。单击"三维工具"选项卡"建模"面板中的"扫掠"按钮，命令行提示与操作如下：

```
命令：_sweep
当前线框密度：ISOLINES=4，闭合轮廓创建模式 = 实体
选择要扫掠的对象或 [模式(MO)]：（选择三角牙型轮廓）
选择要扫掠的对象或 [模式(MO)]：✓
选择扫掠路径或 [对齐(A)/基点(B)/比例(S)/扭曲(T)]：（选择螺纹线）
```

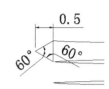

图 12-99　绘制截面

结果如图 12-100 所示。

（12）布尔运算处理。单击"三维工具"选项卡"实体编辑"面板中的"差集"按钮，从主体中减去上步绘制的扫掠体，结果如图 12-101 所示。

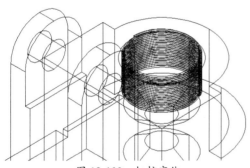
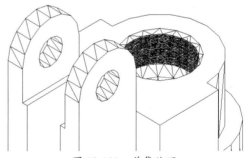

图 12-100　扫掠实体　　　　　　　图 12-101　差集处理

（13）在命令行中输入"UCS"命令，将坐标系恢复到世界坐标系。

在命令行中输入"UCS"命令，将坐标系移动到如图 12-102 所示位置。

（14）单击"默认"选项卡"绘图"面板中的"螺旋"按钮，创建螺旋线。命令行提示与操作如下：

```
命令：_Helix
圈数 = 3.0000    扭曲=CCW
指定底面的中心点：0,0,-2✓
指定底面半径或 [直径(D)] <11.0000>:7.5✓
指定顶面半径或 [直径(D)] <11.0000>:7.5✓
指定螺旋高度或 [轴端点(A)/圈数(T)/圈高(H)/扭曲(W)] <1.0000>: H✓
指定圈间距 <0.2500>: 0.58✓
指定螺旋高度或 [轴端点(A)/圈数(T)/圈高(H)/扭曲(W)] <1.0000>: 22.5✓
```

结果如图 12-103 所示。

（15）选择菜单栏中的"视图"→"三维视图"→"前视"命令，将视图切换到前视图。

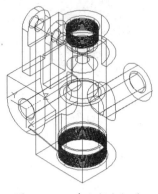

图 12-102　建立新坐标系

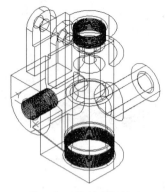

图 12-103　创建螺旋线

（16）单击"默认"选项卡"绘图"面板中的"直线"按钮，在图形中绘制截面，单击"默认"选项卡"绘图"面板中的"面域"按钮，将其创建成面域，结果如图 12-104 所示。

（17）扫掠形成实体。单击"可视化"选项卡"视图"面板中的"西南等轴测"按钮，将视图切换到西南等轴测视图。单击"三维工具"选项卡"建模"面板中的"扫掠"按钮，命令行提示与操作如下：

图 12-104　绘制截面

```
命令：_sweep
当前线框密度：ISOLINES=4，闭合轮廓创建模式 = 实体
选择要扫掠的对象或 [模式(MO)]：（选择三角牙型轮廓）
选择要扫掠的对象或 [模式(MO)]：↙
选择扫掠路径或 [对齐(A)/基点(B)/比例(S)/扭曲(T)]：（选择螺纹线）
```

结果如图 12-105 所示。

（18）布尔运算处理。单击"三维工具"选项卡"实体编辑"面板中的"差集"按钮，从主体中减去上步绘制的扫掠体，结果如图 12-106 所示。

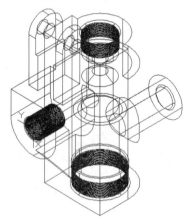

图 12-105　扫掠实体

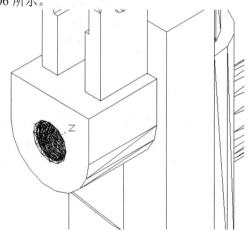

图 12-106　差集实体

（19）在命令行中输入"UCS"命令，将坐标系恢复到世界坐标系。

（20）单击"可视化"选项卡"视图"面板中的"东北等轴测"按钮，将视图切换到东北等轴测视图。

（21）在命令行中输入"UCS"命令，将坐标系移动到如图 12-107 所示位置。

(22) 单击"默认"选项卡"绘图"面板中的"螺旋"按钮 ，创建螺旋线，命令行提示与操作如下：

```
命令：_Helix
圈数 = 3.0000  扭曲=CCW
指定底面的中心点: 0,0,-2✓
指定底面半径或 [直径(D)] <11.0000>:7.5✓
指定顶面半径或 [直径(D)] <11.0000>:7.5✓
指定螺旋高度或 [轴端点(A)/圈数(T)/圈高(H)/扭曲(W)] <1.0000>: H✓
指定圈间距 <0.2500>: 0.58✓
指定螺旋高度或 [轴端点(A)/圈数(T)/圈高(H)/扭曲(W)] <1.0000>:22✓
```

结果如图 12-108 所示。

(23) 单击"可视化"选项卡"视图"面板中的"俯视"按钮 ，将视图切换到俯视图。

(24) 单击"默认"选项卡"绘图"面板中的"直线"按钮 ，在图形中绘制截面，单击"默认"选项卡"绘图"面板中的"面域"按钮 ，将其创建成面域，结果如图 12-109 所示。

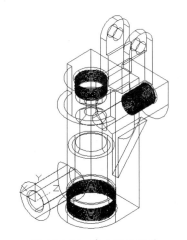
图 12-107 建立新坐标系

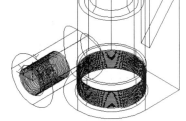
图 12-108 创建螺旋线

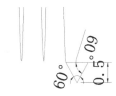
图 12-109 绘制截面

(25) 扫掠形成实体。单击"可视化"选项卡"视图"面板中的"西南等轴测"按钮 ，将视图切换到西南等轴测视图。单击"三维工具"选项卡"建模"面板中的"扫掠"按钮 ，命令行提示与操作如下：

```
命令：_sweep
当前线框密度：ISOLINES=4, 闭合轮廓创建模式 = 实体
选择要扫掠的对象或 [模式(MO)]: (选择三角牙型轮廓)
选择要扫掠的对象或 [模式(MO)]: ✓
选择扫掠路径或 [对齐(A)/基点(B)/比例(S)/扭曲(T)]: (选择螺纹线)
```

结果如图 12-110 所示。

(26) 布尔运算处理。单击"三维工具"选项卡"实体编辑"面板中的"差集"按钮 ，从主体中减去上步绘制的扫掠体，结果如图 12-111 所示。

(27) 创建圆角。单击"默认"选项卡"修改"面板中的"圆角"按钮 ，将棱角进行倒圆角，半径为2。结果如图 12-112 所示。

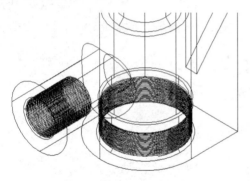
图 12-110 扫掠实体

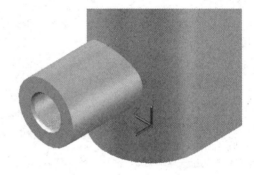
图 12-111 差集处理

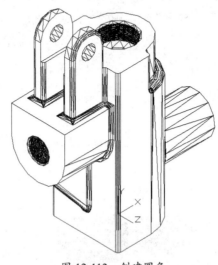
图 12-112 创建圆角

12.5 名师点拨——三维编辑跟我学

1. 三维阵列绘制注意事项

在进行三维阵列操作时，要关闭"对象捕捉""三维对象捕捉"等功能，取消对中心点捕捉的影响，否则得不到预想结果。

2. "隐藏"命令的应用

在创建复杂的模型时，一个文件中往往存在多个实体造型，以至于无法观察被遮挡的实体，此时可以将当前不需要操作的实体造型通过关闭实体造型所在图层隐藏起来，即可对需要操作的实体进行编辑操作。完成后再利用"显示所有实体"命令把被隐藏的实体显示出来。

12.6 上机实验

【练习1】创建如图 12-113 所示的三通管。

【练习2】创建如图12-114所示的轴。

图12-113 三通管

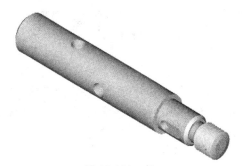

图12-114 轴

12.7 模拟考试

（1）可以将三维实体对象分解成原来组成三维实体的部件的命令是（ ）。
　　A. 分解　　　　　B. 剖切　　　　　C. 分割　　　　　D. 切割
（2）在三维对象捕捉中，下面哪一项不属于捕捉模式？（ ）
　　A. 顶点　　　　　B. 节点　　　　　C. 面中心　　　　D. 端点
（3）绘制如图12-115所示的齿轮。
（4）绘制如图12-116所示的弯管接头。
（5）绘制如图12-117所示的内六角螺钉。

图12-115 齿轮

图12-116 弯管接头

图12-117 内六角螺钉

（6）绘制如图12-118所示的方向盘，并进行渲染处理。
（7）绘制如图12-119所示的旋塞体并赋材质，然后进行渲染。

图12-118 方向盘

图12-119 旋塞体

第 13 章 三维实体编辑

三维实体编辑是指对三维造型的结构单元本身进行编辑,从而改变造型形状和结构,是 AutoCAD 三维建模中最复杂的一部分内容。本章主要介绍实体编辑、三维装配等知识。

内容要点
- 实体编辑
- 三维装配

案例效果

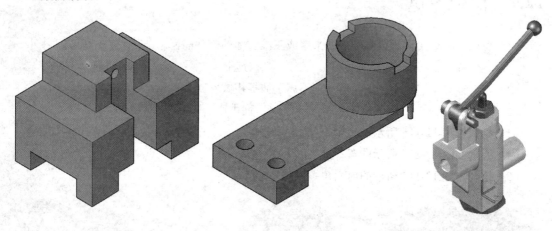

13.1 实体编辑

实体编辑是指对单个三维实体本身的某些部分或某些要素进行编辑,从而改变三维实体造型。

【预习重点】
- 练习拉伸面操作。
- 练习复制面操作。
- 练习抽壳操作。
- 观察编辑命令适用对象。

13.1.1 抽壳

【执行方式】
- 命令行:SOLIDEDIT。
- 菜单栏:选择菜单栏中的"修改"→"实体编辑"→"抽壳"命令。
- 工具栏:单击"实体编辑"工具栏中的"抽壳"按钮 。
- 功能区:单击"三维工具"选项卡"实体编辑"面板中的"抽壳"按钮 。

> **举一反三**
>
> 抽壳是用指定的厚度创建一个空的薄层。可以为所有面指定一个固定的薄层厚度，通过选择面可以将这些面排除在壳外。一个三维实体只能有一个壳，通过将现有面偏移出其原位置来创建新的面。

【操作步骤】

命令行提示与操作如下：

命令：_solidedit
实体编辑自动检查：SOLIDCHECK=1
输入实体编辑选项 [面(F)/边(E)/体(B)/放弃(U)/退出(X)] <退出>：_body
输入体编辑选项[压印(I)/分割实体(P)/抽壳(S)/清除(L)/检查(C)/放弃(U)/退出(X)] <退出>：_shell
选择三维实体：(选择三维实体)
删除面或 [放弃(U)/添加(A)/全部(ALL)]：(选择开口面)
输入抽壳偏移距离：(指定壳体的厚度值)

13.1.2 操作实例——绘制凸台双槽竖槽孔块

绘制如图 13-1 所示的凸台双槽竖槽孔块。操作步骤如下：

（1）建立新文件。启动 AutoCAD 2020，使用默认绘图环境。单击快速访问工具栏中的"新建"按钮，打开"选择样板"对话框，单击"打开"按钮右侧的下拉按钮，以"无样板打开-公制"方式建立新文件，将新文件命名为"凸台双槽竖槽孔块.dwg"，并保存。

（2）设置线框密度。在命令行中输入"ISOLINES"命令，默认值为 4，设置系统变量值为 10。

（3）设置视图方向。单击"可视化"选项卡"视图"面板中的"西南等轴测"按钮，切换到西南等轴测视图。

（4）单击"三维工具"选项卡"建模"面板中的"长方体"按钮，再以坐标点（0,0,0）为一个角点，绘制另一角点坐标为（140,100,40）的长方体 1，如图 13-2 所示。

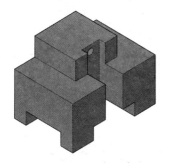

图 13-1 凸台双槽竖槽孔块

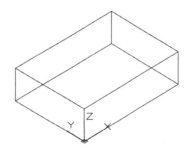

图 13-2 绘制长方体

（5）单击"三维工具"选项卡"实体编辑"面板中的"抽壳"按钮，对上步绘制的长方体进行抽壳，命令行提示与操作如下：

命令：_solidedit
实体编辑自动检查：SOLIDCHECK=1
输入实体编辑选项 [面(F)/边(E)/体(B)/放弃(U)/退出(X)] <退出>：_body
输入体编辑选项[压印(I)/分割实体(P)/抽壳(S)/清除(L)/检查(C)/放弃(U)/退出(X)] <退出>：_shell
选择三维实体：(选择上步绘制的长方体)
删除面或 [放弃(U)/添加(A)/全部(ALL)]：(选择长方体的底面左侧边)
删除面或 [放弃(U)/添加(A)/全部(ALL)]：↙
输入抽壳偏移距离：20↙

结果如图 13-3 所示。

（6）单击"三维工具"选项卡"建模"面板中的"长方体"按钮，再以长方体的左上顶点为角点，绘制长度为 140、宽度为 100、高度为 30 的长方体 2，如图 13-4 所示。

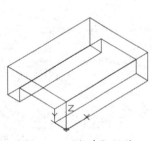

图 13-3 "抽壳"操作

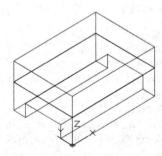

图 13-4 继续绘制长方体

（7）单击"三维工具"选项卡"实体编辑"面板中的"并集"按钮，将上面绘制的两个长方体合并在一起，如图 13-5 所示。

（8）单击"三维工具"选项卡"建模"面板中的"长方体"按钮，绘制长方体 3。命令行提示与操作如下：

```
命令：_box
指定第一个角点或 [中心(C)]：C↙
指定中心：（长方体最上侧短边的中点）
指定角点或 [立方体(C)/长度(L)]：L↙
指定长度：<正交 开> 70↙
指定宽度：70↙
指定高度或 [两点(2P)] <30.0000>：30↙
```

结果如图 13-6 所示。

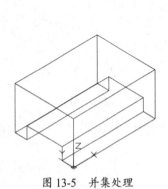

图 13-5 并集处理

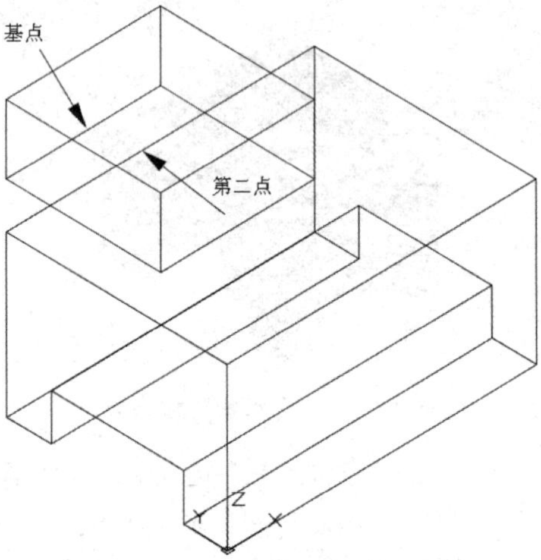

图 13-6 绘制长方体 3

（9）单击"三维工具"选项卡"选择"面板中的"移动小控件"按钮，以长方体 3 下边的中点为基点，移动到长方体 2 最上侧长边的中点，如图 13-7 所示。

（10）单击"三维工具"选项卡"建模"面板中的"长方体"按钮，以（85,0,0）和（55,40,100）为角点绘制长方体 4，以（105,0,20）和（35,80,00）为角点绘制长方体 5。

（11）将视图转换到前视图。

（12）单击"三维工具"选项卡"建模"面板中的"圆柱体"按钮，绘制一个底面中心点如图 13-8 所示、底面半径为 5、高度为-60 的圆柱体。

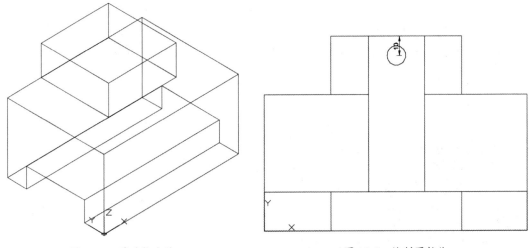

图 13-7　移动长方体　　　　　　　　图 13-8　绘制圆柱体

（13）单击"三维工具"选项卡"实体编辑"面板中的"并集"按钮，将长方体 3 和长方体 1、2 合并在一起。

（14）单击"三维工具"选项卡"实体编辑"面板中的"差集"按钮，将两个长方体 4、5 和圆柱体从实体中减去。此时窗口图形如图 13-9 所示。

（15）单击"视图"选项卡"视觉样式"面板中的"隐藏"按钮，对实体进行消隐。此时窗口图形如图 13-10 所示。

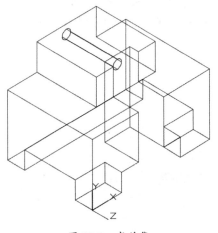 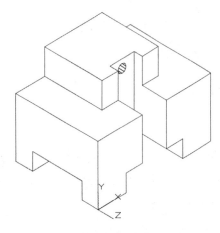

图 13-9　求差集　　　　　　　　　　图 13-10　消隐

（16）关闭坐标系。选择菜单栏中的"视图"→"显示"→"UCS 图标"→"开"命令，完全显示图形。

（17）改变视觉样式。利用"材质浏览器"命令，对实体附着对应材质。单击"视图"选项卡"视觉样式"面板中的"概念"按钮，最终效果如图 13-1 所示。

13.1.3 复制边

【执行方式】

- 命令行：SOLIDEDIT。
- 菜单栏：选择菜单栏中的"修改"→"实体编辑"→"复制边"命令。
- 工具栏：单击"实体编辑"工具栏中的"复制边"按钮 。
- 功能区：单击"三维工具"选项卡"实体编辑"面板中的"复制边"按钮 。

【操作步骤】

命令行提示与操作如下：

```
命令: _solidedit
实体编辑自动检查: SOLIDCHECK=1
输入实体编辑选项 [面(F)/边(E)/体(B)/放弃(U)/退出(X)] <退出>: _edge
输入边编辑选项 [复制(C)/着色(L)/放弃(U)/退出(X)] <退出>: _copy
选择边或 [放弃(U)/删除(R)]: (选择曲线边)
选择边或 [放弃(U)/删除(R)]: ✓
指定基点或位移: (单击确定复制基准点)
指定位移的第二点: (单击确定复制目标点)
```

如图 13-11 所示为复制边的图形效果。

选择边　　　　　　　　　　复制边

图 13-11　复制边

复制面功能与此类似，不再赘述。另外"三维工具"选项卡"实体编辑"面板中还有"着色边"按钮 和"压印"按钮 ，可以根据需要选择合适的颜色对三维实体的边进行着色和压印。

13.1.4 拉伸面

【执行方式】

- 命令行：SOLIDEDIT。
- 菜单栏：选择菜单栏中的"修改"→"实体编辑"→"拉伸面"命令。
- 工具栏：单击"实体编辑"工具栏中的"拉伸面"按钮 。
- 功能区：单击"三维工具"选项卡"实体编辑"面板中的"拉伸面"按钮 。

【操作步骤】

命令行提示与操作如下：

```
命令: _solidedit
实体编辑自动检查: SOLIDCHECK=1
输入实体编辑选项 [面(F)/边(E)/体(B)/放弃(U)/退出(X)] <退出>: _face
输入面编辑选项 [拉伸(E)/移动(M)/旋转(R)/偏移(O)/倾斜(T)/删除(D)/复制(C)/颜色(L)/材质(A)/放弃(U)/退出(X)] <退出>: _extrude
选择面或 [放弃(U)/删除(R)]: (选择要进行拉伸的面)
选择面或 [放弃(U)/删除(R)/全部(ALL)]: ✓
```

指定拉伸高度或[路径(P)]:
指定拉伸的倾斜角度 <0>:

【选项说明】

(1) 指定拉伸高度：按指定的高度值来拉伸面。再指定拉伸的倾斜角度后，完成拉伸操作。

(2) 路径(P)：沿指定的路径曲线拉伸面。如图 13-12 所示为拉伸长方体的顶面和侧面的结果。

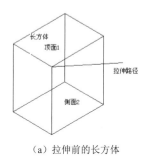 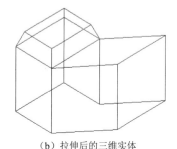

(a) 拉伸前的长方体　　　　　　　　　(b) 拉伸后的三维实体

图 13-12　拉伸长方体

13.1.5　操作实例——绘制顶针

本实例利用已学习的拉伸面功能绘制顶针。首先绘制圆柱面、圆锥面，最后利用拉伸面功能完成顶针上的各个孔的创建，如图 13-13 所示。

(1) 设置图纸。在命令行中输入"LIMITS"命令，设置图幅为 297×210。

(2) 设置线框密度。在命令行中输入"ISOLINES"命令，设置对象上每个曲面的轮廓线数目为 10。

(3) 切换视图。将当前视图设置为西南等轴测视图，将坐标系绕 *X* 轴旋转 90°。以坐标原点为圆锥底面中心创建半径为 30、高为-50 的圆锥，以坐标原点为圆心创建半径为 30、高为 70 的圆柱，结果如图 13-14 所示。

(4) 剖切操作。单击"三维工具"选项卡"实体编辑"面板中的"剖切"按钮 ，选取圆锥。以 *ZX* 面为剖切面，指定剖切面上的点坐标为（0,10），对圆锥进行剖切，保留圆锥下部，结果如图 13-15 所示。

 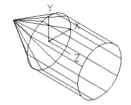 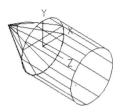

图 13-13　绘制顶针　　　　　图 13-14　绘制圆锥及圆柱　　　　　图 13-15　剖切圆锥

(5) 并集运算。单击"三维工具"选项卡"实体编辑"面板中的"并集"按钮 ，选择圆锥与圆柱体进行并集运算。

(6) 拉伸操作。单击"三维工具"选项卡"实体编辑"面板中的"拉伸面"按钮 ，选取如图 13-16 所示的实体表面，将其拉伸-10，命令行提示与操作如下：

命令: _solidedit
实体编辑自动检查: SOLIDCHECK=1
输入实体编辑选项 [面(F)/边(E)/体(B)/放弃(U)/退出(X)] <退出>: _face

```
输入面编辑选项 [拉伸(E)/移动(M)/旋转(R)/偏移(O)/倾斜(T)/删除(D)/复制(C)/颜色(L)/材质(A)/放
弃(U)/退出(X)] <退出>: _extrude
选择面或 [放弃(U)/删除(R)]:（选取如图13-50所示的实体表面）
选择面或 [放弃(U)/删除(R)/全部(ALL)]:↙
指定拉伸高度或 [路径(P)]: -10↙
指定拉伸的倾斜角度 <0>:↙
已开始实体校验。
已完成实体校验。
输入面编辑选项 [拉伸(E)/移动(M)/旋转(R)/偏移(O)/倾斜(T)/删除(D)/复制(C)/颜色(L)/材质(A)/放
弃(U)/退出(X)] <退出>:↙
实体编辑自动检查: SOLIDCHECK=1
输入实体编辑选项 [面(F)/边(E)/体(B)/放弃(U)/退出(X)] <退出>:↙
```

结果如图13-17所示。

（7）创建圆柱。将当前视图设置为左视图，以（10,30,-30）为圆心创建半径为20、高为60的圆柱，以（50,0,-30）为圆心创建半径为10、高为60的圆柱，结果如图13-18所示。

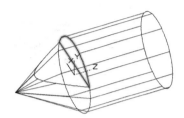 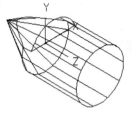 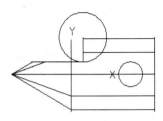

图 13-16　选取拉伸面　　　图 13-17　拉伸后的实体　　　图 13-18　创建圆柱

（8）差集运算。单击"三维工具"选项卡"实体编辑"面板中的"差集"按钮 ⌷，选择实体图形与两个圆柱体进行差集运算，结果如图13-19所示。

（9）绘制方孔。将当前视图设置为西南等轴测视图，单击"三维工具"选项卡"建模"面板中的"长方体"按钮 ▢，以（35,0,-10）为角点创建长为30、宽为30、高为20的长方体，然后将实体与长方体进行差集运算，消隐后的结果如图13-20所示。

（10）渲染处理。单击"可视化"选项卡"材质"面板中的"材质浏览器"按钮 ◉，在"材质浏览器"选项板中选择适当的材质。单击"可视化"选项卡"渲染"面板中的"渲染到尺寸"按钮 ⌷，对实体进行渲染，渲染后的结果如图13-13所示。

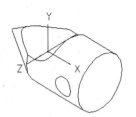 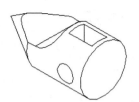

图 13-19　差集圆柱后的实体　　　　　图 13-20　消隐后的实体

13.1.6　复制面

【执行方式】

- 命令行：SOLIDEDIT。
- 菜单栏：选择菜单栏中的"修改"→"实体编辑"→"复制面"命令。
- 工具栏：单击"实体编辑"工具栏中的"复制面"按钮 ▢。

- 功能区：单击"三维工具"选项卡"实体编辑"面板中的"复制面"按钮 。

13.1.7 操作实例——绘制圆平榫

绘制如图 13-21 所示的圆平榫。操作步骤如下：

（1）建立新文件。启动 AutoCAD 2020，使用默认设置绘图环境。单击快速访问工具栏中的"新建"按钮，打开"选择样板"对话框，单击"打开"按钮右侧的下拉按钮，以"无样板打开-公制"方式建立新文件，将新文件命名为"圆平榫凹孔槽、双孔块.dwg"，并保存。

（2）设置线框密度。在命令行中输入"ISOLINES"命令，默认值为4，设置系统变量值为10。

（3）设置视图方向。单击"可视化"选项卡"视图"面板中的"西南等轴测"按钮，切换到西南等轴测视图。

（4）单击"三维工具"选项卡"建模"面板中的"长方体"按钮，以坐标点（0, 0, 0）为角点，绘制另一角点坐标为（80, 50,15）的长方体1，如图 13-22 所示。

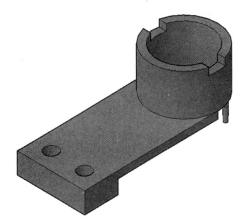

图 13-21 圆平榫

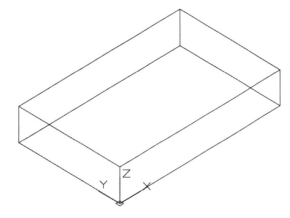

图 13-22 绘制长方体

（5）单击"三维工具"选项卡"实体编辑"面板中的"抽壳"按钮，对上步绘制的长方体进行抽壳，命令行提示与操作如下：

```
命令：_solidedit
实体编辑自动检查：SOLIDCHECK=1
输入实体编辑选项 [面(F)/边(E)/体(B)/放弃(U)/退出(X)] <退出>：_body
输入体编辑选项[压印(I)/分割实体(P)/抽壳(S)/清除(L)/检查(C)/放弃(U)/退出(X)] <退出>：_shell
选择三维实体：（选择长方体1）
删除面或 [放弃(U)/添加(A)/全部(ALL)]：（选择前侧底边、右侧底边和后侧底边）
删除面或 [放弃(U)/添加(A)/全部(ALL)]：↙
输入抽壳偏移距离：5↙
```

结果如图 13-23 所示。

（6）单击"三维工具"选项卡"建模"面板中的"长方体"按钮，再以坐标点（0, 0, 0）为角点，绘制另一角点坐标为（-20,50,15）的长方体2。

（7）单击"三维工具"选项卡"实体编辑"面板中的"并集"按钮，将上面绘制的两个长方体合并在一起。

（8）单击"可视化"选项卡"视图"面板中的"俯视"按钮，将视图切换到俯视图。

将坐标系调整到图形的左上方。

（9）单击"默认"选项卡"绘图"面板中的"圆"按钮⊙，绘制圆心坐标为（13.3,-13.3）、半径为5的圆，结果如图13-24所示。

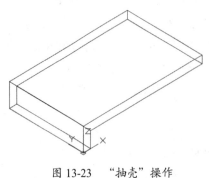
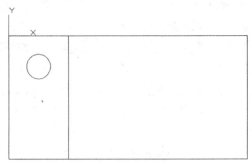

图13-23　"抽壳"操作　　　　　　　　图13-24　绘制圆

（10）单击"三维工具"选项卡"建模"面板中的"拉伸"按钮，拉伸圆，设置拉伸高度为15。

（11）单击"可视化"选项卡"视图"面板中的"西南等轴测"按钮，将当前视图设为西南等轴测视图，结果如图13-25所示。

（12）选择菜单栏中的"修改"→"三维操作"→"三维镜像"命令，将拉伸实体进行镜像操作，结果如图13-26所示。

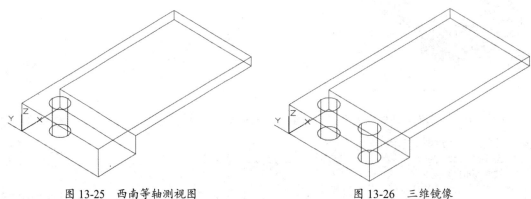

图13-25　西南等轴测视图　　　　　　图13-26　三维镜像

（13）单击"三维工具"选项卡"实体编辑"面板中的"差集"按钮，进行差集操作。

（14）单击"三维工具"选项卡"建模"面板中的"圆柱体"按钮，分别绘制以图13-27中点1为圆心、点1到点2之间距离及20为底面半径、高度为30的两个圆柱体。

（15）单击"三维工具"选项卡"建模"面板中的"长方体"按钮，以圆柱体的中心为长方体的中心，绘制长度为12、宽度为50、高度为5的长方体3。

（16）单击"三维工具"选项卡"选择"面板中的"移动小控件"按钮，将长方体向Z轴方向移动-2.5。

命令行提示与操作如下：

命令：_3dmove
选择对象：（选择长方体3）
指定基点或 [位移(D)] <位移>：（指定绘图区的一点）

指定第二个点或 <使用第一个点作为位移>: @0,0,-2.5↙
正在重生成模型。

(17) 单击"三维工具"选项卡"实体编辑"面板中的"差集"按钮 ⌷，在圆柱体 1 中减去圆柱体 2 和长方体 3，结果如图 13-28 所示。

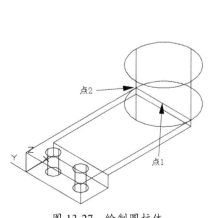

图 13-27　绘制圆柱体

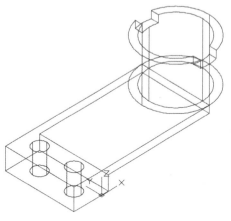

图 13-28　差集处理

(18) 单击"可视化"选项卡"视图"面板中的"东南等轴测"按钮 ⌷，将视图转换到东南等轴测视图。

将坐标系转换到世界坐标系。

(19) 单击"三维工具"选项卡"建模"面板中的"圆柱体"按钮 ⌷，绘制以（102.5,25,15）为圆心、1.5 为底面半径、高度为-5 的圆柱。结果如图 13-29 所示。

(20) 单击"三维工具"选项卡"实体编辑"面板中的"复制面"按钮 ⌷，选择上步绘制的圆柱体的底面，在原位置复制出一个面，并将复制的面进行拉伸，拉伸的高度为 10，倾斜度为 2°，结果如图 13-30 所示。命令行提示与操作如下：

```
命令: _solidedit
实体编辑自动检查: SOLIDCHECK=1
输入实体编辑选项 [面(F)/边(E)/体(B)/放弃(U)/退出(X)] <退出>: _face
输入面编辑选项[拉伸(E)/移动(M)/旋转(R)/偏移(O)/倾斜(T)/删除(D)/复制(C)/颜色(L)/材质(A)/放弃(U)/退出(X)] <退出>: _copy
选择面或 [放弃(U)/删除(R)]: (选择圆柱体底面)
选择面或 [放弃(U)/删除(R)/全部(ALL)]: ↙
指定基点或位移: (指定一点)
指定位移的第二点: (与基点重合)
输入面编辑选项[拉伸(E)/移动(M)/旋转(R)/偏移(O)/倾斜(T)/删除(D)/复制(C)/颜色(L)/材质(A)/放弃(U)/退出(X)] <退出>: E↙
选择面或 [放弃(U)/删除(R)]: (选择复制得到的面)
选择面或 [放弃(U)/删除(R)/全部(ALL)]: ↙
指定拉伸高度或 [路径(P)]: 10↙
指定拉伸的倾斜角度 <0>: 2↙
已开始实体校验。
已完成实体校验。
```

(21) 选择菜单栏中的"修改"→"三维操作"→"三维阵列"命令，选择上步绘制的图形，阵列总数为 6，中心点为（0,0），绘制结果如图 13-31 所示。

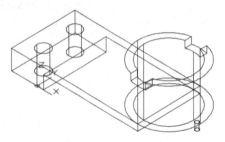
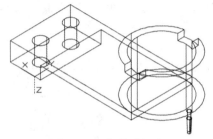

图 13-29　绘制圆柱体　　　　　　图 13-30　拉伸圆柱体

（22）单击"三维工具"选项卡"建模"面板中的"圆柱体"按钮，绘制一个圆柱体，命令行提示与操作如下：

```
命令：_ARRAY
选择对象：
选择对象：
输入阵列类型［矩形(R)/环形(P)］<R>：_P
指定阵列的中心点或［基点(B)］：（圆柱体的中心）
输入阵列中项目的数目：6 指定填充角度（+=逆时针，-=顺时针）<360>：360✓
是否旋转阵列中的对象？［是(Y)/否(N)］<Y>：_Y
```

（23）单击"默认"选项卡"修改"面板中的"删除"按钮，删除左侧的三个阵列之后的实体，结果如图 13-32 所示。

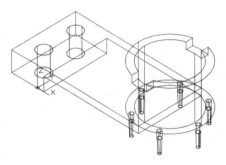
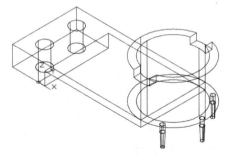

图 13-31　环形阵列　　　　　　图 13-32　删除多余图形

（24）单击"三维工具"选项卡"实体编辑"面板中的"并集"按钮，将所有图形合并成一个整体。

（25）关闭坐标系。选择菜单栏中的"视图"→"显示"→"UCS 图标"→"开"命令，完全显示图形。

（26）将视图切换到东南等轴测视图。单击"视图"选项卡"视觉样式"面板中的"概念"按钮，最终效果如图 13-21 所示。

13.1.8　着色面

着色面用于修改面的颜色，还可用于亮显复杂三维实体模型内的细节。

【执行方式】

- 命令行：SOLIDEDIT。
- 菜单栏：选择菜单栏中的"修改"→"实体编辑"→"着色面"命令。
- 工具栏：单击"实体编辑"工具栏中的"着色面"按钮。

13.1.9 删除面

【执行方式】

- 命令行：SOLIDEDIT。
- 菜单栏：选择菜单栏中的"修改"→"实体编辑"→"删除面"命令。
- 工具栏：单击"实体编辑"工具栏中的"删除面"按钮。
- 功能区：单击"三维工具"选项卡"实体编辑"面板中的"删除面"按钮。

【操作步骤】

命令行提示与操作如下：

```
命令：_solidedit
实体编辑自动检查：SOLIDCHECK=1
输入实体编辑选项 [面(F)/边(E)/体(B)/放弃(U)/退出(X)] <退出>：_face
输入面编辑选项[拉伸(E)/移动(M)/旋转(R)/偏移(O)/倾斜(T)/删除(D)/复制(C)/颜色(L)/材质(A)/放弃(U)/退出(X)] <退出>：_delete
选择面或 [放弃(U)/删除(R)]：(选择要删除的面)
```

如图 13-33 所示为删除长方体的一个圆角面后的结果。

倒圆角后的长方体

删除倒角面后的图形

图 13-33　删除圆角面

13.1.10 移动面

【执行方式】

- 命令行：SOLIDEDIT。
- 菜单栏：选择菜单栏中的"修改"→"实体编辑"→"移动面"命令。
- 工具栏：单击"实体编辑"工具栏中的"移动面"按钮。
- 功能区：单击"三维工具"选项卡"实体编辑"面板中的"移动面"按钮。

【操作步骤】

命令行提示与操作如下：

```
命令：_solidedit
实体编辑自动检查：SOLIDCHECK=1
输入实体编辑选项 [面(F)/边(E)/体(B)/放弃(U)/退出(X)] <退出>：_face
输入面编辑选项 [拉伸(E)/移动(M)/旋转(R)/偏移(O)/倾斜(T)/删除(D)/复制(C)/颜色(L)/材质(A)/放弃(U)/退出(X)] <退出>：_move
选择面或 [放弃(U)/删除(R)]：(选择要移动的面)
选择面或 [放弃(U)/删除(R)/全部(ALL)]：(继续选择移动面或按 Enter 键结束选择)
指定基点或位移：(输入具体的坐标值或选择关键点)
```

指定位移的第二点：（输入具体的坐标值或选择关键点）

各选项的含义在前面介绍的命令中都有涉及，如有问题，请查询相关命令（拉伸面、移动等）。如图 13-34 所示为移动三维实体的结果。

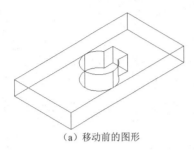 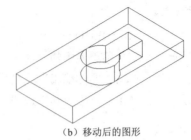

（a）移动前的图形　　　　　　　　　　　　（b）移动后的图形

图 13-34　移动三维实体

13.1.11　倾斜面

【执行方式】

- 命令行：SOLIDEDIT。
- 菜单栏：选择菜单栏中的"修改"→"实体编辑"→"倾斜面"命令。
- 工具栏：单击"实体编辑"工具栏中的"倾斜面"按钮 。
- 功能区：单击"三维工具"选项卡"实体编辑"面板中的"倾斜面"按钮 。

【操作步骤】

命令行提示与操作如下：

```
命令: _solidedit
实体编辑自动检查: SOLIDCHECK=1
输入实体编辑选项 [面(F)/边(E)/体(B)/放弃(U)/退出(X)] <退出>: _face
输入面编辑选项[拉伸(E)/移动(M)/旋转(R)/偏移(O)/倾斜(T)/删除(D)/复制(C)/颜色(L)/材质(A)/放弃(U)/退出(X)] <退出>: _taper
选择面或 [放弃(U)/删除(R)]: (选择要倾斜的面)
选择面或 [放弃(U)/删除(R)/全部(ALL)]: (继续选择或按 Enter 键结束选择)
指定基点: (选择倾斜的基点(倾斜后不动的点))
指定沿倾斜轴的另一个点: (选择另一点(倾斜后改变方向的点))
指定倾斜角度: (输入倾斜角度)
```

13.1.12　操作实例——绘制机座

本实例主要利用"倾斜面"命令绘制如图 13-35 所示的机座。

【操作步骤】

（1）启动 AutoCAD 2020，使用默认绘图环境。

（2）设置线框密度。在命令行中输入"ISOLINES"命令，默认值为 4，设置系统变量值为 10。

（3）单击"可视化"选项卡"视图"面板中的"西南等轴测"按钮 ，将当前视图方向设置为西南等轴测视图。

（4）单击"三维工具"选项卡"建模"面板中的"长方体"按钮 ，指定角点坐标为（0,0,0），长、宽、高为 80、50、20，绘制长方体。

（5）单击"三维工具"选项卡"建模"面板中的"圆柱体"按钮，绘制底面中心点为长方体底面右边中点、半径为 25、指定高度为 20 的圆柱体。

用同样方法，绘制底面中心点为长方体底面右边中点、半径为 20、指定高度为 80 的圆柱体。

（6）单击"三维工具"选项卡"实体编辑"面板中的"并集"按钮，选取长方体与两个圆柱体进行并集运算，结果如图 13-36 所示。

（7）设置用户坐标系，命令行提示与操作如下：

```
命令：UCS↙
当前 UCS 名称：*世界*
指定 UCS 的原点或 [面(F)/命名(NA)/对象(OB)/上一个(P)/视图(V)/世界(W)/X/Y/Z/Z 轴(ZA)] <世界>：（用鼠标选取长方体实体顶面的左下顶点）
指定 X 轴上的点或 <接受>：↙
```

（8）单击"三维工具"选项卡"建模"面板中的"长方体"按钮，以坐标点（0,10）为角点，创建长为 80、宽为 30、高为 30 的长方体。结果如图 13-37 所示。

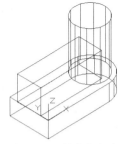

图 13-35　机座　　　　图 13-36　并集后的实体　　　　图 13-37　创建长方体

（9）单击"三维工具"选项卡"实体编辑"面板中的"倾斜面"按钮，对长方体的左侧面进行倾斜操作，命令行提示与操作如下：

```
命令：_solidedit
实体编辑自动检查：SOLIDCHECK=1
输入实体编辑选项 [面(F)/边(E)/体(B)/放弃(U)/退出(X)] <退出>：_face
输入面编辑选项 [拉伸(E)/移动(M)/旋转(R)/偏移(O)/倾斜(T)/删除(D)/复制(C)/颜色(L)/材质(A)/放弃(U)/退出(X)] <退出>：_taper
选择面或 [放弃(U)/删除(R)]：（如图 13-38 所示，选取上方长方体左侧面）
选择面或 [放弃(U)/删除(R)/全部(ALL)]：↙
指定基点：_endp 于 （如图 13-38 所示，捕捉上方长方体端点）
指定沿倾斜轴的另一个点：_endp 于 （如图 13-38 所示，捕捉上方长方体另一个端点）
指定倾斜角度：60↙
```

结果如图 13-39 所示。

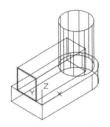
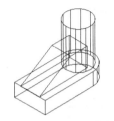

图 13-38　选取倾斜面　　　　图 13-39　倾斜面后的实体

（10）单击"三维工具"选项卡"实体编辑"面板中的"并集"按钮，将创建的长方体与实体进行并集运算。

（11）方法同前，在命令行输入"UCS"命令，将坐标原点移回到实体底面的左下顶点。

（12）单击"三维工具"选项卡"建模"面板中的"长方体"按钮，以坐标点（0,5）为角点，创建长为50、宽为40、高为5的长方体；继续以坐标点（0,20）为角点，创建长为30、宽为10、高为50的长方体。

（13）单击"三维工具"选项卡"实体编辑"面板中的"差集"按钮，将实体与两个长方体进行差集运算。结果如图13-40所示。

（14）单击"三维工具"选项卡"建模"面板中的"圆柱体"按钮，以圆柱顶面圆心为中心点，分别创建半径为15、高为-15及半径为10、高为-80的圆柱体。

（15）单击"三维工具"选项卡"实体编辑"面板中的"差集"按钮，将实体与两个圆柱进行差集运算。消隐处理后的图形如图13-41所示。

图13-40　差集后的实体

图13-41　消隐后的实体

（16）渲染处理。

单击"可视化"选项卡"材质"面板中的"材质浏览器"按钮，选择适当的材质，然后对图形进行渲染。渲染后的结果如图13-35所示。

13.1.13　分割

【执行方式】

- 命令行：SOLIDEDIT。
- 菜单栏：选择菜单栏中的"修改"→"实体编辑"→"分割"命令。
- 工具栏：单击"实体编辑"工具栏中的"分割"按钮。
- 功能区：单击"三维工具"选项卡"实体编辑"面板中的"分割"按钮。

【操作步骤】

命令行提示与操作如下：

```
命令：_solidedit
实体编辑自动检查：SOLIDCHECK=1
输入实体编辑选项[面(F)/边(E)/体(B)/放弃(U)/退出(X)] <退出>：_body
输入体编辑选项[压印(I)/分割实体(P)/抽壳(S)/清除(L)/检查(C)/放弃(U)/退出(X)]<退出>：_sperate
选择三维实体：（选择要分割的对象）
```

13.1.14　夹点编辑

利用夹点编辑功能，可以很方便地对三维实体进行编辑，与二维对象夹点编辑功能相似。

其方法很简单，单击要编辑的对象，系统显示编辑夹点，选择某个夹点，按住鼠标拖动，则三维对象随之改变，选择不同的夹点，可以编辑对象的不同参数，红色夹点为当前编辑夹点，如图 13-42 所示。

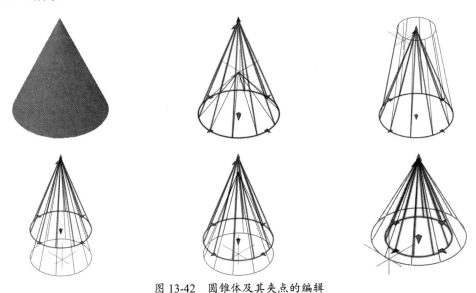

图 13-42　圆锥体及其夹点的编辑

13.2　三维装配

干涉检查常用于检查装配体立体图是否干涉，从而判断设计是否正确。在绘制三维实体装配图中有很大应用。

【预习重点】

- 检查装配体。
- 练习使用干涉检查。

干涉检查主要通过对比两组对象或一对一地检查所有实体来检查实体模型中的干涉（三维实体相交或重叠的区域）。系统将在实体相交处创建和亮显临时实体。

【执行方式】

- 命令行：INTERFERE（快捷命令：INF）。
- 菜单栏：选择菜单栏中的"修改"→"三维操作"→"干涉检查"命令。
- 功能区：单击"三维工具"选项卡"实体编辑"面板中的"干涉检查"按钮 。

【操作步骤】

命令行提示与操作如下：

命令：INTERFERE↙
选择第一组对象或 [嵌套选择(N)/设置(S)]：

【选项说明】

（1）嵌套选择(N)：选择该选项，用户可以选择嵌套在块和外部参照中的单个实体对象。

（2）设置(S)：选择该选项，系统打开"干涉设置"对话框，如图 13-43 所示，可以设置干涉的相关参数。

图 13-43 "干涉设置"对话框

13.3 综合演练——手压阀三维装配图

手压阀装配图由阀体、阀杆、手把、底座、弹簧、胶垫、压紧螺母、销轴、胶木球、密封垫零件图组成，如图 13-44 所示为手压阀三维效果图。

13.3.1 配置绘图环境

（1）启动系统。

启动 AutoCAD 2020，使用默认绘图环境。

（2）建立新文件。

选择"文件"→"新建"命令，打开"选择样板"对话框，单击"打开"按钮右侧的下拉按钮，以"无样板打开-公制"方式建立新文件，将新文件命名为"手压阀装配图.dwg"并保存。

图 13-44 手压阀三维效果

（3）设置线框密度。

设置对象上每个曲面的轮廓线数目，默认设置是 4，有效值的范围是 0~2047，该设置保存在图形中。在命令行中输入"ISOLINES"命令，设置线框密度为 10。

（4）设置视图方向。

单击"视图"选项卡"视图"面板"视图"下拉菜单中的"西南等轴测"按钮，将当前视图设置为西南等轴测视图。

13.3.2 装配泵体

（1）打开文件。单击快速访问工具栏中的"打开"按钮，打开本书电子资源"源文件\第 13 章\立体图\阀体.dwg"，如图 13-45 所示。

（2）设置视图方向。单击"视图"选项卡"视图"面板"视图"下拉菜单中的"前视"按

钮 ，将当前视图设置为前视图。

（3）复制阀体。选择菜单栏中的"编辑"→"带基点复制"命令，选取基点坐标为（0,0,0），将"阀体"图形复制到"手压阀装配图"的前视图中，指定的插入点坐标为（0,0,0），效果如图 13-46 所示。如图 13-47 所示为西南等轴测视图中的阀体装配立体图。

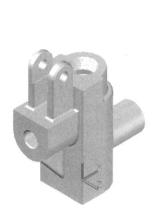 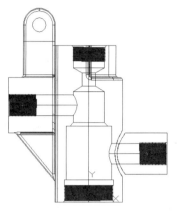 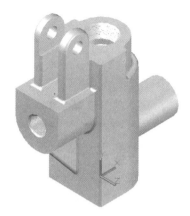

图 13-45　打开的阀体图形　　图 13-46　装入阀体后的图形　　图 13-47　西南等轴测视图中的立体图

13.3.3　装配阀杆

（1）打开文件。单击快速访问工具栏中的"打开"按钮 ，打开本书电子资源"源文件\第 12 章\立体图\阀杆.dwg"，如图 13-48 所示。

（2）设置视图方向。单击"视图"选项卡"视图"面板"视图"下拉菜单中的"前视"按钮 ，将当前视图设置为前视图。

图 13-48　打开的阀杆图形

（3）复制泵体。选择菜单栏中的"编辑"→"带基点复制"命令，选取基点坐标为（0,0,0），将"阀杆"图形复制到"手压阀装配图"的前视图中，指定的插入点坐标为（0,0,0），效果如图 13-49 所示。

（4）旋转阀杆。单击"默认"选项卡"修改"面板中的"旋转"按钮 ，将阀杆以原点为基点，沿 Z 轴旋转，角度为 90°，效果如图 13-50 所示。

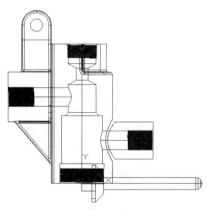 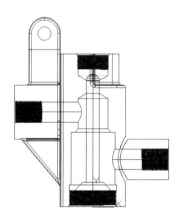

图 13-49　复制阀杆后的图形　　　　图 13-50　旋转阀杆后的图形

（5）移动阀杆。单击"默认"选项卡"修改"面板中的"移动"按钮 ✥，以坐标点（0,0,0）为基点，沿 Y 轴移动，第二点坐标为（0,43,0），效果如图 13-51 所示。

（6）设置视图方向。单击"视图"选项卡"视图"面板"视图"下拉菜单中的"西南等轴测"按钮 ◈，将当前视图设置为西南等轴测视图。

（7）着色。单击"三维工具"选项卡"实体编辑"面板中的"着色面"按钮 ▦，将视图中的面按照需要进行着色，如图 13-52 所示。

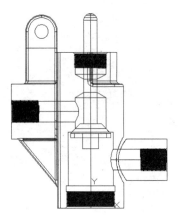 

图 13-51　移动阀杆后的图形　　　　　　图 13-52　着色后的图形

13.3.4　装配密封垫

（1）打开文件。选择菜单栏中的"文件"→"打开"命令，打开本书电子资源"源文件\第 13 章\立体图\密封垫.dwg"，如图 13-53 所示。

（2）设置视图方向。单击"视图"选项卡"视图"面板"视图"下拉菜单中的"前视"按钮 ▣，将当前视图设置为前视图。

（3）复制密封垫。选择菜单栏中的"编辑"→"带基点复制"命令，选取基点坐标为（0,0,0），将"密封垫"图形复制到"手压阀装配图"的前视图中，指定的插入点坐标为（0,0,0），效果如图 13-54 所示。

 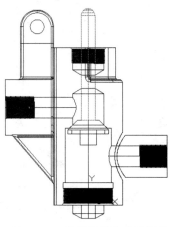

图 13-53　打开的密封垫图形　　　　　　图 13-54　复制密封垫后的图形

(4) 移动密封垫。单击"默认"选项卡"修改"面板中的"移动"按钮 ✣，以坐标点 (0,0,0) 为基点，沿 Y 轴移动，第二点坐标为 (0,103,0)，效果如图 13-55 所示。

(5) 设置视图方向。单击"视图"选项卡"视图"面板"视图"下拉菜单中的"西南等轴测"按钮，将当前视图设置为西南等轴测视图。

(6) 着色。单击"三维工具"选项卡"实体编辑"面板中的"着色面"按钮，将视图中的面按照需要进行着色，效果如图 13-56 所示。

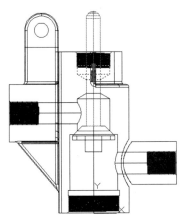

图 13-55 移动密封垫后的图形

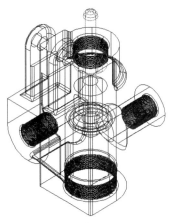

图 13-56 着色后的图形

13.3.5 装配压紧螺母

(1) 打开文件。打开本书电子资源"源文件\第 13 章\立体图\压紧螺母.dwg"，如图 13-57 所示。

(2) 设置视图方向。单击"视图"选项卡"视图"面板"视图"下拉菜单中的"前视"按钮，将当前视图设置为前视图。

(3) 复制压紧螺母。选择菜单栏中的"编辑"→"带基点复制"命令，选取基点坐标为 (0,0,0)，将"压紧螺母"图形复制到"手压阀装配图"的前视图中，指定的插入点坐标为 (0,0,0)，效果如图 13-58 所示。

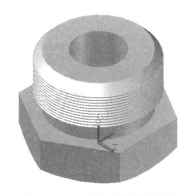

图 13-57 打开的压紧螺母图形

(4) 旋转视图。单击"默认"选项卡"修改"面板中的"旋转"按钮，将压紧螺母绕坐标原点旋转，旋转角度为 180°，效果如图 13-59 所示。

(5) 移动压紧螺母。单击"默认"选项卡"修改"面板中的"移动"按钮 ✣，以坐标点 (0,0,0) 为基点，沿 Y 轴移动，第二点坐标为 (0,123,0)，效果如图 13-60 所示。

(6) 设置视图方向。单击"视图"选项卡"视图"面板"视图"下拉菜单中的"西南等轴测"按钮，将当前视图设置为西南等轴测视图。

(7) 着色。单击"三维工具"选项卡"实体编辑"面板中的"着色面"按钮，将视图中的面按照需要进行着色，效果如图 13-61 所示。

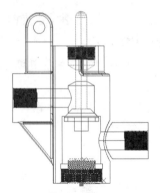

图 13-58 复制压紧螺母后的图形

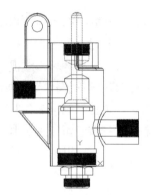

图 13-59 旋转压紧螺母后的图形

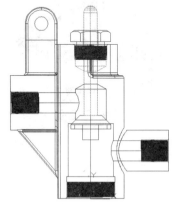

图 13-60 移动压紧螺母后的图形

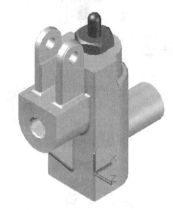

图 13-61 着色后的图形

13.3.6 装配弹簧

（1）打开文件。打开本书电子资源"源文件\第 13 章\立体图\弹簧.dwg"文件，如图 13-62 所示。

（2）设置视图方向。单击"视图"选项卡"视图"面板"视图"下拉菜单中的"前视"按钮 ，将当前视图设置为前视图。

（3）复制弹簧。选择菜单栏中的"编辑"→"带基点复制"命令，选取基点坐标为（0,0,0），将"弹簧"图形复制到"手压阀装配图"的前视图中，指定的插入点坐标为（0,0,0），效果如图 13-63 所示。

图 13-62 打开的弹簧图形

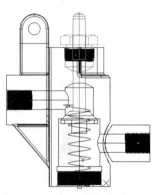

图 13-63 复制弹簧后的图形

（4）设置视图方向。单击"视图"选项卡"视图"面板"视图"下拉菜单中的"前视"按钮，将当前视图切换到前视图。

（5）恢复坐标系。在命令行中输入"UCS"命令，将坐标系恢复到世界坐标系。

（6）创建圆柱体。单击"三维工具"选项卡"建模"面板中的"圆柱体"按钮，以坐标点（0,0,54）为起点，绘制半径为14、高度为30的圆柱体，效果如图13-64所示。

（7）差集处理。单击"三维工具"选项卡"实体编辑"面板中的"差集"按钮，将弹簧实体与步骤（6）创建的圆柱实体进行差集，如图13-65所示。

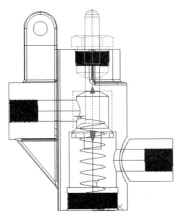 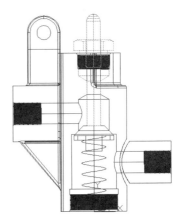

图13-64　创建圆柱体　　　　　　图13-65　差集后的实体

（8）设置视图方向。单击"视图"选项卡"视图"面板"视图"下拉菜单中的"西南等轴测"按钮，将当前视图切换到西南等轴测视图。

（9）恢复坐标系。在命令行中输入"UCS"命令，将坐标系恢复到世界坐标系。

（10）创建圆柱体。单击"三维工具"选项卡"建模"面板中的"圆柱体"按钮，以坐标点（0,0,-2）为起点，绘制半径为14、高度为4的圆柱体，如图13-66所示。

（11）差集处理。单击"三维工具"选项卡"实体编辑"面板中的"差集"按钮，将弹簧实体与步骤（10）中创建的圆柱实体进行差集，如图13-67所示。

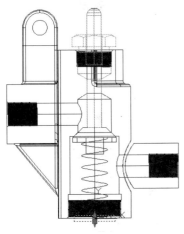 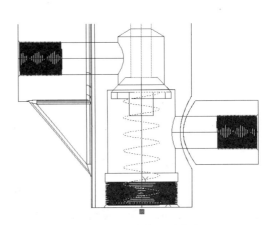

图13-66　创建圆柱体　　　　　　图13-67　差集后的实体

（12）设置视图方向。选择菜单栏中的"视图"→"三维视图"→"西南等轴测"命令，将当前视图设置为西南等轴测视图。

（13）着色。单击"三维工具"选项卡"实体编辑"面板中的"着色面"按钮，将视图中的面按照需要进行着色，效果如图 13-68 所示。

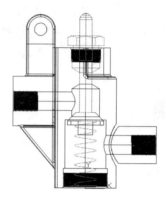

图 13-68　着色后的图形

13.3.7　装配胶垫

（1）打开文件。打开本书电子资源"源文件\第 13 章\立体图\胶垫.dwg"文件，如图 13-69 所示。

（2）设置视图方向。单击"视图"选项卡"视图"面板"视图"下拉菜单中的"前视"按钮，将当前视图设置为前视图。

（3）复制胶垫。选择菜单栏中的"编辑"→"带基点复制"命令，选取基点坐标为（0,0,0），将"胶垫"图形复制到"手压阀装配图"的前视图中，指定的插入点坐标为（0,0,0），如图 13-70 所示。

图 13-69　打开的胶垫图形

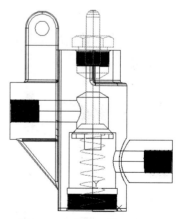

图 13-70　复制胶垫后的图形

（4）移动胶垫。单击"默认"选项卡"修改"面板中的"移动"按钮，以坐标点（0,0,0）为基点，沿 Y 轴移动，第二点坐标为（0,-2,0），如图 13-71 所示。

（5）设置视图方向。选择菜单栏中的"视图"→"三维视图"→"西南等轴测"命令，将当前视图设置为西南等轴测视图。

(6) 着色。单击"三维工具"选项卡"实体编辑"面板中的"着色面"按钮，将视图中的面按照需要进行着色，如图 13-72 所示。

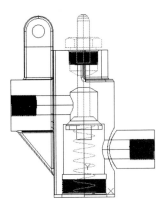

图 13-71 移动胶垫后的图形

图 13-72 着色后的图形

13.3.8 装配底座

(1) 打开文件。打开本书电子资源"源文件\第 13 章\立体图\底座.dwg"，如图 13-73 所示。

(2) 设置视图方向。单击"视图"选项卡"视图"面板"视图"下拉菜单中的"前视"按钮，将当前视图设置为前视图。

(3) 复制底座。选择菜单栏中的"编辑"→"带基点复制"命令，选取基点坐标为（0,0,0），将"底座"图形复制到"手压阀装配图"的前视图中，指定的插入点坐标为（0,0,0），如图 13-74 所示。

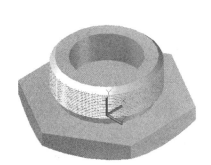

图 13-73 打开的底座图形

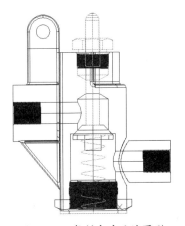

图 13-74 复制底座后的图形

(4) 移动底座。单击"默认"选项卡"修改"面板中的"移动"按钮，以坐标点（0,0,0）为基点，沿 Y 轴移动，第二点坐标为（0,-10,0），如图 13-75 所示。

(5) 设置视图方向。单击"视图"选项卡"视图"面板"视图"下拉菜单中的"西南等轴测"按钮，将当前视图设置为西南等轴测视图。

(6) 着色。单击"三维工具"选项卡"实体编辑"面板中的"着色面"按钮，将视图中的面按照需要进行着色，如图 13-76 所示。

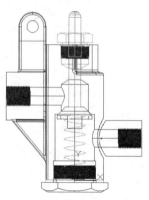
图 13-75 移动底座后的图形

图 13-76 着色后的图形

13.3.9 装配手把

（1）打开文件。打开本书电子资源"源文件\第 13 章\立体图\手把.dwg"，如图 13-77 所示。

（2）设置视图方向。单击"视图"选项卡"视图"面板"视图"下拉菜单中的"俯视"按钮 ，将当前视图设置为俯视图。

（3）复制手把。选择菜单栏中的"编辑"→"带基点复制"命令，选取基点坐标为（0,0,0），将"手把"图形复制到"手压阀装配图"的前视图中，指定的插入点坐标为（0,0,0），如图 13-78 所示。

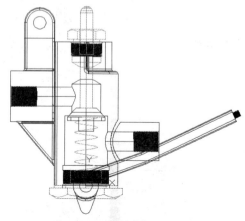

图 13-77 打开的手把图形　　　　　图 13-78 复制手把后的图形

（4）移动手把。单击"默认"选项卡"修改"面板中的"移动"按钮 ，以坐标点（0,0,0）为基点移动，第二点坐标为（-37,128,0），如图 13-79 所示。

（5）设置视图方向。单击"视图"选项卡"视图"面板"视图"下拉菜单中的"左视"按钮 ，将当前视图设置为左视图。

（6）移动手把。单击"默认"选项卡"修改"面板中的"移动"按钮 ，以坐标点（0,0,0）为基点，沿 X 轴移动，第二点坐标为（-9,0,0），如图 13-80 所示。

（7）设置视图方向。单击"视图"选项卡"视图"面板"视图"下拉菜单中的"西南等轴测"按钮 ，将当前视图设置为西南等轴测视图。

（8）着色。单击"三维工具"选项卡"实体编辑"面板中的"着色面"按钮 ，将视图中的面按照需要进行着色，效果如图 13-81 所示。

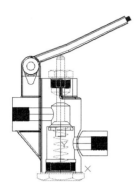  

图 13-79 移动手把后的图形　　　图 13-80 再次移动手把后的图形　　　图 13-81 着色后的图形

13.3.10 装配销轴

（1）打开文件。打开本书电子资源"源文件\第 12 章\立体图\销轴.dwg"文件，如图 13-82 所示。

（2）设置视图方向。单击"视图"选项卡"视图"面板"视图"下拉菜单中的"俯视"按钮 ，将当前视图设置为俯视图。

（3）复制销轴。选择菜单栏中的"编辑"→"带基点复制"命令，选取基点坐标为（0,0,0），将"销轴"图形复制到"手压阀装配图"的前视图中，指定的插入点坐标为（0,0,0），如图 13-83 所示。

 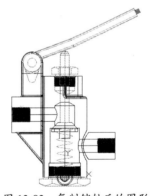

图 13-82 打开销轴图形　　　　　　　图 13-83 复制销轴后的图形

（4）移动销轴。单击"默认"选项卡"修改"面板中的"移动"按钮 ✥，以坐标点（0,0,0）为基点移动，第二点坐标为（-37,128,0），如图 13-84 所示。

（5）设置视图方向。单击"视图"选项卡"视图"面板"视图"下拉菜单中的"左视"按钮 ，将当前视图设置为左视图。

（6）移动销轴。单击"默认"选项卡"修改"面板中的"移动"按钮 ✥，以坐标点（0,0,0）为基点，沿 X 轴移动，第二点坐标为（-23,0,0），如图 13-85 所示。

（7）设置视图方向。单击"视图"选项卡"视图"面板"视图"下拉菜单中的"西南等轴测" 按钮 ，将当前视图设置为西南等轴测视图。

(8)着色。单击"三维工具"选项卡"实体编辑"面板中的"着色面"按钮，将视图中的面按照需要进行着色，效果如图 13-86 所示。

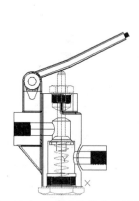
图 13-84 移动销轴后的图形

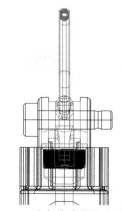
图 13-85 再次移动销轴后的图形

图 13-86 着色后的图形

13.3.11 装配销

（1）打开文件。打开本书电子资源"源文件\第 13 章\立体图\销.dwg"文件，如图 13-87 所示。

（2）设置视图方向。单击"视图"选项卡"视图"面板"视图"下拉菜单中的"俯视"按钮，将当前视图设置为俯视图。

（3）复制销。选择菜单栏中的"编辑"→"带基点复制"命令，选取基点坐标为（0,0,0），将"销"图形复制到"手压阀装配图"的前视图中，指定的插入点坐标为（0,0,0），如图 13-88 所示。

（4）移动销。单击"默认"选项卡"修改"面板中的"移动"按钮，以坐标点（0,0,0）为基点移动，第二点坐标为（-37,122.5,0），如图 13-89 所示。

图 13-87 打开的销图形

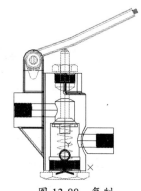
图 13-88 复制销后的图形

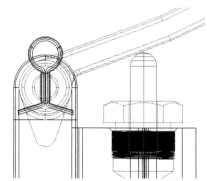
图 13-89 移动销后的图形

（5）设置视图方向。单击"视图"选项卡"视图"面板"视图"下拉菜单中的"左视"按钮，将当前视图设置为左视图。

（6）移动销。单击"默认"选项卡"修改"面板中的"移动"按钮，以坐标点（0,0,0）为基点，沿 X 轴移动，第二点坐标为（19,0,0），如图 13-90 所示。

（7）设置视图方向。单击"视图"选项卡"视图"面板"视图"下拉菜单中的"西南等轴测"按钮 ，将当前视图设置为西南等轴测视图。

（8）着色面。单击"三维工具"选项卡"实体编辑"面板中的"着色面"按钮 ，将视图中的面按照需要进行着色，如图 13-91 所示。

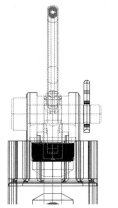

图 13-90　再次移动销后的图形

图 13-91　着色后的图形

13.3.12　装配胶木球

（1）打开文件。选择菜单栏中的"文件"→"打开"命令，打开本书电子资源"源文件\第 13 章\立体图\胶木球.dwg"文件，如图 13-92 所示。

（2）设置视图方向。单击"视图"选项卡"视图"面板"视图"下拉菜单中的"前视"按钮 ，将当前视图设置为前视图。

（3）复制胶木球。选择菜单栏中的"编辑"→"带基点复制"命令，选取基点坐标为（0,0,0），将"胶木球"图形复制到"手压阀装配图"的前视图中，指定的插入点坐标为（0,0,0），如图 13-93 所示。

图 13-92　打开的胶木球图形

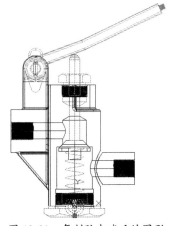

图 13-93　复制胶木球后的图形

（4）旋转胶木球。单击"默认"选项卡"修改"面板中的"旋转"按钮 ，将阀杆以原点为基点，沿 Z 轴旋转，角度为 115°，效果如图 13-94 所示。

（5）移动胶木球。单击"默认"选项卡"修改"面板中的"移动"按钮 ，选取如图 13-95 所示的圆点为基点，再选取如图 13-96 所示的圆点为插入点。移动后的效果如图 13-97 所示。

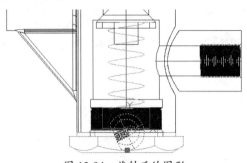
图 13-94　旋转后的图形

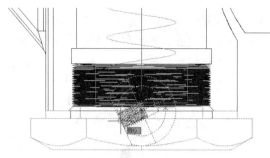
图 13-95　选取基点

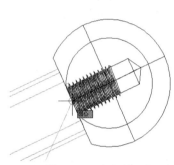
图 13-96　选取插入点

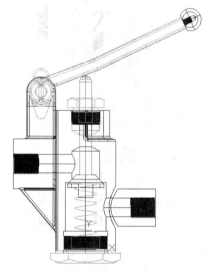
图 13-97　移动胶木球后的图形

（6）设置视图方向。单击"视图"选项卡"视图"面板"视图"下拉菜单中的"西南等轴测"按钮 ◈，将当前视图设置为西南等轴测视图。

（7）着色。单击"三维工具"选项卡"实体编辑"面板中的"着色面"按钮 ，将视图中的面按照需要进行着色，效果如图 13-98 所示。

13.4　名师点拨——渲染妙用

渲染功能代替了传统的建筑、机械和工程图形使用水彩、有色蜡笔和油墨等生成最终演示的渲染结果图。渲染图形的过程一般分为以下 4 步。

图 13-98　着色后的图形

（1）准备渲染模型：包括遵从正确的绘图技术，删除消隐面，创建光滑的着色网格和设置视图的分辨率。

（2）创建和放置光源及创建阴影。

（3）定义材质并建立材质与可见表面间的联系。

（4）进行渲染，包括检验渲染对象的准备、照明和颜色的中间步骤。

13.5 上机实验

【练习 1】创建如图 13-99 所示的回形窗。

【练习 2】创建如图 13-100 所示的镂空圆桌。

图 13-99　回形窗

图 13-100　镂空圆桌

13.6 模拟考试

（1）绘制如图 13-101 所示的台灯。

（2）绘制如图 13-102 所示的摇杆。

（3）绘制如图 13-103 所示的脚踏座。

图 13-101　台灯

图 13-102　摇杆

图 13-103　脚踏座

（4）绘制如图 13-104 所示的双头螺柱。

（5）绘制如图 13-105 所示的顶针，并进行渲染处理。

（6）绘制如图 13-106 所示的支架并赋材渲染。

图 13-104　双头螺柱

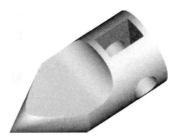

图 13-105　顶针

图 13-106　支架

模拟考试答案

第 1 章

(1) A (2) A (3) C (4) C
(5) A (6) A (7) A (8) D

第 2 章

(1) A (2) B (3) D (4) C

第 3 章

(1) A (2) B (3) A (4) D
(5) C (6) B

第 4 章

(1) C (2) B (3) B (4) A
(5) C (6) D (7) C (8) A

第 5 章

(1) D

第 6 章

(1) A (2) C (3) B (4) B
(5) C (6) D (7) C (8) A
(9) A

第 7 章

(1) B (2) B (3) A (4) B
(5) B (6) B (7) B

第 8 章

(1) D (2) C (3) A (4) C
(5) A (6) A (7) A (8) A
(9) C

第 9 章

(1) B (2) B (3) A (4) C

第 10 章

(1) B (2) B (3) A (4) B
(5) A (6) B

第 11 章

（1）C　　　　　　　（2）D

第 12 章

（1）C　　　　　　　（2）D